KB074868

다 읽은 순간
하늘이 아름답게 보이는
구름 이야기

YOMIOETASHUNKAN, SORA GA UTSUKUSHIKUMIERU KISHO NO HANASHI

아라키 켄타로 지음 · 김현정 옮김

다 읽은 순간
하늘이 아름답게 보이는
구름 이야기

윌북

일러두기

- 기상 용어는 국립국어원 표준국어대사전과 기상청 기상자료개방포털의 기상용어사전을 참고해 표기했습니다.

한눈에 들어오는 기상 지도

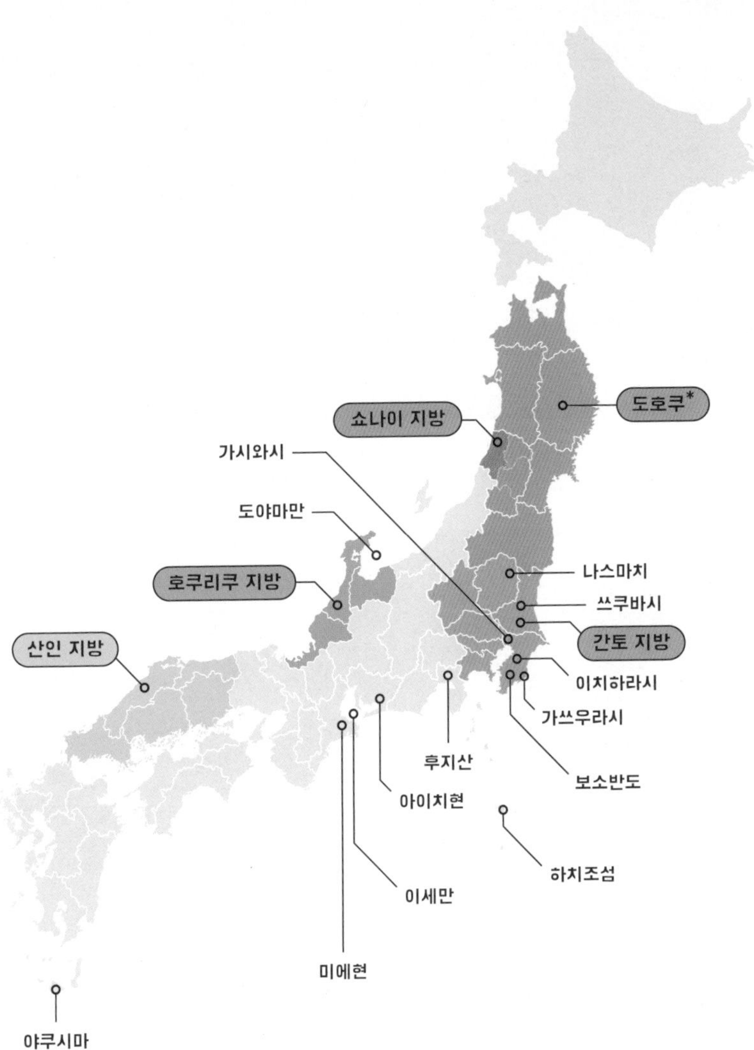

*혼슈 동북부의 여섯 현을 일컫는 지명

추천의 말

온 세상 모든 것이 구름과 연결되어 있다니! 차가운 물이 담긴 유리컵에 물방울이 맺히는 것도, 나뭇가지 사이로 퍼지는 부챗살 모양의 빛도 모두 구름과 관련되어 있다는 사실을 이 책을 통해 알았다. 요약하자면 지독한 구름 덕후의 밀도 높은 구름 이야기라 할 수 있지 않을까. 우리 일상 속 여기저기 구름과 관련된 이야기를 찾아내 전하는 이 책을 읽어나가다 보면 저 하늘 위 손 닿지 않는 구름이 더 가깝게 느껴지고, 낯설게만 여겨지던 기상학도 어쩐지 가까워진다. 하늘 위 펼쳐진 구름 모양에 마음을 빼앗겨 한참 위를 올려다본 경험이 있는 사람이라면 누구나 이 책을 즐겁게 읽을 수 있을 것이다.

황인찬 | 시인

구름은 시간 속을 덧없이 떠돌면서 엉키고 풀어지고 사라진다. 그리고 그렇게 다양해진 구름들은 각기 다른 날씨로 우리 앞에 펼쳐진다. 이 우연성에 운명을 맡긴 채 날씨로 인한 불안과 위험을 겪지 않기 위해서는 하늘에서 일어나는 자연법칙을 바탕으로 미리 날씨를 가늠할 수 있어야 한다. 이 책은 구름과 기상에 관한 다양한 이야기를 풍성하게 들려주는 데다 딱딱한 과학 언어를 친절하게 풀어낸 덕에 훨씬 쉽게 이해할 수 있다. 다 읽고 나면 하늘의 오묘함과 숨겨진 신비함을 알게 되어 하늘이 이전보다 더 섬세하고 아름답게 보일 것이다.

조천호 | 전국립기상과학원장, 『파란하늘 빨간 지구』 저자

하늘에서 예쁜 구름을, 유난히 아름다운 노을을, 큼지막한 달을 만나면 사진이 찍고 싶어진다. 사진가인 내게 날씨란 작업에 큰 영향을 끼치는 요소이다 보니 기상 상황에 따라 촬영 장소를 정하는 경우도 많다. 하지만 그러면서도 왜 구름이 그렇게 생겼는지, 하늘에서는 대체 무슨 일이 벌어지고 있는지에 대해서는 여태 큰 관심을 가져본 적이 없던 것 같다. 게다가 기상학이라는 학문을 떠올리면 어쩐지 어렵다는 생각이 먼저 들기도 했다.

이 책은 바로 나 같은 사람을 위한 책이다. 된장국으로 구름이 만들어지는 과정을 이해하고, 애니메이션과 영화 속에 나온 기상 현상을 분석하다 보면 각기 다르게 생긴 구름들의 이름뿐만 아니라, 비행기 어느 좌석에 앉았을 때 어떤 구름을 볼 수 있는지 같은 새로운 팁까지 알 수 있다.

책을 전부 읽고 나니 저자의 말처럼 하늘의 해상도가 높아진 기분이다. 앞으로 사진을 찍을 때면 프레임에 담기는 아름다운 풍경을 넘어, 그 풍경이 만들어진 기상학적 상황까지 눈에 들어오지 않을까? 한 가지

확실한 것은 기상학이 우리의 하루에 작은 즐거움을 더해줄 것이라는 사실이다. 하늘에서는 항상 흥미로운 일이 벌어지고 있으니까 말이다.

케이채 | 사진작가

"눈은 하늘에서 보낸 편지다." 책에서 소개한 나카야 우키치로의 말이다. 흥미롭게도 이 편지는 매번 다르다. 높은 하늘에서 처음 만들어진 작은 얼음 알갱이는 바람에 흔들리며 혹은 떨어지며 다양한 기온과 습도를 경험하게 되기 때문이다. 이 과정은 매번 다를 수밖에 없고, 그래서 눈의 모양은 항상 다르다. 하늘은 단 한 번도 똑같은 편지를 보낸 적이 없는 것이다.

눈송이와 마찬가지로 세상에 존재하는 모든 구름은 전부 다른 모양을 하고 있다. 저자는 잠시 머물다가 사라지는 구름을 높이나 모양에 따라 구분하고, 각기 다른 구름이 어떻게 만들어지는지 친절하게 설명한다. 천둥과 번개가 발생하는 이유도 빼놓지 않는다. 비 냄새, 눈 냄새, 번개 냄새, 그리고 바람 소리에 대한 그의 설명이 무척이나 재밌다.

한 발 더 나아가 저자의 관심은 일상생활에 그치지 않는다. 국지성 호우와 태풍은 어떻게 발달하는지, 토네이나 용오름은 언제 생기는지, 일기예보는 어떤 과정을 거쳐 만들어지고 또 왜 자주 틀릴 수밖에 없는지를 쉽고도 자세히 설명하고 있다. 곧잘 날씨에 대해 궁금해하는 사람들에게 이 책을 권하고 싶다. 특히 딱딱한 교과서 때문에 지구과학에 관심을 잃은 학생들에게는 더욱이 일독을 권하고 싶다.

손석우 | 서울대학교 지구환경과학부 교수

한국의 '구름 친구' 분들께

혹시 아름다운 하늘이나 예쁜 구름을 발견했을 때 스마트폰을 꺼내 사진을 찍어본 경험이 있으신가요? 혼자만의 애칭이기는 하지만, 저는 저와 같이 구름을 즐기는 분을 '구름 친구'라고 부릅니다. 하늘과 구름 사진을 찍은 적이 있는 분, 하늘을 보고 감동받은 적이 있는 분이라면 이미 제 '구름 친구'인 것이지요.

한국과 일본은 하늘과 구름이 비슷합니다. 물론 지역에 따라 형성되기 쉬운 구름이나 발견하기 쉬운 현상은 조금씩 다를 수도 있겠지만, 두 나라 모두 중위도에 위치하고 있어 비슷한 날씨 변화가 나타나거든요. 우리는 늘 날씨의 영향을 받으며 살아가고 있습니다. 비가 내리면 우산을 쓰고 나가고, 푹푹 찌는 여름 날씨에는 더위에 대비해야 하지요. 이렇듯 날씨는 우리 일상에서 떼려야 뗄 수 없는 존재이기에 저는 날씨를 잘 알고 대비하며 살아갈 수 있다면 얼마나 좋을지 늘 고민합니다.

그러한 날씨를 과학적으로 풀어내 자연을 좀 더 깊이 이해하려는 학문이 바로 '기상학'입니다. 기상학은 예로부터 농업이나 어업 등과 관계가 깊은데, 일기예보가 없던 시대에는 하늘과 구름을 보며 경험칙을 바탕으로 날씨 변화를 예상했지요. 하지만 현대에 접어들면서 계산과학을 비롯한 기상학 기술이 발전하자, 이제는 누구나 스마트폰으로 최신 일기예보와 실시간 비구름 상황을 확인할 수 있는 시대가 되었습니다.

저는 이 책에 기상학이 지나온 길과 기상학의 묘미, 최신 과학으로 어디까지 알 수 있는지를 빠짐없이 담아냈습니다. 제가 기상학 공부를 시작했을 무렵, 일본에는 수식이 난무하는 난해한 교과서나 모호한 설명이 전부인 하늘 사진집이 대부분이었기에 진정한 의미에서 기상 입문서라 할 만한 책이 없었습니다. 『다 읽은 순간 하늘이 아름답게 보이는 구름 이야기』는 하늘과 구름을 좋아하고 그 구조와 원리가 궁금한 분들, 기상학을 공부해보고 싶은 분들을 위해 쓴 책입니다. 부디 여러분이 이 책을 통해 일상생활 속에서 기상학을 접하고 하늘을 즐길 수 있게 되면 좋겠습니다.

이 책의 마지막 페이지를 덮고 하늘을 올려다보았을 때 여러분의 눈에 들어오는 하늘이 이전보다 아름답게 보인다면, 저자로서 그보다 기쁜 일은 아마 없을 것입니다.

아라키 켄타로

들어가며

비가 갠 뒤 저녁 하늘을 수놓은 선명한 무지개다리, 진홍빛으로 물들어 장관을 이루는 아침노을, 여름날 푸른 하늘에 뭉게뭉게 피어오른 새하얀 구름, 무언가 좋은 일이 생길 것만 같은 무지갯빛 구름. 여러분은 이런 마법 같은 하늘의 풍경을 보며 감동한 적 있나요?

하늘은 마음이 투영된 거울입니다. 기쁜 일이 있을 때 올려다본 파란 하늘은 마치 나의 기쁨을 함께 축하해주는 듯하고, 슬프고 침울할 때 내리는 비는 내 슬픈 감정을 씻어주려고 함께 흘리는 하늘의 눈물 같아 위로가 됩니다. 걱정거리가 있을 때 낯선 모양의 구름을 보면 왠지 모를 불안함을 느끼기도 하지요. 우리는 하늘 아래 살아가고 있기에 하늘을 올려다보며 다양한 상상의 나래를 펼칠 수 있습니다.

그런 하늘의 현상을 과학적인 시각으로 바라보고 자연을 깊이 이해하려 노력하는 학문이 바로 기상학입니다. 기원전 3500년경부터 기우제를 지낸 기록이 있는 것만 봐도, 날씨는 아주 오래전부터 인간의 삶과 떼려야 뗄 수 없는 존재임을 알 수 있습니다. 특히 농업, 어업, 자연재해 등 인간의 생활에 미치는 날씨의 영향력은 그야말로 엄청납니다. 고대 그리스 철학자 아리스토텔레스는 『기상론 Meteorologica』에서 자연과학을 논했는데, 그의 날씨 연구는 '관찰', 즉 하늘을 올려다보는 것에서부터 시작되었습니다.

사실 이것은 지금도 크게 다르지 않습니다. 기상학에서는 우선 지구를 덮은 공기인 대기의 흐름과 구름, 비, 눈, 천둥, 번개 등을 관측하여 그 현상을 자세히 이해하려고 합니다. 관측은 일기예보의 정확도를 높여주지요. 일기예보가 없던 시절에는 하늘이나 구름의 모양을 보고 경험칙에 근거해 날씨 변화를 예상했지만, 컴퓨터 공학과 IT 기술이 발달한 현대에는 누구나 스마트폰으로 실시간 비구름 상황 같은 일기예보를 확인할 수 있습니다.

하지만 이 정도 수준으로 발전하기까지 그 과정은 결코 녹록지 않았습니다. 기상학은 고대 그리스에서 자연철학으로 시작되었는데, 자연은 신의 영역이므로 신이 하는 일을 인간이 규명하려는 것은 죄라는 당시 기독교의 주장 때문에 발전에 제동이 걸렸거든요.

그 후 인쇄 기술이 발명되고 과학혁명이 이루어지면서 기상학은 조금씩 발전하기 시작했고, 관측 데이터를 가지고 대기 운동을 예측하는 단계까지 왔습니다. 또 제2차세계대전 당시 레이더를 비롯한 관측 기술과 컴퓨터 발달이 가속화되며 현대에 이르러서도 기상학은 나날이 발전을 거듭하고 있습니다.

그러나 기상학으로 설명할 수 없는 현상은 여전히 많습니다. 하늘에 떠 있는 구름 중에도 구체적인 미세 물리 구조 등 아직 밝혀지지 않은 것들이 있거든요. 저는 구름 연구자로서 매일 구름 연구를 하는데, 하늘을 올려다보았을 때 눈에 들어오는 풍경 중 아직도 과학적으로 규명되지 않은 미지의 현상이 존재한다는 생각을 하면 너무 설레서 가슴이 두근거립니다.

물론 기상학은 지금껏 많은 현상을 규명해냈습니다. 예전에는 '지구온난화가 정말로 일어나고 있는 것인가?'라는 주제로 논의가 벌어졌지만, 수많은 과학적 연구가 쌓이면서 기후변화에 관한 정부간 협의체IPCC가 2021년 8월에 발표한 제6차 평가 보고서에는 "인간의 활동이 대기, 해양, 육지 온난화를 초래했다는 사실에는 의심할 여지가 없다"는 내용이 실렸습니다.

일기예보의 정확도도 조금씩 향상되고 있습니다. 관측망 확충과 컴퓨터 성능의 급속한 발달로 기상 예측 기술이 계속 개발되어왔기 때문입니다. 그래도 여전히 일기예보는 틀릴 때가 있고, 아주 정확하게는 예측하기가 어려운 현상이 많습니다. 아직 날씨에 대해 모르는 것이 많기 때문이지요.

기상학은 일기예보라는 형태로 우리 생활에 크게 관여하며, 재해로부터 몸을 지키도록 돕는 방재 역할뿐만 아니라 지구온난화 같은 지구환경의 현재와 미래를 올바르게 이해하도록 돕는 역할까지 하는, 그야말로 실천적인 학문입니다. 지구과학의 한 분야로 지학, 공학과 관련이 있고 농학, 경제학, 의학과도 관련이 있고요. 그리고 기상이라는 물리현상을 설명하고자 수식을 사용해 현상을 기술하고, 시뮬레이션을 사용하여 일기예보를 작성하고 있습니다.

기상학을 공부하면 삶이 훨씬 풍성하고 윤택해집니다. 기상 현상의 구조와 원리를 알면 아름다운 하늘과 구름의 모습을 좀 더 쉽게 만날 수 있을 뿐 아니라, 갑작스럽게 내리는 비에 쫄딱 젖어 곤란해질 일도 줄어들고 재해로부터 몸을 보호할 수도 있거든요. 예전에는 '오늘은 구름이 좀 많네?' 정도밖에 볼 줄 몰랐다면 이제는 하늘에 어떤 이름을 가진 구름이 떠 있고, 하늘이 어떻게 변화하고 있는지까지 알 수 있습니다. 한마디로 하늘의 해상도가 높아지는 것이지요.

약간의 지식이 생겼을 뿐인데 세상이 달리 보이게 됩니다. 그렇게 점점 흥미를 가지게 되고 수식을 사용해 물리적으로도 이해하는 단계까지 가면, 개념적 이해에서 수치적 이해 수준으로 넘어가 더욱 더 재밌을 것입니다. 배우면 배울수록 재밌는 것이 바로 기상학입니다. 저는 그런 기상학의 매력을 알려드리고 싶어 이 책을 썼습니다.

우선 1장에서는 생활 속에서 만날 수 있는 기상 현상에 대해 살펴볼 겁니다. 욕실, 된장국, 커피, 막대 아이스크림 등 기상학으로 설명할 수 있는 일상생활 속 현상과 실제 하늘에 나타나는 현상 사이에 어떠한 관계가 있는지를요.

2장에서는 구름을 즐기는 법을 소개합니다. 애니메이션 속 구름에 대한 고찰, 실제 하늘에 뜬 구름을 보며 대기 상태를 파악하는 법, 신기한 구름의 구조와 원리, 하늘을 예쁘게 찍는 법을 알게 됩니다.

3장에서는 하늘에서 벌어지는 아름다운 현상들의 원리와 그런 하늘을 만나는 법을 알아봅니다. 무지개, 무지개구름(채운), 야곱의 사다리(부챗살빛), 붉게 물든 하늘, 블루모멘트와 함께 해와 달과 연관된 여러 가지 현상을 살펴봅시다. 3장을 읽고 나면 아름다운 하늘을 예전보다 더 자주 발견하게 될 것입니다.

4장에서는 흐리거나 비가 오는 날 하늘을 즐기는 방법, 날씨를 흐리게 만드는 하늘의 원리와 구조를 소개합니다. 비나 눈이 내리거나 안개가 낀 하늘은 어떻게 측정하는지, 어떻게 일기예보를 내보내는지에 대해서도 알 수 있지요.

5장에서는 기상학의 역사와 기본적인 기상 원리를 설명합니다. 기상학이 대상으로 삼는 것, 기상학의 발전, 구름, 비, 눈, 기온, 기압, 바람, 호우, 대설, 용오름, 태풍, 지구온난화, 기후변화를 사진과 그림으로 살펴봅시다.

마지막으로 6장에서는 일기예보를 중점으로 살펴볼 겁니다. 일기예보가 어긋나는 이유, 산업과의 관계, 구름이나 하늘을 보고 날씨 변화를 예상하는 방법, 기상예보사와 기상예보사 제도, 일기예보 정확도를 높이기 위한 구름 연구자들의 노력을 소개합니다.

이 책은 어디서부터 읽든 상관없습니다. 책 뒤에는 기상 용어를 복습하고 확인하는 데 도움이 될 색인을 실었고, 구름과 무지개를 더욱 흥미롭게 관찰할 수 있는 포스터 형식의 첨부 자료도 실었으니 참고가 되기를 바랍니다.

저는 이 책이 기상학의 등장과 발전, 현재 밝혀진 기상 원리와 구조를 전체적으로 이해하는 데 도움을 주어 독자 여러분이 생활 속에서도 기상학을 친근하게 느끼고 하늘을 좀 더 즐기는 계기가 되기를 바랍니다. 마지막 페이지를 덮은 뒤 하늘을 올려다보았을 때, 하늘이 전보다 더 아름답게 보인다면 구름을 연구하는 한 사람으로서 아마 그보다 기쁜 일은 세상에 없을 것입니다.

아라키 켄타로

차례

2장。구름으로 하늘 100퍼센트 즐기기

3장。무지개, 채운, 그리고 달

4장。설령 날씨가 나쁘더라도

5장。감동을 주는 기상학

6장。 일기예보가 원래 이렇게 재밌었나?

1장

몸으로 느끼는 기상학

된장국으로 보는 구름의 원리

된장국에 구름이?

우리가 평소에 자주 먹는 된장국은 밥을 먹으며 구름의 원리를 체험할 수 있는 아주 멋진 교보재입니다. 그릇에 담긴 된장국에서 모락모락 피어오르는 김을 한번 볼까요? 뜨거운 국물 표면에 접한 공기가 따뜻하게 데워지는 동안 국물 표면에서는 수증기가 계속 공급됩니다. 그리고 이렇게 된장국 표면 부근의 따뜻한 공기는 주위 공기에 비해 밀도가 작고 가벼워 위로 올라갑니다.

공기는 상승하면 온도가 낮아지는데, 차가워지면 공기가 머금을 수 있는 수증기량이 줄어들기 때문에 포화 상태가 되고 응결하여(기체 상태인 수증기가 액체 상태인 물이 됨) 물방울이 생성됩니다. 이것이 바로 '김'이지요. 포화란 공기가 수증기를 한계 상태까지 머금은 상태를 말합니다. 그리고 김은 점점 높이 상승하면서 주위의 건조한 공기와 뒤섞여 증발하게 됩니다.

사실은 구름에서도 똑같은 물리적 현상이 일어납니다. 구름이란

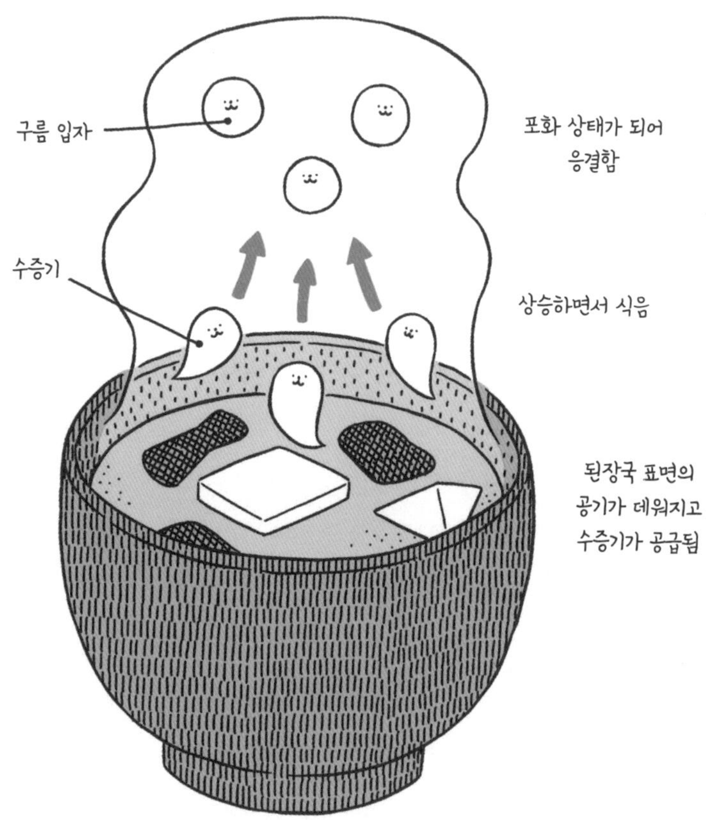
구름 입자
포화 상태가 되어
응결함
수증기
상승하면서 식음
된장국 표면의
공기가 데워지고
수증기가 공급됨

구름이 되어가는 된장국

공중에 떠 있는 물과 얼음 입자가 한데 모인 집합체입니다. 뜨거운 김도 같은 성질을 가지고 있는데, 수증기가 응결되어 물방울(구름 입자)이 되려면 핵(구름응결핵)이 될 무언가가 필요합니다.

고깃집 찌개에서 나는 김

만약 뜨거운 김이 나는 국물 위에 불을 붙인 선향을 가져다 대면 어떻게 될까요? 그러면 순간 뜨거운 김이 확 피어오를 텐데, 이것이 바로 '구름핵이 형성되는' 순간입니다. 상승한 수증기가 선향 연기라는 핵을 얻어 응결해 구름 입자가 되는 것이지요. 구름은 이와 같은 원리로 생성됩니다.

고깃집에서 주문한 찌개를 보면 김이 모락모락 나는데, 이것도 동일한 현상입니다. 김이 많이 나서 뜨거울 거라 생각하며 국물을 한 입 떠먹었는데 생각보다 뜨겁지 않았던 경험이 다들 한 번쯤은 있지 않나요?

여러 명의 손님이 동시에 고기를 굽는 고깃집에는 항상 연기가 자욱합니다. 즉 구름핵 역할을 할 대기 중의 미립자 '에어로졸aerosol'이 가득한 상태이지요. 그런 환경에서는 구름 입자가 다량 형성되므로 평소보다 많은 김이 발생합니다. 또 다른 예로는 뜨거운 커피가 든 컵 위에 담배 연기를 가져다 댔을 때 김이 대량 발생하는 것을 들 수 있습니다.

된장국의 열대류

된장국에서는 구름의 원리와 관계가 있는 또 하나의 현상을 발견할

적운

수 있습니다. 뜨거운 된장국을 그릇에 부으면서 가만히 관찰해보세요. 액체의 흐름이 아래에서 위로, 위에서 아래로 이동하는 모습이 보일 것입니다. 이는 된장국 안에서 상승류와 하강류가 발생해 열이 순환하는 열대류가 일어나고 있는 상태입니다. 위아래의 온도 차가 일정 수준을 넘으면 열대류가 발생하지요.

여름에 흔히 볼 수 있는 적운인 뭉게구름도 똑같은 원리로 만들어집니다. 적운은 햇빛을 받아 지표면이 뜨거워지면서 데워진 지표 부근의 공기가 상승하여 형성되는 구름입니다. 그래서 비슷한 장소에서 생성과 소멸을 반복합니다. 된장국이 담긴 그릇 안도 마찬가지이지요.

된장국이 식으면 위아래의 온도 차가 줄어들어 열대류도 점차 약해지는데, 대기 중의 열대류 현상도 똑같습니다. 적운이 생성과 소멸을 반복하는 상황에서 그보다 더 높은 하늘에 두꺼운 구름이 드리

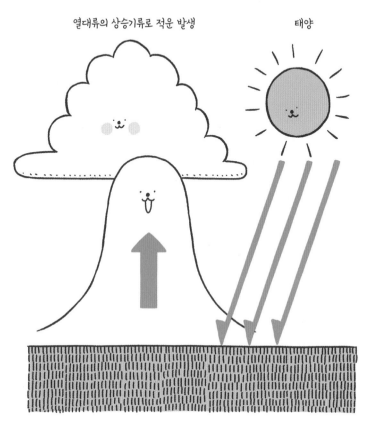

열대류의 상승기류로 적운 발생

태양

지면이 데워지면서 공기도 따뜻해져
열대류가 발생함

적운이 만들어지는 원리

워 햇빛을 가려버리면 지표면 온도가 떨어집니다. 그러면 열대류가 갑자기 약해져 적운이 만들어지지 못하지요. 식어버린 된장국 상태가 되는 것입니다.

이렇듯 맑은 하늘에 생긴 적운은 열대류가 일어나고 있다는 증거입니다. 된장국은 하늘의 모형이라고도 말할 수 있을 정도로 기상과 관련된 물리적 현상이 가득하지요. 그릇에 담은 직후 뜨거운 김이 모락모락 나는 것을 보며 구름핵이 형성되는 과정을 이해할 수 있고, 그릇 안에서는 열대류를 관찰할 수 있거든요.

그런데 여기서 잊지 말아야 할 것 하나! 된장국이 식기 시작하면서 대류가 약해지는 모습을 확인하는 것도 좋지만, 국이 완전히 다 식어버리기 전에 얼른 먹어야겠지요?

이른 아침, 수풀이 우거진 공원에서

공원에서 피어오르는 김

사실 휴일이나 출퇴근 때 잠시 들르는 공원처럼 우리에게 친숙한 장소에서도 대기에서 일어나는 물리적인 현상을 접할 수 있습니다. 참고로 '대기 상태가 불안정하다'와 같이 일기예보에서 일상적으로 쓰는 표현인 '대기'는 지구를 덮고 있는 공기를 뜻합니다.

비가 그친 후 아침에 공원을 산책하다 보면 나무 그루터기 위에서 수증기처럼 김이 나는 것을 볼 수 있는데, 이는 된장국의 김처럼 구름 입자가 형성되는 순간과 매우 유사합니다. 그런데 나무 그루터기에서 대체 왜 김이 나는 것일까요?

햇빛이 닿으면 물체는 따뜻해집니다. 이른 아침 공원에 있는 나무 그루터기가 햇빛을 받아 따뜻해지면 그루터기와 맞닿은 공기층에도 열이 전달되지요. 그리고 그렇게 따뜻해진 공기에 나무 그루터기에서 증발한 수증기가 다량으로 공급됩니다. 하지만 그루터기보다 위쪽에 있는 공기는 그리 따뜻하지 않기 때문에, 두 공기가 섞여 온도

나무 그루터기에서 피어오르는 김

가 내려가면서 포화 상태가 되면 수증기가 응결되어 김이 나는 것입니다.

김이 하얗게 보이는 이유

나무 그루터기에서 나는 김의 입자(물방울)는 구름 입자와 크기가 비슷하며, 여기에 닿은 빛은 여러 방향으로 흩어집니다(산란). 김이 하얗게 보이는 이유는 사방으로 흩어진 다양한 색깔의 빛이 겹쳐진 상태로 우리 눈에 들어오기 때문입니다.

나무 그루터기 주위에는 김을 형성하는 물방울이 많아 빛을 강하게 산란시키므로 흰색이 짙어 보이지만, 김이 상승하면서 주위에 있는 건조한 공기와 뒤섞여 증발하면 흰색도 점점 옅어지다가 어느 순간 사라집니다. 하늘에 떠 있는 적운도 주위 공기와 섞이면 증발하여 사라진다는 점에서 김과 매우 유사하지요.

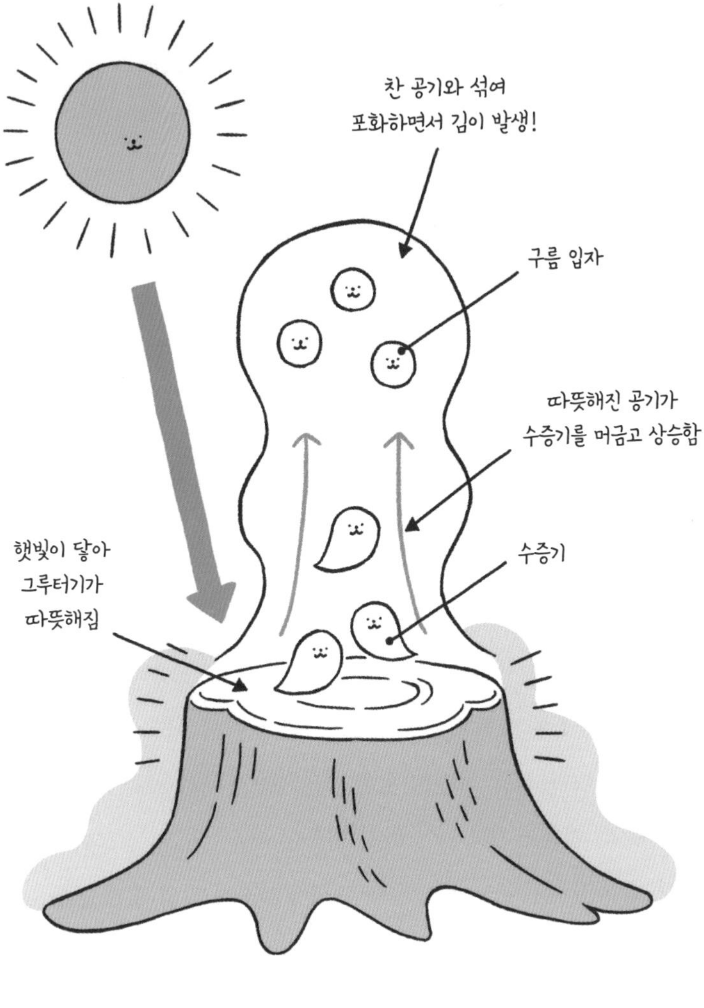

찬 공기와 섞여
포화하면서 김이 발생!

구름 입자

따뜻해진 공기가
수증기를 머금고 상승함

햇빛이 닿아
그루터기가
따뜻해짐

수증기

나무 그루터기에서 김이 나는 원리

따뜻해진 공기는 밀도가 감소해 주위보다 가벼워져 위로 올라갑니다(상승기류 발생). 나무 그루터기에서 나는 김이 얼마나 빠른 속도로 상승하고 있는지를 영상으로 분석한 뒤 김과 주변 공기의 온도 차가 어느 정도인지를 계산했더니, 김의 온도가 주변 온도보다 5도 정도 높다는 사실을 알 수 있었습니다. 실제로 나무 그루터기에서 피어오르는 김에 손을 가져다 대면 주위에 비해 살짝 따뜻하다는 느낌이 듭니다.

성스러운 자태를 드러내는 부챗살빛

공원은 기상과 관련된 다양한 물리적 현상을 관찰할 수 있는 최적의 장소입니다. 식물은 호흡을 하기 때문에 비가 온 뒤에는 물을 흡수한 나무가 수증기를 방출합니다. 그래서 나무가 많으면 그만큼 공기 중으로 공급되는 수증기가 많아지지요(증발산). 그리고 공기 중의 수증기량이 증가하면 포화 상태에 도달해 안개처럼 보이는 삼림운森林雲이 나타나기도 합니다.

이른 아침에 수목이 우거진 공원에 가면 '야곱의 사다리'를 만날 때가 있습니다. 아침 시간의 숲은 밤새 지표면에서 열이 빠져나가 지표 부근의 기온이 내려가는 방사 냉각이 이루어지고, 식물이 수증기를 공급하기 때문에 공기가 습해 안개가 자욱하게 낄 때가 많지요. 이때 공기 중에 떠 있는 미세한 물방울에 햇빛이 닿으면 빛의 경로가 가시화되는데, 바로 그 순간 야곱의 사다리라 불리는 부챗살빛이 모습을 드러냅니다(178쪽 참고).

숲속의 지표 부근에서 볼 수 있는 이러한 특징적인 공기층을 '삼

림 캐노피층'이라 부르고, 도시에서 형성되는 층은 '도시 캐노피층'이라고 합니다. '캐노피canopy'는 본래 불상이나 제단, 과거 계급이 높은 사람들이 사용하던 침대 위에 매달아 놓은 덮개를 의미하는 것으로, 기상학에서는 하늘의 일부나 전부가 건물이나 식물로 뒤덮인 공간을 가리킵니다.

연못으로 보는 대기중력파

어린 시절 공원 연못에 조약돌을 던지고 퍼져가는 파문을 바라보며 즐겁게 놀았던 적이 있지 않나요? 연못을 향해 돌을 던지면 돌이 수면에 떨어지면서 그 지점의 수면이 위아래로 출렁이지요. 수면은 돌이 낙하함과 동시에 오목하게 들어갔다가 금세 위로 불룩해지고 다시 중력의 영향을 받아 제자리로 돌아가는 운동을 반복하는데, 이때 수면에 생긴 파문은 주위로 퍼져갑니다. 그런데 '중력파'라고 하는

대기중력파를 가시화하는 파도구름

이 현상은 대기 중에서도 발생합니다.

중력파라고 하면 천문학의 중력파를 떠올리는 분도 있으리라 생각합니다. 이는 1916년에 물리학자 알베르트 아인슈타인이 일반상대성이론에 근거하여 예언한 것으로, 시공(중력장)의 휘어짐으로 인한 시간 변동이 파동이 되어 광속으로 전달되는 현상입니다. 한편 대기중력파는 유체역학에서 다루는 용어로, 액체 표면이 중력에 의해 원래 위치로 돌아오는 과정에서 생기는 파동을 뜻하지요.

높은 하늘에서 마치 파도가 치듯 공기가 일렁일 때, 파동의 꼭대기인 마루 부분에서는 수증기를 머금은 공기가 밀려 올라가면서 구름이 만들어집니다. 반면 파동의 골 부분에서는 공기가 하강하기 때문에 구름은 증발하여 사라집니다. 이 과정에서 파도 모양이 연이어 나오는 파도구름이 형성되지요. 이렇듯 구름은 공기의 흐름을 가시화하여 우리가 대기 중의 파도를 인식할 수 있게 해줍니다.

대기중력파는 산에 오르는 사람이라면 절대 간과해서는 안 되는 중요한 현상입니다. 산에서 관측되는 렌즈 모양의 구름(119쪽 참고)은 기상 악화를 예고하는 신호이기 때문이지요. 산에서는 날씨가 시시각각 변하므로 대기중력파는 등산 도중에 기상 악화를 예측할 수 있는 효과적인 지침이 됩니다.

대기중력파 자체는 어디서나 볼 수 있는 기상 현상입니다. 공기를 진동시키는 중력파에는 다양한 종류가 있는데, 산의 풍하측(바람이 불어가는 쪽. 바람이 산을 타고 넘어갈 때 그 산 뒷면 쪽을 풍하측이라 한다–옮긴이)에서 발생하는 것도 있고 적란운의 상승기류와 하강기류에 의해 물결처럼 굽이치며 퍼져나가는 것도 있습니다. 만약 공원 연못에 돌을 던질 때 공기의 흐름이 느껴진다면 당신은 기상 마니아로 가는 첫걸음을 내디딘 것입니다.

비행기에서 구름을 관찰하는 최고의 방법

태양을 기준으로 무지개 만나기

상공에서 하늘을 바라볼 수 있는 비행기 여행은 지상에서는 볼 수 없는 하늘의 표정을 만끽할 기회입니다. 이때 가장 중요한 것은 좌석 위치이지요. 일단 날개가 시야를 가리지 않는 창가 자리를 예약해야 합니다. 그리고 항공기 운행 시간, 경로, 태양과의 위치 관계도 함께 체크합니다.

만약 아침 시간대에 하네다 공항에서 신치토세 공항으로 가는 항공기를 탄다면, 진행 방향이 북쪽이므로 태양은 우측인 동쪽에 위치하겠지요. 이때 좌우 어느 쪽 열의 좌석을 예약할지는 각자가 보고 싶은 '현상'이 무엇이냐에 따라 달라집니다.

태양의 반대쪽 자리에 앉았을 때 볼 수 있는 대표적 현상은 '브로켄 현상'입니다. 운행 중인 항공기 기체 아래에 적운이나 층적운 같은 구름이 있으면 탑승한 비행기의 그림자가 구름에 비치면서 그 그림자를 중심으로 무지갯빛 원형 띠(광륜)가 생깁니다.

브로켄 현상

이것은 물방울로 이루어진 구름 입자를 태양광이 에돌아서 통과하기 때문에(회절) 그림자를 중심으로 무지갯빛 고리가 나타나는 것입니다. 원래 독일 브로켄산에서 자주 관측되어 '브로켄 현상'이라 부르는데, 이 현상은 적운과 층적운이 있으면 높은 확률로 발생하므로 쉽게 만날 수 있습니다.

또 태양 반대쪽 자리에서는 창가 쪽 하늘에만 비가 내릴 경우, 무지개도 볼 수 있습니다! 심지어 비행기에서라면 원형 무지개를 만날 가능성도 있지요. 무지개는 본래 태양을 등졌을 때 비행기의 그림자가 위치한 곳, 즉 대일점對日點(태양과 180도 떨어진 정반대 지점-옮긴이)을 중심으로 하여 둥근 원의 형태를 띱니다(148쪽 참고). 지상에서는 대일점이 지평선보다 아래에 있기 때문에 하늘에 걸쳐져 있는 원의 일부밖에 보이지 않는데, 비행기에서는 운이 좋으면 온전한 형태의 원형 무지개를 볼 수 있습니다.

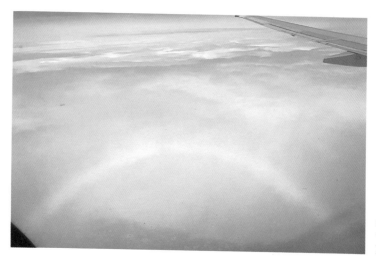

흰 무지개

또 적운과 층적운 같은 구름이 있을 경우, 이륙 후 혹은 착륙 전 비행기가 구름의 경계 부분에 진입했을 때 창밖을 보면 원형의 흰 무지개를 만날 수 있습니다(154쪽 참고).

푸짐한 무지개 한상차림

태양 쪽 자리에서 만날 수 있는 현상도 많습니다. 비행기가 날아오른 하늘에 엷은 구름이 깔려 있을 때는 다양한 현상을 동시에 관측할 수가 있지요.

지상에서 하늘을 올려다보면 태양 주변에 원형의 '무리(헤일로)'(164쪽 참고)가 생기는 것을 볼 수 있는데, 무리 말고 활 모양의 '호'라 불리는 무지갯빛 현상은 지평선이 하늘을 가르기 때문에 하늘이 보이는 범위 안에 있는 것만 관측됩니다. 반면 하늘 위에서 볼 때는 중간에 차단하는 방해물이 없기 때문에 수많은 호를 만날 수 있습니다.

무리, 무리해, 무리해고리

태양 주변에는 '햇무리'가, 그 좌우에는 '무리해'와 무리해를 이은 '무리해고리'가 있습니다. 태양 위에는 '상단접호'가, 태양 아래에는 '하단접호'가 있지요. 이렇게 여러 무지개를 한 번에 관찰할 수 있는 푸짐한 무지개 한상차림을 경험할 수도 있답니다(166쪽 참고).

빨려 들어갈 것만 같은 짙은 쪽빛

비행기를 탈 때 이것만큼은 꼭 한번 경험해보라 권하고 싶은 것이 있다면 바로 눈이 시릴 정도로 새파란 쪽빛 하늘입니다.

하늘은 고도가 높을수록 파랗고 지평선과 가까울수록 하얗습니다. 이는 먼지 같은 에어로졸과 수증기처럼 빛을 산란시키는 물질이 지표 부근에 많아서입니다. 하늘이 파란 이유는 우리 인간의 눈으로 인식이 가능한 빛인 가시광선 중 파란색이 산란되기 때문이지요.

에어로졸이 많은 하늘 아래쪽은 다양한 색깔의 빛이 활발히 산

란되면서 여러 가지 색의 빛이 겹치므로 하얗게 보입니다. 반대로 하늘 높이 올라가 그 위를 보면 아주 짙은 남색으로 보입니다. 수증기와 에어로졸의 양이 매우 희박한 상공에서는 파란색이 눈에 직접적으로 들어오기 때문이지요. 빨려 들어갈 것만 같은 쪽빛 하늘 속으로 들어가는 경험도 비행기 여행의 재미랍니다.

또 비행기 창을 통해 아래를 내려다보면 바다 위는 맑은데 육지 위에는 구름이 껴 있는 광경을 볼 때가 있지요. 이는 바다와 육지의 비열이 다르기 때문입니다. 육지는 바다보다 비열이 작아 쉽게 뜨거워지고 쉽게 차가워지는 특성이 있습니다. 비열이란 어떤 물질의 온도를 올리는 데 필요한 열량을 말하는데, 육지의 비열은 바다의 4분의 1에서 5분의 1 정도입니다. 낮에 햇빛을 받으면 육지의 지표가 급속히 뜨거워져 열대류가 발생하고, 그 열대류로 인해 발생한 상승기류는 낮은 하늘에 적운을 형성합니다.

다시 말해 육지의 대기 상태가 바다보다 쉽게 불안정해진다는 뜻입니다. 바다는 낮이라 해도 따뜻해지려면 시간이 걸리므로 바다 위의 대기는 비교적 안정된 상태이지요. 그러니 적운을 발생시키는 대류가 일어나기 힘듭니다. 구름의 상황, 특히 적운의 발생 상황을 보면 어디서 대기 상태가 불안정해 열대류가 발생하고 있고, 또 어디가 안정적인지 알 수 있습니다.

비행기를 타기 전에는 기상위성 관측 영상(138쪽 참고)을 체크해 비행기 여행을 하며 어떤 풍경을 마주하게 될지 예상해보는 것도 재밌습니다. 구름이 깔린 낮은 하늘을 통과하는 항로라면 브로켄 현상을 만날 수 있을 테고, 얼음구름이 많은 높은 하늘을 통과하는 항로라면 상공에서 눈부시게 빛나는 구름바다(운해)를 만날 수 있을 테니까요.

욕실과 기상학

욕실에서 내리는 비

매일매일 구름 생각뿐인 구름 연구자는 욕조에 몸을 담근 채 하루를 마무리하는 순간에도 무의식적으로 구름의 물리현상을 떠올립니다. 제일 먼저 욕실 거울과 유리창에 생기는 결로가 눈에 들어오지요.

뜨거운 물을 받아놓은 욕조에 몸을 담그고 있다 보면 거울과 창문에 서리가 낍니다. 이는 욕조의 뜨거운 물 때문에 욕실 안의 공기가 따뜻해지면서 수증기를 공급받아 포화에 가까운 상태가 되었는데, 상대적으로 온도가 낮은 거울과 유리창 부근에서 공기가 차갑게 식으며 거울과 창문 표면에 응결된 수증기가 물방울이 되어 맺히기 때문입니다. 추운 날 실내 온도를 높였을 때 유리창에 결로가 생기는 것과 똑같지요. 결로는 구름 입자가 생성되는 것과 비슷한 현상입니다.

또 욕조에서 보면 천장과 창문에 맺힌 물방울의 크기가 점점 커집니다. 처음에는 물방울 하나하나의 크기가 작지만 시간이 갈수록 점점 커지는 것이지요. 이는 물방울이 욕조에서 계속 공급되는 수증

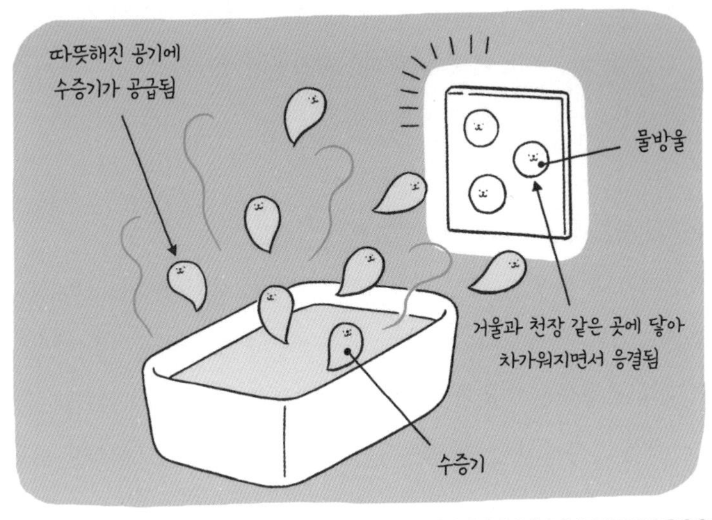

욕실과 구름의 물리현상(초급편)

기를 흡수하여 커지는 응결성장이 일어나기 때문입니다.

하지만 크기가 커질수록 성장 속도는 느려지고, 창문의 물방울은 어느 정도의 크기까지밖에 성장하지 못하므로 한동안은 떨어질 듯 말 듯 아슬아슬하게 붙어 있습니다. 이때 물방울을 떨어뜨리려면 '후' 하고 입김을 불어넣으면 됩니다. 그러면 물방울끼리 달라붙어 한 덩어리로 뭉쳐지며 성장 속도에 가속도가 붙는 충돌·병합 성장이 일어나 단번에 또르르 떨어질 것입니다.

사실 이것은 구름 안에서 비가 성장하는 과정과 완전히 동일합니다(267쪽 참고). 욕실 천장과 창문에서 떨어지는 물방울은 구름에서 내리는 비와 같은 성장 과정을 거칩니다. 목욕을 끝낸 후 찬물을 마실 때 유리잔을 한번 찬찬히 살펴보세요. 결로가 생기고 물방울끼리 합쳐지면서 흘러내리는 현상이 얼음물을 넣은 유리잔 표면에서도 관찰될 것입니다. 이렇듯 우리는 일상생활 속 다양한 장면에서 구름과 비를 느낄 수 있습니다.

뜨거운 욕조 물로 보는 공기의 흐름

욕실에서 볼 수 있는 기상학적 현상에 구름과 비의 물리현상만 있는 것은 아닙니다. 욕조와 세면대에 받은 뜨거운 물을 하늘이라 가정하면 더욱 역동적인 구름의 움직임과 대기 흐름을 재현할 수 있습니다.

가장 먼저 소개할 내용은 적란운의 '오버슛overshoot' 현상을 재현

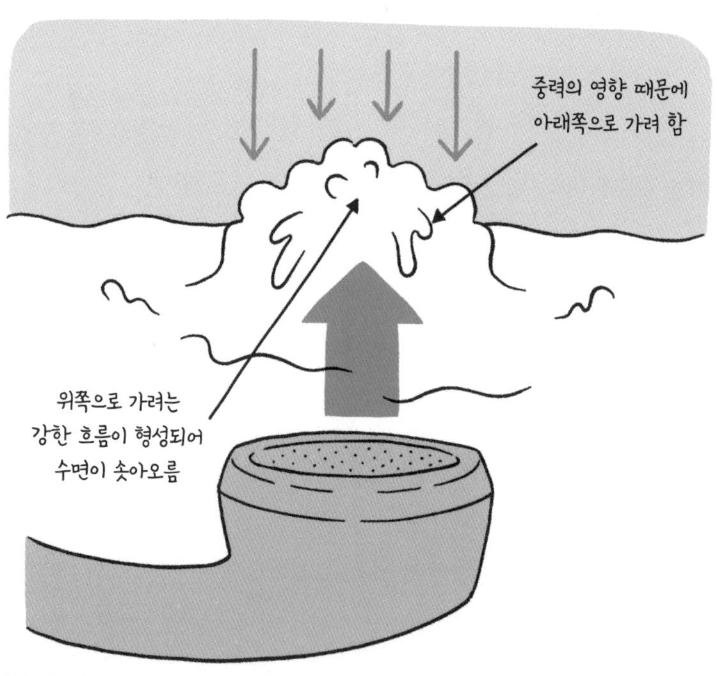
중력의 영향 때문에
아래쪽으로 가려 함
위쪽으로 가려는
강한 흐름이 형성되어
수면이 솟아오름

욕실과 구름의 물리현상(중급편)

오버슛이 일어난 적란운과 모루구름

하는 방법입니다. 일단 욕조에 받아둔 뜨거운 물 안에 뜨거운 물이 나오고 있는 샤워기 헤드를 넣은 뒤, 물이 나오는 부분이 위를 향하도록 뒤집습니다. 단, 기종에 따라 물에 완전히 담그면 고장이 나는 샤워기도 있기 때문에 그 점은 사전에 확인하는 것이 좋습니다.

샤워기 헤드를 뒤집어놓았으니 수면 위로 보글보글 샤워기 물이 솟아오를 텐데, 수면 위로 살짝 솟아오른 물은 금세 또 중력에 의해 원위치로 되돌아갑니다. 적란운의 오버슛 현상과 비슷하지요.

혹시 '모루구름'이라는 이름을 들어본 적 있나요? 모루구름은 적란운이 한계 높이까지 발달하다 더 이상 상승하지 못하고 옆으로 편평하게 퍼진 부분을 말합니다. 적란운이 최고로 발달하는 최성기 때는 아주 강한 상승기류가 발생해 모루구름 천장(한계점)을 살짝 뚫고 올라가지만 금세 제자리로 돌아오지요. 이것이 오버슛입니다. 오버슛은 통상적인 범위를 넘어선다는 의미인데, 욕조의 수면 위로 솟

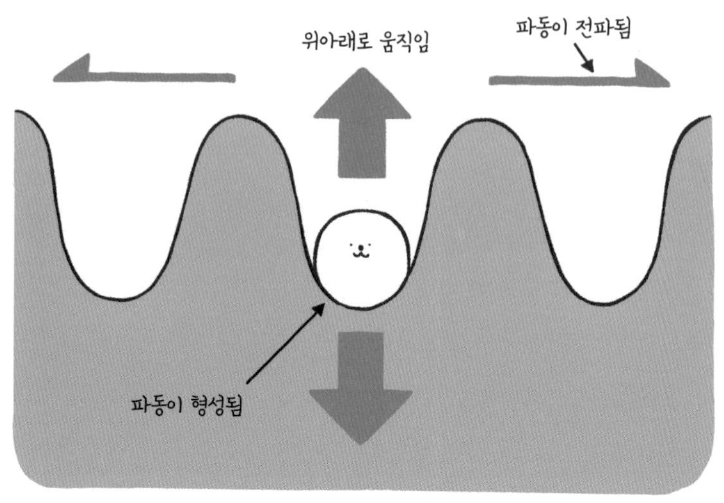

대기중력파의 원리

아오르는 샤워기 물은 그야말로 오버슛을 재현한 것이라 할 수 있습니다.

또 이때 수면에는 대기중력파와 비슷한 파동도 나타납니다. 욕조 안에서 오버슛이 일어나 물이 위아래로 움직이면 수면에 파동이 생기거든요. 중력파의 하나인 이 파동도 오버슛을 중심으로 하여 원형으로 퍼져나갑니다.

태풍처럼 매우 강한 상승기류를 동반하는 적란운의 상부에도 대기중력파가 퍼지는 경우가 있어 비슷한 현상이 발생합니다. 욕조에 담긴 물에서 발생한 파동은 벽면에 닿으며 반사되어 다시 욕조 안으로 들어갑니다. 그렇게 여러 개의 파동이 겹치면서 일부분이 높아지는 상황을 꼭 관찰해보세요.

뱅글뱅글 도는 카르만 소용돌이

이번에는 세면대에서 대기의 흐름을 느껴볼까요? 저는 소용돌이만 보면 몸이 근질대는 소용돌이 마니아라, 세면대 물로 소용돌이를 만들어보는 걸 추천합니다.

먼저 세면대에 물을 받고 비누를 풀어 살짝 거품을 냅니다. 그리고 얇은 거품으로 덮인 수면에 손가락을 수직으로 집어넣어 일정한 속도로 옆으로 움직이면 손가락을 우회하려는 물의 흐름이 소용돌이를 형성하는 모습을 볼 수 있을 것입니다. 이는 대기가 일정한 방향으로 흘러갈 때 섬 같은 장애물을 우회하는 과정에서 풍하측에 생성되는 '카르만 소용돌이'와 똑같습니다.

일본 서쪽에 고기압, 동쪽에 저기압이 형성되는 서고동저형의 겨울형 기압배치를 보일 때, 한국의 제주도나 일본의 가고시마현 야

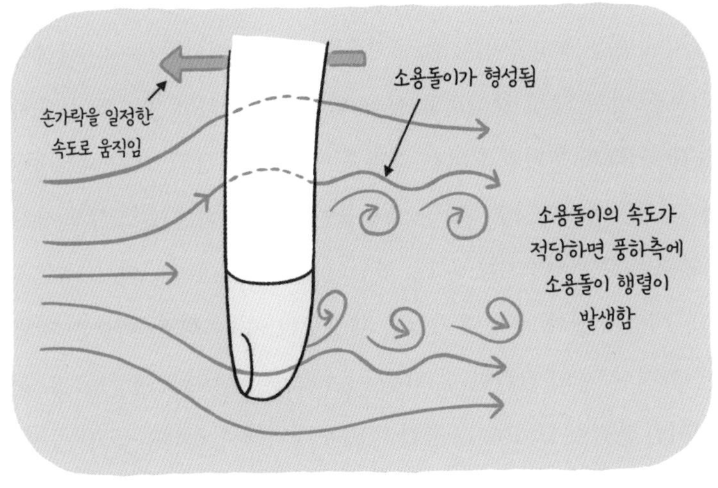

카르만 소용돌이 현상의 원리

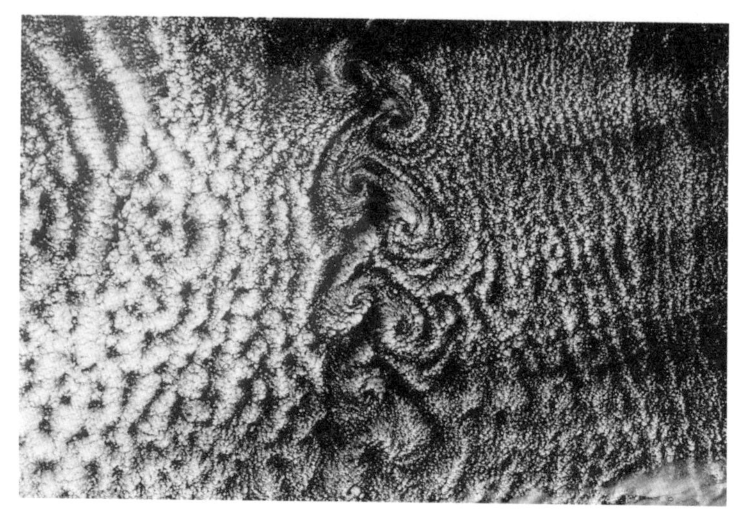

카르만 소용돌이

쿠시마 풍하 지역에서는 종종 카르만 소용돌이가 발생합니다.

겨울형 기압배치가 형성되면 유라시아 대륙에서 일본 쪽으로 찬 공기가 불어오는데, 이 찬 공기는 먼저 일본 서해와 동중국해 위에서 구름을 형성합니다. 찬 공기층은 제주도와 야쿠시마의 산꼭대기보다 낮고 얇게 깔리므로 섬을 넘어가지 못하고 옆으로 우회하는데, 이렇게 우회한 흐름은 풍하측에 좌우 한 쌍의 소용돌이 행렬을 만들어냅니다. 이 카르만 소용돌이 행렬은 하나의 크기가 직경 20~40킬로미터라 지상에서는 확인이 어려울 수 있습니다.

세면대 물에 넣은 손가락은 제주도나 야쿠시마와 비슷한 역할을 합니다. 물이 잔잔한 상태에서 손가락을 넣어 일정한 속도로 움직이면 물결이 입니다. 그 물결 뒤쪽이 대기에서 말하는 풍하측인데, 그곳에 작은 소용돌이가 여러 개 생겨나는 현상을 확인할 수 있을 것입니다.

참고로 바람이 강할 때 전선에서 '휘이~ 휘이~' 하는 소리가 들리는 경우가 있습니다. 이는 '풍성음aeolian tone'이라 하며, 고대 그리스의 바람 신인 '아이올로스Aeolus'의 이름에서 따온 것입니다. 사실 풍성음은 전선의 풍하측에 형성되는 카르만 소용돌이 행렬이 전선의 진동을 촉진하여 발생하는 소리입니다. 주변에서 흔히 볼 수 있는 물건에서 동일한 원리의 소용돌이를 발견할 수 있다는 점이 바로 유체역학의 묘미이지요.

소용돌이는 기상을 이해하는 데 중요합니다. 입욕 중이라면 어디에 소용돌이가 생길지 공기의 흐름을 상상해보세요. 다만 욕실에서 기상학적 요소들을 하나둘씩 찾다 보면 뜨거운 물에 너무 오래 몸을 담그게 될 수 있으니 현기증이 오지 않도록 주의해야 합니다. 목욕이 끝난 후에는 욕조 마개를 빼, 물이 소용돌이를 일으키며 배수구로 빨려 들어가는 모습도 유심히 관찰해보세요.

구름의 내부 사정

적란운 속 하강기류

공기는 눈에 보이지 않지만 끊임없이 움직이며 흘러갑니다. 공기의 흐름을 일상생활 속에서 체감할 수 있는 몇 가지 경우를 한번 살펴볼까요?

대기 상태가 불안정한 날, 하늘을 보면 기다란 롤 모양의 구름이 보일 때가 있습니다. 우중충해서 어딘가 모르게 음산한 분위기마저 느껴지는 이 구름은 위에서 보면 둥근 활 모양처럼 생겨 '아치구름'이라 부릅니다. 아치구름이 지나갈 때는 반드시 돌풍이 발생하므로 주의해야 합니다.

이 구름은 적란운에서 생겨납니다. 적란운 내부에서는 물의 고체 형태인 눈이나 싸라기가 녹거나 액체 형태인 비가 증발하는데, 이때 열이 흡수되면서 공기가 차가워지지요. 차가워진 공기는 주위에 비해 무거우므로 구름 안에서 하강기류가 생겨납니다. 그리고 떨어지는 비 입자, 싸라기, 우박이 공기를 함께 끌어내리면(로딩 현상) 차

아치구름

가운 하강기류는 더욱더 거세집니다.

하강기류가 지표에 도달하면 '다운버스트'라는 돌풍이 발생하고, 주위로 퍼져나간 찬 공기의 끝부분에는 '돌풍전선'이라는 소규모 전선이 형성됩니다. 돌풍전선 앞머리에서 밀려 올라간 공기는 구름을 형성하는데, 이 구름은 돌풍전선을 넘어가면서 하강하여 소멸합니다. 이 때문에 돌풍전선을 따라 아치구름이 형성되는 것이지요.

아치구름의 모체라 할 수 있는 적란운의 내부 하강기류에 의해 끌려 내려가는 듯한 느낌은 마치 수돗가에서 손을 씻을 때의 느낌과 비슷합니다. 수도꼭지를 틀어 세차게 나오는 물에 손을 가져다 대면 수압 때문에 손이 아래로 밀려 내려가는 듯한 느낌이 들지요. 이는 적란운 내부에서 공기가 끌려 내려가는 현상과 똑같습니다. 물로 씻은 뒤에 손이 시원하다고 느끼는 것은 비가 온 뒤 공기가 시원하게 느껴지는 것과 같은 원리이고요.

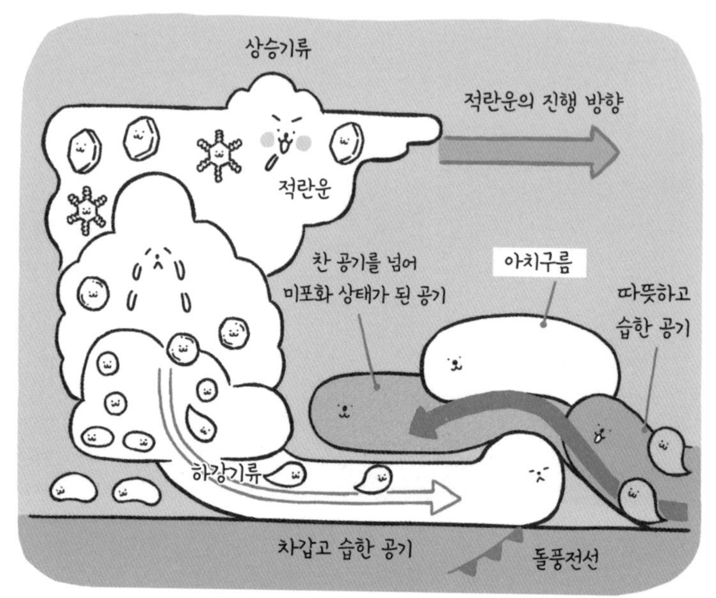

아치구름이 만들어지는 원리

적란운 내부에서 눈과 싸라기가 용해되거나 비가 증발할 때도 공기는 차가워지고, 비가 내렸다가 지표면에서 증발할 때도 열을 빼앗겨 공기는 차가워집니다.

소용돌이와 피겨스케이팅의 공통점

공기의 흐름은 소용돌이 형태로 나타났다가 이내 곧 사라지는데, 생성되고 소멸하는 이러한 소용돌이는 건물 뒤편처럼 우리 주변에서 흔히 볼 수 있는 곳에서도 발생합니다.

건물 모퉁이 안쪽에 바람이 불면 건물 형태를 따라 소용돌이가 생깁니다. 이때 낙엽, 꽃잎, 비닐봉지 같은 게 떨어져 있으면 빙글빙

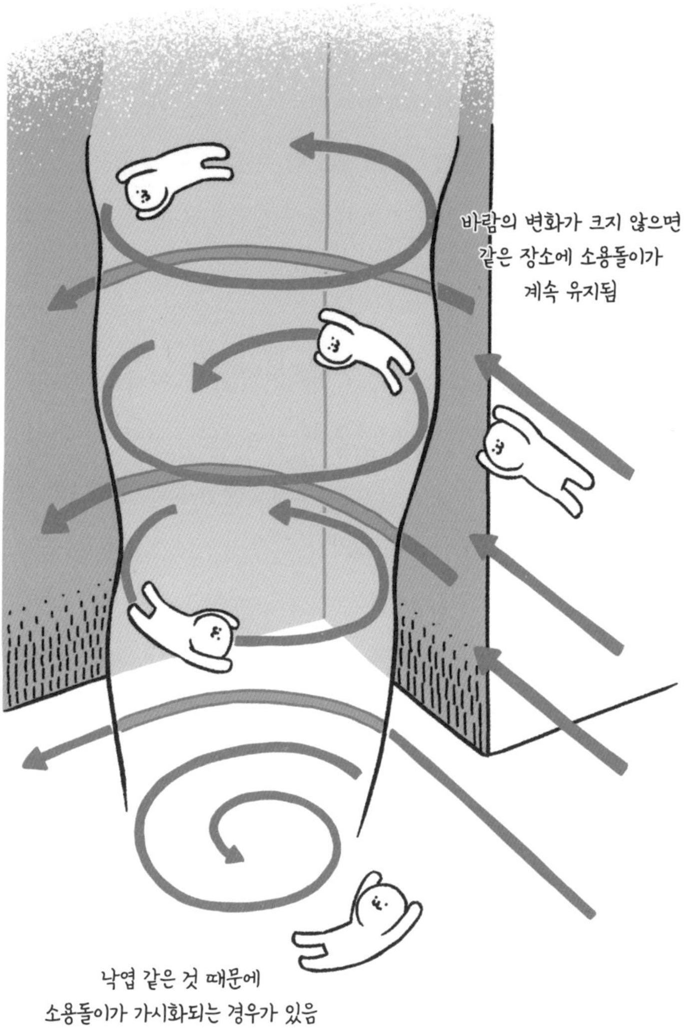

바람의 변화가 크지 않으면
같은 장소에 소용돌이가
계속 유지됨

낙엽 같은 것 때문에
소용돌이가 가시화되는 경우가 있음

건물 모퉁이 안쪽에 발생하는 소용돌이의 원리

글 돌면서 소용돌이가 가시화되므로 흐름이 한눈에 보이지요.

소용돌이 마니아인 저는 소용돌이를 발견할 때마다 그 안으로 들어가고 싶다는 충동이 마구마구 듭니다. 건물 한쪽 구석에 생긴 소용돌이는 바람이 크게 변하지 않으면 어느 정도는 계속 유지되므로, 그야말로 최적의 소용돌이 스폿이라 할 수 있지요. 소용돌이 안으로 들어가면 가슴이 벅차오릅니다. 낙엽이 빙글빙글 돌며 위로 올라가는 소용돌이 중심에 들어가면 마치 마법사라도 된 듯한 신비로운 영상을 찍을 수 있거든요.

학교 운동장에서 모래 먼지가 회오리치듯 올라가는 회오리바람은 햇빛 때문에 지면이 따뜻해졌을 때 일어납니다. 바람이 부딪히면서 지상에 약한 소용돌이가 생겼을 때 따뜻해진 지표의 공기가 상승하면 그 상승기류로 인해 소용돌이가 길게 늘어나기 때문에, 세로로 길고 회전 속도가 빠른 회오리바람이 되는 것이지요.

피겨스케이팅 선수의 스핀 동작을 떠올려보세요. 팔을 넓게 펼친 상태로 돌 때는 천천히 우아하게 돌지만, 두 팔을 몸에 딱 붙인 채 돌면 회전 속도가 확 빨라집니다. 이처럼 각운동량 보존법칙에 의해 회전 반경이 작아지면 회전 속도는 빨라집니다. 소용돌이가 상승기류로 인해 위로 길게 늘어나면서 회전 반경이 작아 빠르게 회전하는 회오리바람이 되는 것처럼요. 하지만 회오리바람이 세차게 모래를 일으키는 경우에는 위험할 수 있으니 절대 안으로 들어가지 마세요!

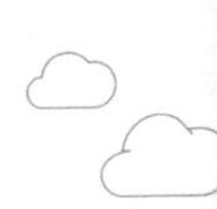

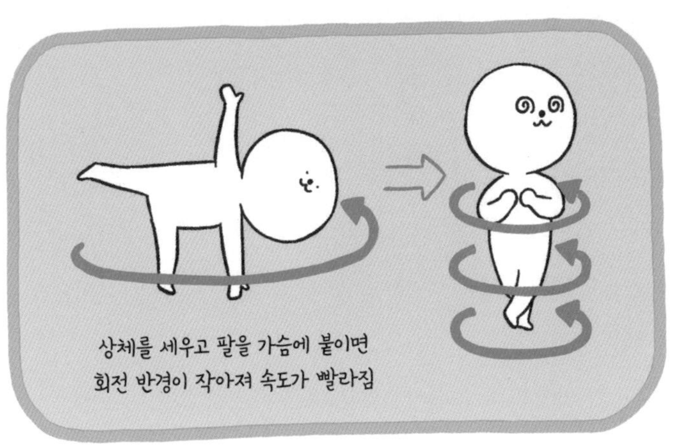

상체를 세우고 팔을 가슴에 붙이면
회전 반경이 작아져 속도가 빨라짐

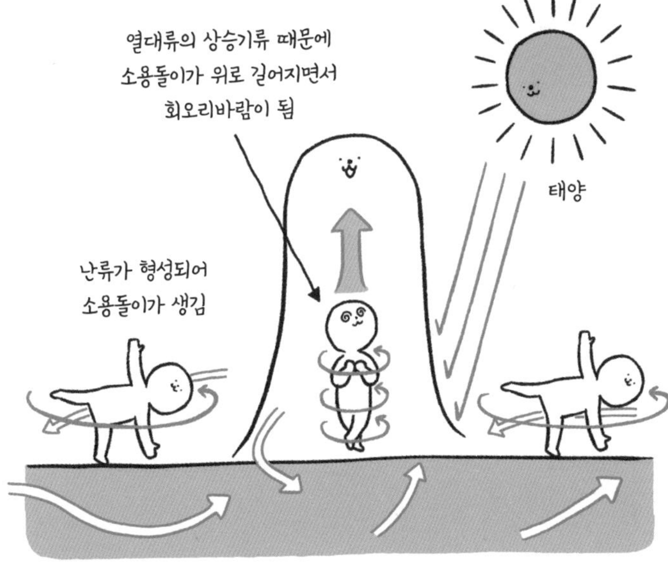

피겨스케이팅 스핀 동작과 회오리바람의 원리

커피 한 잔 속 하늘의 세계

뜨거운 커피와 소용돌이

하늘에서 펼쳐지는 드라마는 일상생활 속에서도 쉽게 접할 수 있습니다. 아마 기상 연구자라면 누구나 하늘 위에서 일어나는 공기의 흐름과 비슷한 현상을 우연히 발견했을 때 희열을 느낄 것입니다.

식후에 마시는 커피 한 잔에도 재밌는 현상이 가득합니다. 숟가락으로 원을 그리며 뜨거운 커피를 휘휘 저은 뒤 우유를 부어보세요. 그러면 우유 때문에 커피의 흐름이 가시화되면서 소용돌이가 보일 것입니다. 이는 지구 상공에서 일어나는 소용돌이의 원리와 비슷합니다. 소용돌이치는 컵 안을 가만히 들여다보세요. 우유를 넣은 직후 컵의 벽면 쪽은 커피의 흐름이 다소 느리다는 사실을 알 수 있을 것입니다.

그 이유는 컵과 액체가 맞닿은 부분에서 마찰이 발생하기 때문입니다. 그에 비해 컵의 가운데 부근에서는 마찰이 발생하지 않으므로 속도가 줄지 않습니다. 안쪽과 바깥쪽의 속도 차이로 소용돌이가

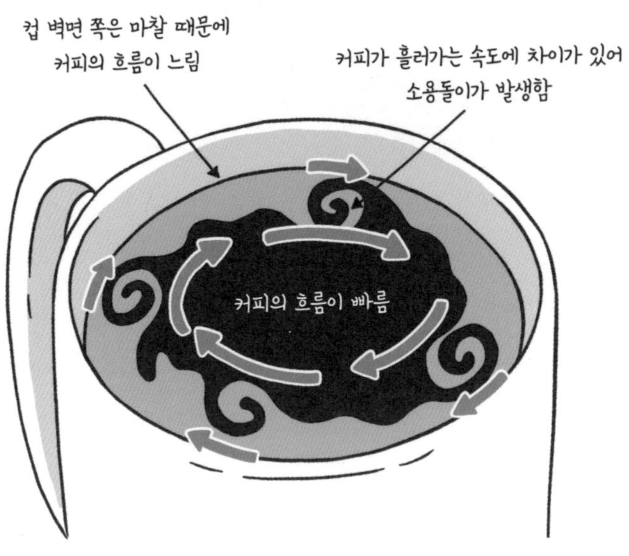
컵 벽면 쪽은 마찰 때문에
커피의 흐름이 느림
커피가 흘러가는 속도에 차이가 있어
소용돌이가 발생함
커피의 흐름이 빠름

뜨거운 커피와 소용돌이

생기는 것이지요. 이러한 소용돌이를 '켈빈-헬름홀츠 불안정' 또는 '수평시어 불안정'이라 표현하는데, '시어shear'는 영어로 엇갈림, 비뚤어짐을 의미합니다. 마찬가지로 하늘도 대기 흐름의 속도 차로 인해 소용돌이가 생겨 저기압으로 발달하는 경우가 있습니다.

한편 우유를 넣은 뒤 잠시 기다리면 컵의 중심 부근 아래에서 위로 커피가 솟아오르는 것을 확인할 수 있습니다. 이를 '에크만 펌핑'이라고 하는데, 엘니뇨와 라니냐의 원인 중 하나인 해수의 흐름과 비슷한 현상입니다. 엘니뇨는 태평양 적도 지역 날짜변경선 부근에서 남미 연안에 걸친 바다의 해수면 온도가 평년보다 높은 상태로 지속되는 현상이며, 이와 반대로 평년보다 낮은 상태로 지속되는 현상은 '라니냐'라고 합니다.

커피 속 바다의 모습

라니냐가 발생할 때 페루 앞바다에서 동풍이 강하게 불면 남미 연안 부근의 해수가 밑에서 위로 솟아오르는 용승 현상인 '에크만 펌핑'이 일어납니다. 차가운 해양심층수가 해수면 가까이까지 상승하기 때문에 해수면 온도가 낮아지는 것이지요.

커피는 원을 그리며 휘휘 저어주면 컵 벽면을 따라 회전하는데, 이때 컵 위쪽에서는 커피가 벽면을 향해 이동합니다. 컵 벽면에서는 마찰이 발생하고, 컵 아래쪽에서는 커피가 중앙을 향해 이동하며, 중심 부근에서는 용승 현상이 일어나지요.

엘니뇨와 라니냐에서 나타나는 에크만 펌핑 현상을 보면, 북반구에서는 해수가 지구 자전의 영향을 받아 진행 방향의 오른쪽 수직으로 작용하는 코리올리 힘(282쪽 참고), 동풍의 힘, 마찰력이 균형을 이룬 상태로 움직입니다. 이때 해수의 움직임은 깊이에 따라 변화하며 그에 따라 해수의 용승 현상이 나타납니다.

뜨거운 커피를 마실 때는 표면의 소용돌이를 바라보며 저기압을 떠올리고 엘니뇨가 나타나는 바다의 모습을 상상해보세요. 엘니뇨와 라니냐는 전 세계 날씨에 영향을 미치는 현상이니(320쪽 참고), 커피잔 한 잔으로 전 세계의 하늘을 느끼는 셈입니다.

아이스커피와 다운버스트

아이스커피로도 하늘을 느낄 수 있습니다. 편의점이나 카페에 가서 투명 플라스틱 컵이나 유리병에 든 아이스커피를 사거든, 벽면 안쪽을 따라 우유를 천천히 부은 뒤 옆면으로 컵 안을 관찰해보세요. 우

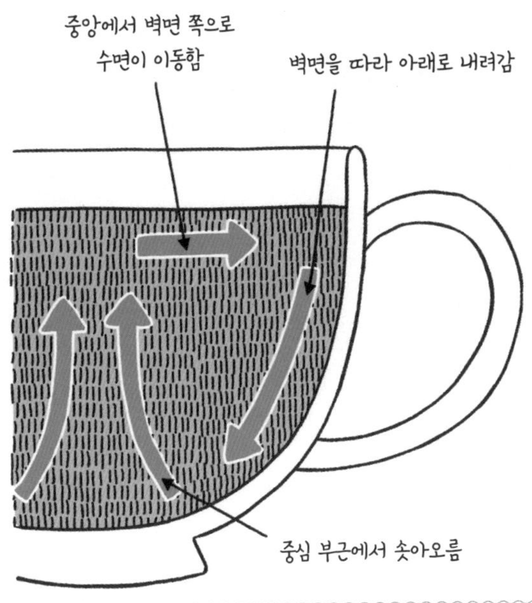

중앙에서 벽면 쪽으로
수면이 이동함
벽면을 따라 아래로 내려감
중심 부근에서 솟아오름

세로로 자른 커피잔 단면으로 본 용승의 원리

유가 컵 아래쪽으로 천천히 내려가다 바닥에 가까워질수록 그 속도가 점점 빨라지고, 바닥에 닿는 순간 옆으로 확 퍼질 것입니다.

이것을 기상 연구자가 보면 무엇을 떠올릴지 짐작이 가시나요? 바로 적란운의 하강기류입니다. 적란운 내부에서 형성된 차갑고 무거운 하강기류는 지표에 닿았을 때 다운버스트와 돌풍전선을 발생시키거든요(302쪽 참고).

아이스커피가 담긴 컵 밑에서도 돌풍은 일어납니다. 우유가 점점 빠른 속도로 아래를 향해 내려가다 바닥 면에 닿으면 다운버스트가 발생하고, 우유가 옆으로 퍼질 때 돌풍전선이 형성되는 것이지요. 무거운 우유가 주위에 있는 커피를 밀어 올리기 때문입니다.

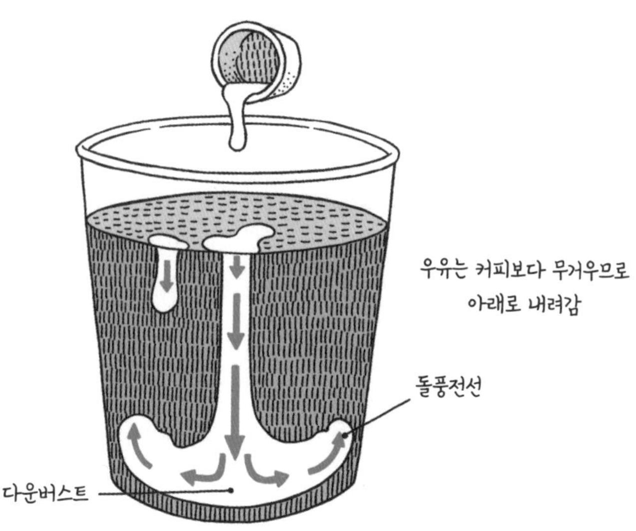
우유는 커피보다 무거우므로
아래로 내려감
돌풍전선
다운버스트

아이스커피와 다운버스트·돌풍전선

어느 날, 직장 동료와 아이스커피를 마시다 제가 컵을 바라보면서 “다운버스트다!” 하고 좋아하자 “그 소리 할 줄 알았다”라며 웃더군요. 기상 관계자라면 다들 공감할 텐데, 직접 해보면 이게 또 생각보다 꽤 재밌습니다. 기회가 된다면 꼭 한번 해보시기 바랍니다.

아이스크림을 먹기 전에

막대 아이스크림에서 나는 하얀 연기

우리 주위에서 기상의 물리현상을 관찰할 수 있는 가장 흔한 예는 무더운 여름날 더위를 식혀주는 막대 아이스크림입니다. 일단 포장을 뜯고 막대 아이스크림을 꺼내 아래쪽을 보세요. 하얀 연기 같은 것이 밑으로 스멀스멀 흐르다 스윽 사라지지 않나요? 이것도 일종의 구름입니다.

아이스크림 주변의 공기가 아이스크림 때문에 차가워지면서 원래 머금고 있던 수증기가 포화 상태를 넘어 응결되고 물 입자가 되어 구름이 만들어지는 것이지요. 차가운 공기는 무게가 무거워 밑으로 내려가면서 하강기류를 형성합니다. 이때 구름 입자도 같이 낙하하므로 연기가 스멀스멀 아래로 떨어지는 것이지요. 그리고 온도가 높고 건조한 주변 공기와 섞이면서 도중에 증발되어 사라져버립니다.

이는 공기가 차가워지면서 수증기가 응결되어 발생하는 층운과 동일한 원리입니다. 지표면 가까이에 형성되는 층운은 안개로 분류

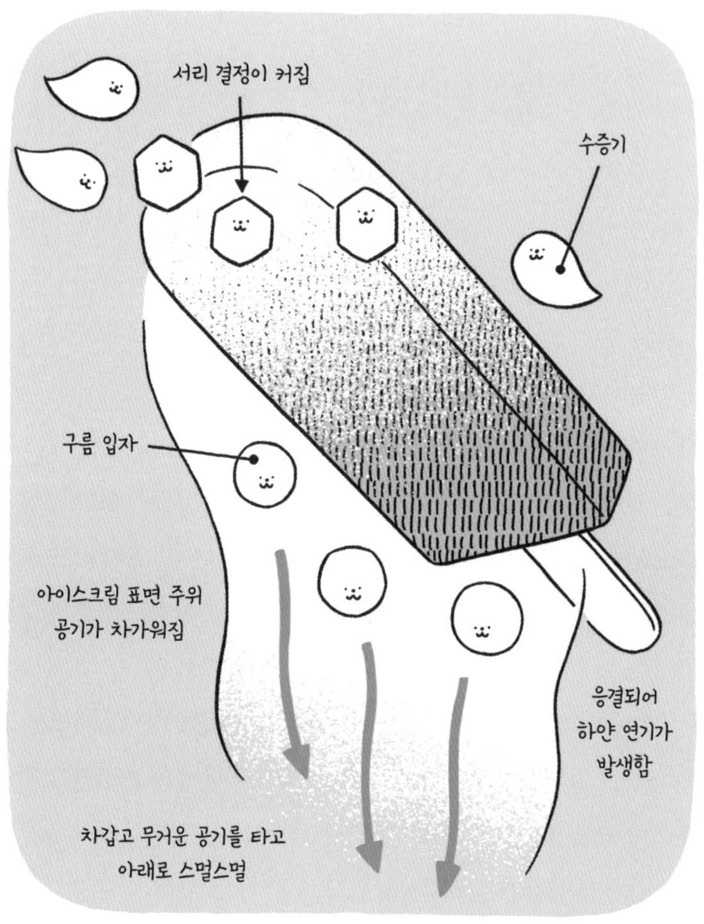

막대 아이스크림에서 볼 수 있는 구름과 서리

됩니다. 우리가 흔히 보는 안개는 비가 온 뒤 야간에 지표 온도가 낮아지면 발생했다가 아침이 되어 햇빛이 비치면 공기와 섞여 증발해 사라집니다. 아이스크림에서 나는 하얀 연기와 똑같지요.

얼음 결정을 만나다

구름을 확인했다면 이번에는 아이스크림 표면을 볼까요? 아이스크림을 금방 뜯었을 때는 색이 선명하지만 잠시 후면 전체적으로 하얗게 변합니다. 이것이 바로 서리입니다. 아이스크림에 닿은 주변 공기가 아이스크림 때문에 차가워지므로 수증기가 아이스크림 표면에 달라붙으면서 얼음 입자가 성장해 하얗게 변하는 것이지요. 구름 속에서 얼음 결정과 눈 결정이 성장하는 것과 동일한 원리입니다(268쪽 참고).

이때 성장하는 서리는 그리 크지 않는데, 아이스크림을 냉동실에 넣으면 서리가 크게 성장하므로 결정구조가 확연하게 보일 겁니다. 포장을 뜯자마자 아이스크림 표면에 어떤 서리 결정이 맺혀 있는지 살펴보세요. 막대 아이스크림 표면을 관찰하는 것은 상공에 떠 있는 구름 속에서 벌어지는 일을 바로 앞에서 두 눈으로 목격하고 있는 것과 같으니까요.

신기루를 좇아서

신기루라는 이름의 허상

일상생활 속 신비로운 기상 현상 중 하나로 신기루가 있습니다. 신기루는 온도가 다른 대기층이 겹쳐진 상태로 확산되어 있을 때 빛이 굴절되며 나타나는 현상입니다. 차가운 공기는 따뜻한 공기보다 빛을 크게 굴절시키는 성질이 있기 때문에 온도 차가 있는 공기층이 위아래로 겹치면 굴절률의 차이로 허상이 생겨나지요. 촛불 바로 위에서는 경치가 어른거리는 아지랑이 현상이 일어나는데, 이것도 공기의 온도가 국소적으로 큰 차이를 보이기 때문입니다.

신기루에는 몇 가지 종류가 있습니다. 지평선이나 수평선 근처에 있는 것이 그 상태 그대로 위쪽으로 늘어나거나 반전된 상像이 위쪽에 나타나는 두 가지의 '위 신기루', 반전된 상이 아래쪽에 나타나는 '아래 신기루', 이렇게 세 가지가 유명합니다.

70쪽 맨 아래 사진은 일본 미에현과 아이치현 사이 태평양 연안에 위치한 이세만에서 촬영한 아래 신기루입니다. 바다와 접한 육지

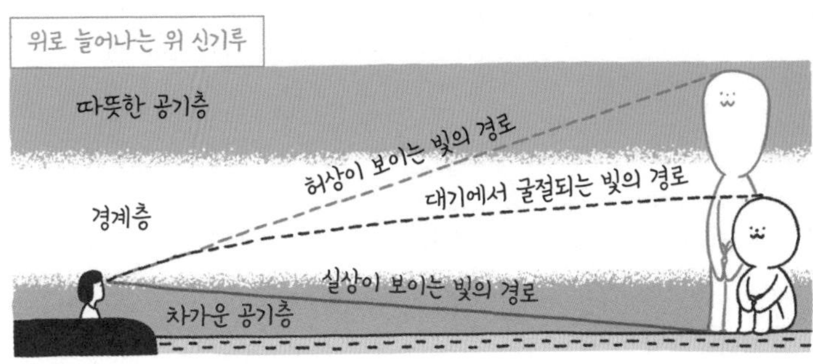

위로 늘어나는 위 신기루
따뜻한 공기층
허상이 보이는 빛의 경로
대기에서 굴절되는 빛의 경로
경계층
실상이 보이는 빛의 경로
차가운 공기층

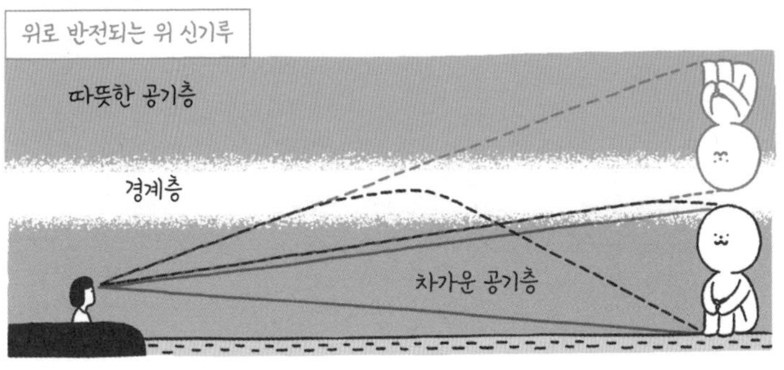

위로 반전되는 위 신기루
따뜻한 공기층
경계층
차가운 공기층

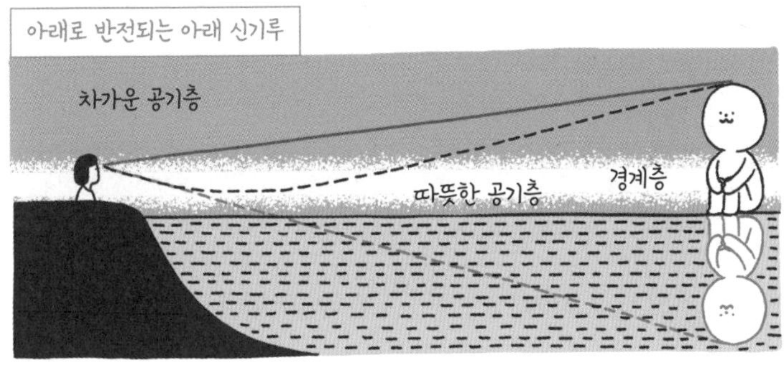

아래로 반전되는 아래 신기루
차가운 공기층
따뜻한 공기층
경계층

신기루의 원리

이세만에서 관측된 신기루(위에서 아래 순으로)
위로 늘어나는 위 신기루, 위로 반전되는 위 신기루, 아래로 반전되는 아래 신기루

가 섬처럼 떠 있는 듯 보이지요(뜬섬 현상). 그 이유는 해수면 위의 풍경이 아래로 반전되기 때문입니다.

이 현상은 겨울, 즉 상대적으로 따뜻한 해상에 강한 냉기가 유입되었을 때 자주 발생합니다. 수온이 안정적인 해수면 부근에는 따뜻한 공기층이 형성되어 있는데, 그 바로 위에 차가운 공기층이 형성되면 차가운 쪽으로 빛이 굴절되지요. 원래대로라면 바다가 보여야 할 해수면에, 그 위에 있는 풍경의 형체가 아래로 반전되어 나타나는 겁니다.

귀한 신기루

차가워진 지표면 위에 따뜻한 공기층이 형성되면 멀리 보이는 경치가 지표면 위쪽으로 늘어나거나 반전되는 위 신기루 현상이 나타납니다. 위 신기루가 유독 자주 나타나는 지점은 관광 명소가 되기도 하지요.

위 신기루 명소로 유명한 곳 중 하나가 도야마만입니다. 3월 하순부터 6월 초순, 이동성고기압이 일본 동쪽으로 빠져나간 시기, 북풍 계열의 바람이 약하게 부는 맑은 날 낮 시간대에 잘 발생한다고 합니다. 도야마현 우오즈시에는 '신기루'나 '미라지mirage'라는 이름이 붙은 시설이 많은데, 교덴 어항에서 미라지랜드까지 이어지는 해안 도로는 산책이 가능한 '신기루 로드'로 정비되어 있고 우오즈 매몰림 박물관에는 전망대가 설치되어 있습니다.

이세만에서도 위 신기루가 자주 목격되는데, 구체적인 발생 조건은 명확히 밝혀지지 않았습니다. 이세만이 위치한 미에현 요카이치시에는 에도시대 후기에 제작되었다는 '오뉴도大入道'라는 목이 긴 거대한 요괴 인형이 있는데, 기계로 만든 이 인형은 현에서 지정한 유형 민속문화재라고 합니다.

신장이 4.5미터고 늘어나는 목의 길이가 2.7미터인데, 높이가 약 2미터인 축제용 수레 위에 놓여 있기 때문에 전체 높이는 거의 9미터가 넘습니다. 기계인형으로는 일본에서 제일 크지요. 오뉴도의 유래에는 여러 가지 설이 있는데, 그 기원을 이세만에 생기는 위 신기루로 보는 설도 있습니다. 확실히 굼실굼실 움직이는 기다란 목은 위쪽으로 늘어난 신기루를 연상케 합니다.

또 구마모토현에 위치한 야쓰시로해에서는 음력 8월 1일에 신비로운 불, 즉 '시라누이不知火'라는 이름의 특이한 신기루가 나타난다는 이야기가 전해집니다. 그래서 야쓰시로해를 시라누이해라고도 부르지요. 해상에 떠다니는 어선의 불빛이 좌우로 갈라지거나 수평선 위에서 나란히 빛나거나 상하로 분열되어 보이는 현상으로, 음력 8월 1일 오전 1시경부터 3시경까지 간조 때 발생하며 하늘이 맑게 갠 날 낮과 밤의 기온 차가 클수록 나타나기 쉽고, 비나 바람이 심한 날에는 보이지 않는다고 합니다.

구체적인 발생 조건은 아직 규명되지 않았지만, 가로로 늘어나는 것은 공기의 온도 차가 수평 방향으로 발생하기 때문이 아닐까 싶습니다. 예를 들어 산 쪽에서 불어오는 차가운 공기가 따뜻한 공기 쪽으로 유입되면 그 경계에서 빛이 굴절됩니다. 이것도 시라누이 현상을 설명하는 하나의 원리일지도 모르겠네요.

『일본서기』에는 규슈 순행 중 야쓰시로해 해상에서 방향을 잃고 헤매다 멀리서 빛나고 있는 불을 보고 겨우 육지에 도달한 게이코 천황이 "누가 불을 밝혔느냐?"라고 물었지만, '그 불을 아는 사람이 아무도 없었다不知火'는 일화가 나온답니다.

도로에서 만나는 땅거울

신기루라고 하면 무언가 특별한 현상이라 생각하기 쉽지만, 사실 신기루는 누구나 일상생활 속에서 쉽게 만날 수 있을 만큼 흔합니다. 혹시 날씨가 맑은 날 낮에 비도 오지 않았는데 도로 저 멀리 물웅덩이 같은 것이 보인 적이 있나요? 이는 '땅거울road mirage'이라 부르는 아래 신기루의 일종입니다.

낮 동안 내리쬐는 햇빛에 아스팔트 노면이 뜨거워지면 노면 바로 위의 공기가 따뜻하게 데워집니다. 그러면 거기에 따뜻한 공기층이 형성되는데, 그 공기층 위쪽은 그만큼 뜨겁지 않기 때문에 온도 차가 생기지요.

바로 이 온도 차로 인해 아래 신기루와 동일한 원리로 땅거울이 관측됩니다. 노면 경계에 물이 고여 있는 듯 보이는 이유는 도로 위의 풍경이 아래로 반전되었기 때문이지요. 그런데 땅거울은 항상 멀

리 보이는 노면 위에 생기므로 가까이 가면 그만큼 또 멀어집니다.

그래서 일본에서는 '니게루逃げる(도망치다)+미즈水(물)'라고 하여 땅거울을 도망치는 물이라는 뜻의 '니게미즈逃げ水'라 부릅니다. 노면과 그 위의 공기 사이에 온도 차가 생기기만 한다면 계절과 상관없이 땅거울을 만날 수 있지요. 어쩌면 그동안 무심코 지나쳐서 몰랐을 뿐, 사실은 우리 모두 오며 가며 신기루를 보았을지도 모릅니다.

구름의 원리

구름의 정체

그렇다면 구름이란 대체 무엇일까요? 구름은 무수히 많은 물방울과 얼음 결정의 집합체입니다. 작은 물 입자와 얼음 입자가 한데 모여 하늘에 떠 있는 것이 구름이지요.

빛은 파도의 성질을 가지고 있기 때문에 마루와 골이 있습니다. 어느 한 지점의 마루에서 다음 마루까지의 길이를 '파장'이라 하는데, 가시광선의 파장은 구름 입자보다 작기 때문에 구름 입자에 닿으면 빛의 색이 무엇이든 상관없이 사방팔방으로 흩어집니다. 이를 '미 산란'이라고 하지요. 빛이 산란하면서 여러 가지 색깔의 빛이 겹치기 때문에 구름은 하얗게 보입니다. 엷은 구름은 새하얗게 보이는데, 낮은 하늘에 떠 있는 구름을 비롯해 대부분의 구름은 밑면이 회색으로 보입니다. 빛이 구름 안에서 과하게 산란하여 약해졌기 때문이지요.

그런데 신기하지 않나요? 지구에는 중력이 작용하기 때문에 무게가 있는 것은 중력에 이끌려 떨어져야 정상인데, 어떻게 구름은 하

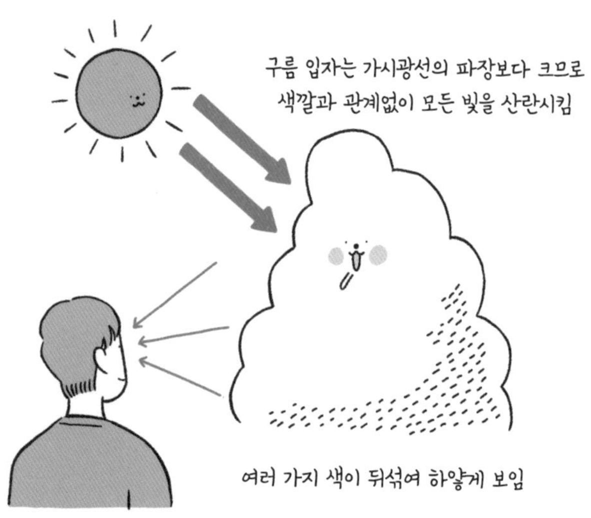

구름 입자는 가시광선의 파장보다 크므로
색깔과 관계없이 모든 빛을 산란시킴
여러 가지 색이 뒤섞여 하얗게 보임

미산란의 원리

늘에 떠 있을 수 있는 걸까요? 그건 하늘로 구름 입자를 밀어 올리는 상승기류가 존재하기 때문입니다. 전형적인 구름 입자의 반경은 약 0.01밀리미터 정도로 매우 작으며, 이는 머리카락 굵기의 5분의 1 정도라고 합니다. 눈에 보이는 비 입자가 반경 1밀리미터 정도로 샤프심의 약 네 배이니, 구름 입자가 얼마나 작은지 감이 오시나요?

낙하하는 구름 입자는 중력과 공기저항이 균형을 이룬 상태이므로 일정한 속도로 떨어지는데, 이때의 속도를 '종단속도'라고 합니다. 전형적인 크기의 구름 입자는 낙하 종단속도가 초당 수밀리미터에서 수센티미터로 매우 작습니다. 그런데 대기 중에서는 곳곳에서 공기가 요동을 치고 상승기류가 일어나기 때문에, 상승기류와 종단속도가 균형을 이루면 낙하하지 않고 공중에 떠 있게 됩니다. 이것이 구름이 하늘에 떠 있을 수 있는 이유이지요.

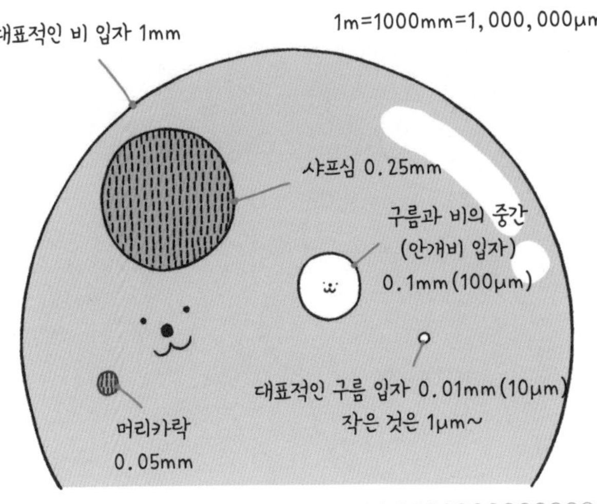

구름 입자와 비 입자의 크기

구름과 물의 관계

구름을 형성하는 것은 물 입자와 얼음 입자입니다. 한마디로 물이지요. 물은 대기 중에서 상태를 바꿔 존재합니다. 기체인 수증기의 에너지가 가장 높고, 액체인 물, 고체인 얼음으로 갈수록 에너지가 낮지요. 기체에서 액체로 변할 때(응결)는 에너지를 낮추어야 하므로 불필요한 에너지는 열(잠열) 형태로 외부에 방출합니다.

액체에서 고체로, 즉 물이 얼음으로 변할 때도 마찬가지로 잠열이 외부로 방출됩니다. 이 말은 구름이 떠 있는 곳이 고도가 동일한 다른 주변 공기에 비해 실제로는 약간 따뜻하다는 의미이지요. 발달한 적란운의 내부는 응결이 활발히 이루어지고 있기 때문에 주위에 비해 온도가 몇 도는 더 높습니다. 그리고 이것은 태풍의 발달에 영향을 줍니다(312쪽 참고).

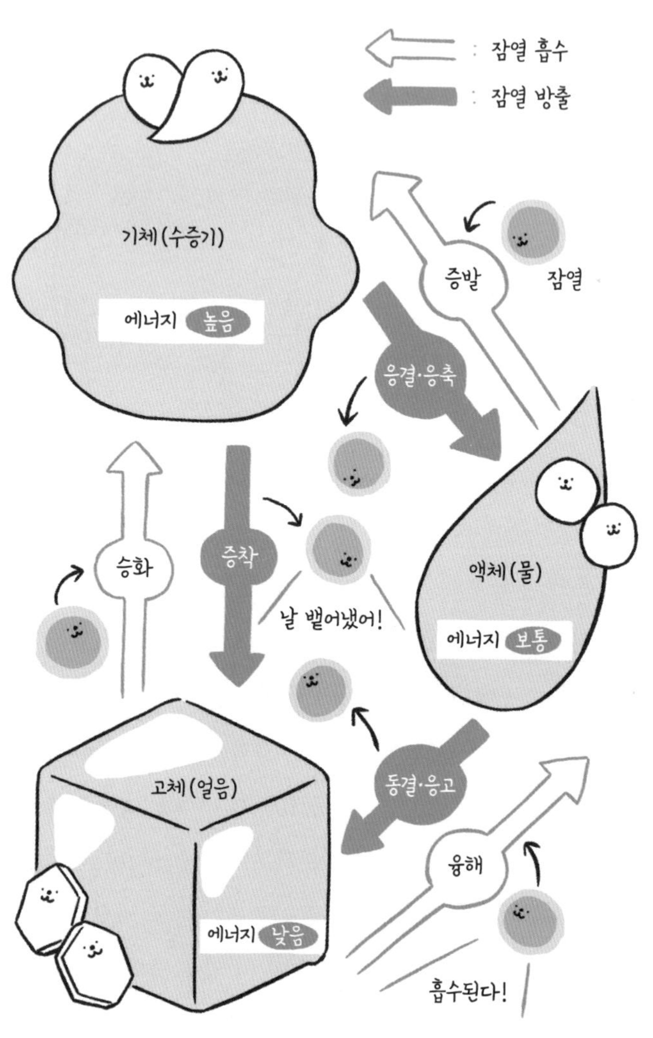

: 잠열 흡수
: 잠열 방출
기체(수증기)
에너지 높음
증발
잠열
응결·응축
승화
증착
액체(물)
에너지 보통
날 뱉어냈어!
고체(얼음)
동결·응고
융해
에너지 낮음
흡수된다!

물의 상태 변화

반대로 눈이 녹아 비가 되거나 비가 증발하는 등 고체에서 액체로, 액체에서 기체로 변화할 때는 잠열을 흡수해버리기 때문에 주변 기온이 내려갑니다. 비가 한차례 내리고 나면 쌀쌀해지는 이유가 바로 이 때문이지요.

구름은 어떻게 만들어지는 걸까?

구름이 어떻게 형성되는지는 공기덩어리air parcel 캐릭터인 '파셀 씨'를 모델로 해 설명해볼까 합니다. 온도가 높은 파셀 씨는 수증기를 다량 머금을 수 있습니다. 파셀 씨는 물 먹는 하마라, 수증기를 배 터지게 마신 습도 100퍼센트의 포화 상태를 좋아합니다. 그래서 습도가 100퍼센트에 달하지 않은 미포화 상태의 파셀 씨는 만족할 때까지 수증기를 계속 마십니다.

포화 상태라는 것은 파셀 씨가 수증기를 마시는 속도와 내뱉는 속도가 똑같은 평형 상태에 도달했음을 의미합니다. 하지만 그 이상 수증기가 과도하게 들어가면 과포화 상태가 되지요. 습도가 100퍼센트 이상이라는 것이 상상이 안 가겠지만, 사실 대기 중에서는 흔한 현상입니다.

또 얼마큼 수증기를 머금을 수 있는지를 나타내는 수증기 게이지는 파셀 씨의 온도에 따라 달라집니다. 온도가 높은 파셀 씨는 수증기를 많이 마실 수 있지만 온도가 낮으면 그리 많이 마실 수 없거든요. 수증기를 다량 머금은 따뜻하고 습한 공기가 어떠한 이유로 인해 차가워지면 더 이상 그렇게 많은 수증기를 머금고 있을 수 없게 되어 수증기를 뱉어내는데, 그렇게 뱉어낸 물이 구름이 되는 것입니다.

미포화
만족할 때까지
계속 마시는 파셀 씨
수증기 게이지
아직 여유 있어!
수증기
포화
만족스러운(평형을 이룬) 상태라
수증기를 더 이상 마시지 않음
파셀 씨가 수증기를 마시고 내뱉는
속도가 균일한 상태
수증기 게이지
정원이 다 찼어!
수증기
과포화
한계를 넘어도
어느 정도는 참고 더 마실 수 있음
우욱…
정원 초과야!
수증기 게이지
수증기

포화 원리

공기가 차가워지는 요인은 다양합니다. 복사(방사)로 열을 빼앗기는 경우도 있지만, 그보다 흔한 요인은 공기 자체가 상승하여 일어나는 '냉각'이랍니다.

감자칩 봉지가 부풀어 오르는 이유

산에 올랐을 때, 오르기 전부터 가지고 있던 감자칩 봉지가 산 정상에서 빵빵해지는 데에는 다 이유가 있습니다. 고도가 상승하면 기압이 낮아지므로 지상에 있었을 때 봉지에 가해진 외부 공기의 압력이 점점 약해지면서 봉지 안의 공기가 팽창하는 것이지요.

기압이란 공기가 위에서 누르는 힘을 말하므로 하늘 높이 올라갈수록 기압은 낮아집니다. 그런데 공기가 상승기류에 의해 밀려 올라가면 주위에서 가해지는 압력이 약해지니 공기 자체가 크게 팽창합니다. 이때 에너지가 필요해 공기가 가진 열을 에너지원으로 삼으므로 그만큼의 열이 뺏기면서 차가워지지요. 반대로 공기가 하강기류에 의해 억지로 밀려 내려가면 그만큼 외부의 압력이 가해지면서 압축되고, 결국 남은 에너지가 열이 되므로 공기의 온도는 올라갑니다.

그런데 실제로 물만 있어서는 구름이 형성되지 않습니다. 대기 중의 미립자인 에어로졸이 필요하지요. 파셀 씨는 습도 100퍼센트일 때 포화에 이른다고 했는데, 사실 에어로졸이 전혀 없는 상황이라면 이론상 파셀 씨는 수증기를 계속 마실 수 있습니다. 그러면 습도가 400퍼센트 정도가 될 때까지도 구름은 만들어지지 않습니다.

다만 실제로 습도가 400퍼센트인 경우는 거의 보기가 힘듭니다. 왜냐하면 대기 중에는 구름 입자의 핵 역할을 할 에어로졸이 넘

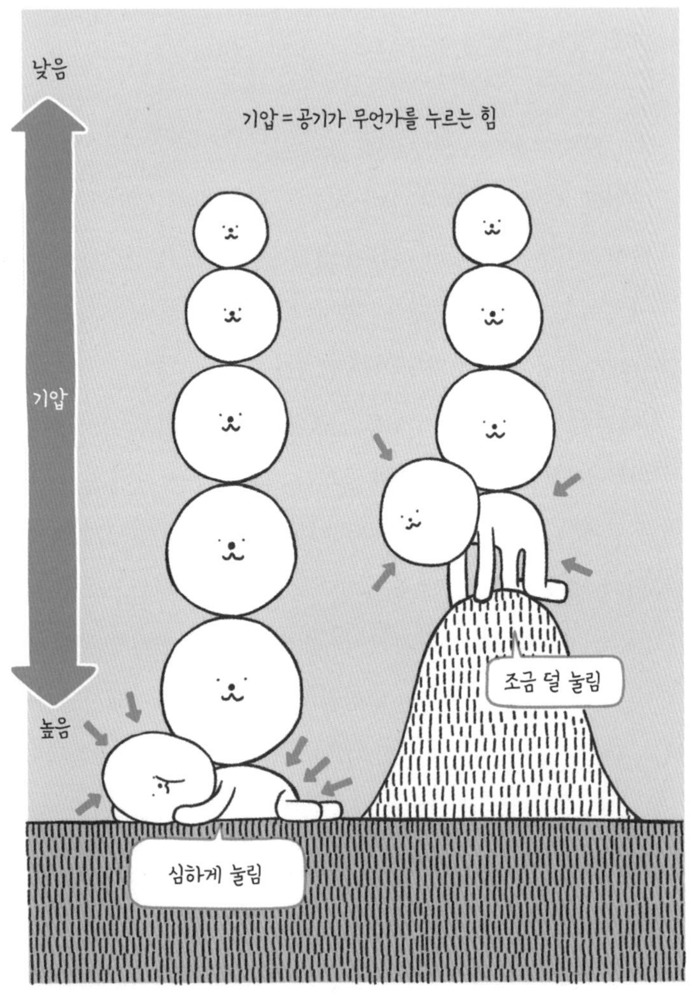

기압이란 뭘까?

포화 상태가 된 파셀 씨

딱 기분 좋을 만큼
수증기를 마신 파셀 씨.
아무래도 좀 더 마시고 싶은 듯?!

습도 100%

간식을 먹지 않았을 때

생각보다 많이 마실 수 있음.
포화 상태일 때보다
몇 배는 더 가능함

습도 400%

간식을 약간 먹었을 때

좀 많이 마셨다 싶으면
물이 흘러넘침

습도 101%

구름이 되기 쉬운 간식을 먹었을 때

간식의 효과로 약간만 마셔도
물이 흘러넘침

습도 100.1%

간식

(핵으로 기능할
에어로졸)

구름이 될 능력이
보통 정도인 에어로졸

구름이 될 능력이
뛰어난 에어로졸

파셀 씨와 핵 형성 원리

쳐나거든요. 바다에서 날아온 소금 입자 같은 것을 핵으로 삼는다면 100.1퍼센트 정도, 즉 포화 상태를 아주 살짝 넘긴 정도가 되어 파셀 씨는 물을 뱉어낼 테고, 그렇게 구름이 만들어지겠지요.

다시 말해 구름이란 파셀 씨라는 공기 그릇에서 물이 흘러넘친 것을 의미하며, 얼마나 쉽게 흘러넘치느냐는 에어로졸에 달렸다고 할 수 있습니다.

너무나도 쉬운 구름 만들기

상승하여 팽창한 공기가 차가워지고 포화 상태에 달하면 구름이 형성되는데, 사실 이런 현상은 우리 주변에 흔한 것들로도 간단히 실험해볼 수 있습니다.

한 손으로 찌그러뜨릴 수 있을 만큼 부드러운 소재로 만들어진 빈 500밀리리터 페트병과 소독용 알코올 스프레이를 준비합니다. 이 두 가지면 준비는 끝! 페트병 안에 소독용 알코올 스프레이를 2~3회 뿌려준 뒤 뚜껑을 꽉 닫습니다. 그런 다음 페트병 뚜껑과 바닥을 양손으로 잡고 힘껏 비틀어줍니다. 충분히 비틀었다고 생각되면 한쪽 손을 확 떼세요. 그러면 페트병 안에 구름이 만들어질 것입니다.

알코올을 사용하는 이유는 일반 물보다 쉽게 증발하고 응결하므로 쉽게 구름이 생성되기 때문입니다. 페트병을 비틀면 안에 있는 공기가 압축되는데, 이때 공기 온도가 상승해 페트병이 살짝 따뜻해지는 것을 느낄 수 있습니다. 그때 순간적으로 손을 떼면 페트병 안의 공기가 팽창하므로 차가워지고 포화 상태에 이르면서 구름이 생성되는 것입니다.

이 구름 생성 실험은 무척 간단합니다. 구름이 만들어진 페트병의 뚜껑을 연 뒤 쥐고 찌그러뜨리면 뭉게뭉게 피어오른 구름이 페트병에서 흘러나올 거예요. 부드러운 페트병에 든 물이나 음료를 다 마시고 나면 한번 실험해보세요.

구름, 너의 이름은

예로부터 인간들은 하늘을 올려다보며 구름을 관찰하고 그 특징에 따라 별명을 지어 구분했는데, 구름은 크게 열 가지 종류로 나눕니다.

우선 높이에 따라 상층운, 중층운, 하층운이 있습니다. '권卷'이라는 글자가 붙는 권운, 권적운, 권층운은 모두 상층운입니다. 고층운, 권층운, 층적운, 층운 등 '층層'이 붙은 구름은 글자 그대로 층을 이루듯 옆으로 넓게 퍼지는 성질을 지니고 있으며 수명이 길다는 특징이 있습니다. 이중 층운은 10종 운형 중에서 가장 지면 가까이에 형성되는데, 층운이 지면에 내려앉으면 안개로 분류합니다.

'적積'이 붙은 적운, 적란운, 고적운, 권적운 같은 구름은 비교적 상승기류가 강한 구름이며, 수직으로 뭉게뭉게 올라가면서 성장합니다. 이중 적란운은 구름이 발달할 수 있는 한계 높이까지 성장할 수 있습니다.

비와 눈을 내리게 하는 전형적인 구름으로는 '란亂'이라는 글자가 들어간 난층운과 적란운이 있습니다. 둘 다 글자 그대로 날씨를 어지럽게 만드는 구름이지요. 이름에 쓰인 한자만 봐도 각각의 구름의 특징을 파악할 수 있다는 게 너무 재밌지 않나요?

10종 운형의 특징

구름은 400종이 넘는다

구름의 형태를 세계에서 처음으로 분류해 이름 붙인 사람은 영국의 기상학자 루크 하워드입니다. 제약 회사를 경영하는 사업가였던 하워드는 취미였던 기상학에 심취하게 되었고, 1802년에 동식물 분류에 사용되는 명명법을 참고하여 구름마다 그 모양에 맞는 라틴어 이름을 붙여 분류했습니다.

루크 하워드

현재 우리가 알고 있는 10종 운형도 하워드의 분류법을 기초로 한 것입니다. 하워드는 "사람들의 몸과 마음의

	이름	별명	고도
상층운	권운	털구름, 새털구름, 갈고리구름 등	5~13km
	권적운	털쌘구름, 조개구름, 정어리구름, 비늘구름 등	
	권층운	면사포구름, 털층구름 등	
중층운	고적운	양떼구름, 높쌘구름, 얼룩구름	2~7km
	고층운	높층구름, 회색차일구름	
	난층운	비구름, 눈구름 등	구름의 바닥은 보통 하층에 위치, 구름의 꼭대기는 고도 6km 정도
하층운	층적운	층쌘구름, 밭고랑구름, 흐린구름 등	2km 이하
	층운	안개구름	지표면 부근~2km
	적운	쌘구름, 뭉게구름, 입도운(웅대적운) 등	지표면 부근~2km, 웅대적운은 그 이상
	적란운	뇌운, 쌘비구름 등	구름의 꼭대기가 15km 이상까지 올라가기도 함

10종 운형의 이름과 생성 고도

상태가 표정에 고스란히 묻어나는 것처럼, 대기 변화에 영향을 미치는 보편적 원인은 구름에 영향을 미치며, 구름의 상태는 그것을 보여주는 매우 좋은 지표다"라고 말했는데, 저도 그 말에 전적으로 동의합니다.

각각의 구름에는 속칭과 별명이 많습니다. 이러한 속칭 중에는 마사오카 시키를 비롯해 일본의 문학인들이 다양한 작품 속에서 구름을 표현하며 붙인 이름도 있고, 기상학자가 물리적 특징을 토대로 붙인 이름도 있습니다.

권운은 털구름, 새털구름, 갈고리구름이라 불리고, 권적운은 정어리구름, 비늘구름처럼 물고기와 관련된 이름으로 불립니다. 비

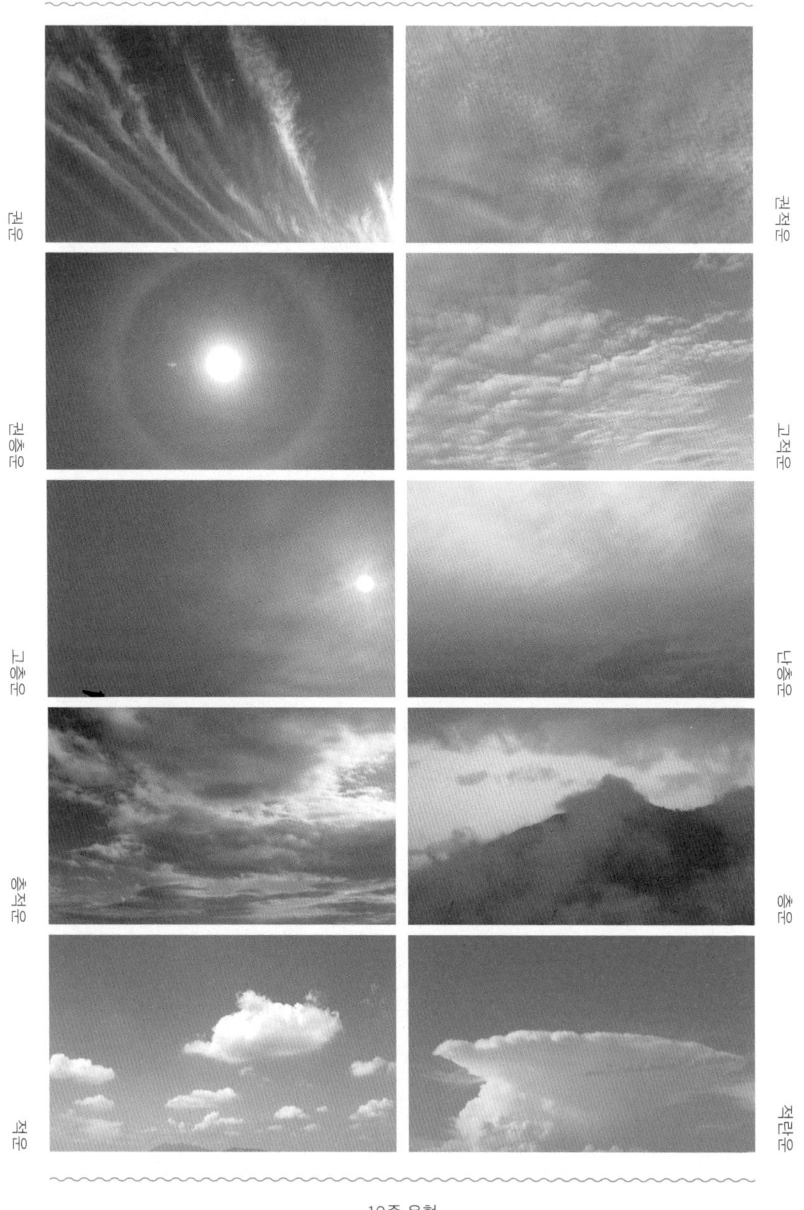
권운
권적운
권층운
고적운
고층운
난층운
층적운
층운
적운
적란운

10종 운형

자기 눈높이에서
주먹 세 개 이상의 높이만큼
위로 손을 뻗어보자!
고도(km)
10
5
2
0
권적운(비늘구름)
손가락 한 개 이내
고적운(양떼구름)
손가락 1~3개
층적운(흐린구름)
손가락 5~10개
아이든 어른이든
똑같은 방법으로 구분할 수 있어!

권적운과 고적운 구분법

늘구름과 헷갈리기 쉬운 양떼구름은 고적운입니다. 고적운과 권적운은 둘 다 구름이 떼를 지어 움직이는 듯 보이지만 구름 하나하나의 크기가 다릅니다. 하늘을 향해 팔을 쭉 뻗어 검지를 세웠을 때 구름 하나하나가 검지 하나에 가려진다면 권적운이고, 크기가 손가락 1~3개 정도 된다면 고적운입니다. 권적운과 고적운은 생김새는 비슷해도 고도가 다르기 때문에 대개는 원근법에 따라 크기를 보고 구분할 수 있습니다. 또 하층운 중 하나로, 흐린구름이라 불리는 층적운은 동일한 방법으로 보았을 때 손가락 5~10개 정도 크기입니다.

기본적으로 구름은 10종 운형으로 분류되지만 사실 좀 더 세세한 분류법이나 어떤 구름에서 어떤 구름으로 변화했는지를 기준으로 한 분류법도 있어, 그런 것까지 전부 합하면 400종이 넘습니다.

구름의 모양은 하늘의 상태에 따라 끊임없이 변화합니다. 같은 구름인데 시간이 조금 지나면 완전히 다른 형태가 되지요. 시간이 흘러감에 따라 시시각각 표정을 바꾸는 것이 바로 구름의 매력 중 하나입니다.

하늘 높이별로 다른 구름들

구름은 낮은 하늘에서 높은 하늘까지 다양한 높이에서 만들어집니다. 그렇다면 구름이 만들어지는 하늘은 어떤 하늘일까요?

일단 지구를 둘러싼 대기층을 대략적으로 살펴봅시다. 지상에서 수십 킬로미터 상공까지의 대기층을 대류권이라 부릅니다. 대부분의 구름은 이 대류권 안에서 생성되고 발달하지요. 대류권 위에는 성층권, 그보다 더 위에는 중간권과 열권이 있습니다. 산꼭대기가 지상

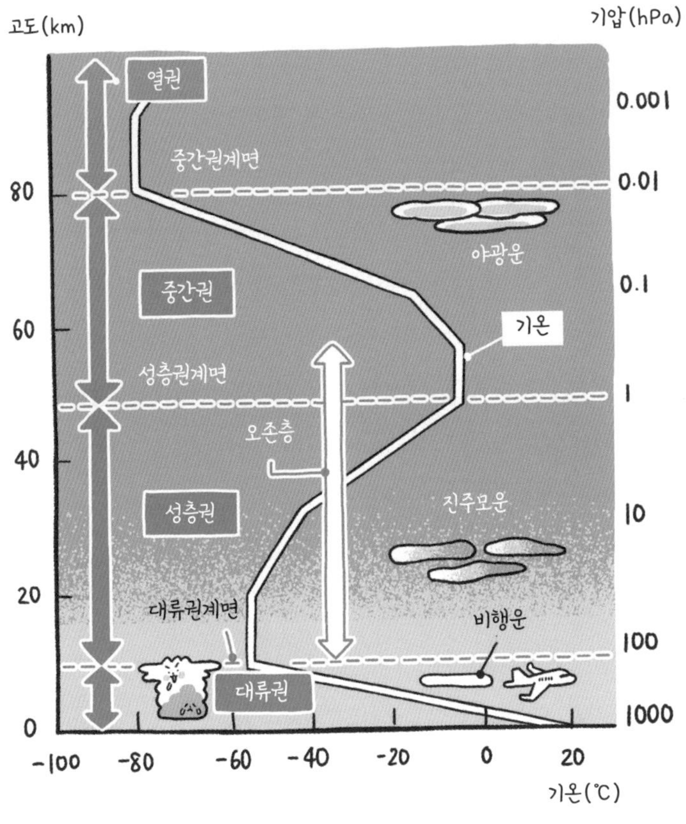
고도(km)
기압(hPa)
열권
0.001
중간권계면
80
0.01
야광운
중간권
0.1
60
기온
성층권계면
1
40
오존층
성층권
진주모운
10
20
대류권계면
비행운
100
대류권
1000
0
-100
-80
-60
-40
-20
0
20
기온(℃)

대기층

보다 추운 것처럼 우리가 사는 대류권에서는 위로 갈수록 기온이 낮아집니다.

그러나 성층권에서는 반대로 위로 갈수록 기온이 높아집니다. 오존층이 자외선을 흡수해 열을 내보내기 때문이지요. 따뜻한 상공의 공기는 뚜껑 같은 역할을 하므로 상승하는 공기는 그보다 더 위로 갈 수가 없습니다. 성층권의 공기층은 매우 안정되어 있어 구름이 발생하기가 힘든 상태이지요.

성층권보다 높은 중간권으로 가면 기온이 떨어지는데, 우주와 가까운 열권에서는 우주에서 들어오는 전자기파가 열을 방출하므로 위로 올라갈수록 기온이 높아집니다. 오로라는 바로 이 중간권과 열권에 있는 전리층으로, 태양에서 온 전기를 띤 입자(전자와 양자)가 대기 분자에 닿아 빛을 발하며 나타나는 것입니다.

일반적으로는 지상과 가장 가까운 대류권 하늘에서 구름이 생성됩니다. 그보다 더 높은 하늘에서 구름이 생성될 때도 있고요.

아득히 높은 곳에 뜬 구름

대류권 위에 위치한 성층권에서는 '진주모운'이라는 구름이 관측됩니다. 이 구름은 상공 20~30킬로미터 높이인 고위도에서 겨울철에 나타나며, 일출 전과 일몰 후 하늘에서 무지갯빛으로 빛납니다. 그 색이 마치 진주를 만드는 진주조개 안쪽처럼 영롱한 무지갯빛을 띠고 있어 '자개구름'이라고도 불렀지요. 극성층권구름이라고도 불리는 진주모운은 모양은 아름답지만 오존층 파괴와 관련이 있다고 보고 있습니다.

로켓운

나아가 고도가 75~85킬로미터로 매우 높은 중간권의 상층부에서는 야광운이 관측됩니다. 야광운夜光雲은 이름 그대로 밤에 빛을 발하는 것처럼 보이는 구름으로, 여름철 고위도 지역에서 일출 전과 일몰 후 하늘이 어두운 시간에 관측됩니다. 극중간권구름이라고도 하며, 권운처럼 생겼고 은색과 밝은 청색으로 빛납니다.

일본에서는 이런 구름을 좀처럼 만날 수가 없지만, 가끔 로켓 발사 시 야광운이 관측될 때가 있습니다. 로켓이 발사될 때 배출되는 연기 등이 핵 역할을 하여 중간권에도 구름이 생성되는 것이지요. 다만 낮에는 하늘이 너무 밝아 이 구름을 관측하기가 어렵고, 일출 전이나 일몰 후 하늘이 어둑어둑한 시간대에 지평선 아래 있는 태양의 빛을 받아 빛나고는 합니다.

그래서 이런 구름을 '로켓운'이라고도 합니다. 로켓 발사대가 있는 가고시마현에서 로켓을 발사할 때 날씨가 맑고 조건만 갖추어진다면 오키나와에서 관동 지역에 이르는 넓은 지역에서 로켓운을 관찰할 수 있습니다.

절대안정과 절대불안정

고도가 높아질수록 대기 온도가 떨어지는 비율인 기온감률이 작아 기온이 거의 떨어지지 않는 하늘에서는 포화 상태인 파셀 씨를 밀어 올려도 주변 기온이 더 높습니다. 그러면 주변 공기보다 파셀 씨의 밀도가 더 크고 무겁겠지요. 그렇게 되면 아래쪽으로 힘이 작용하여 위로 올라가지 못하고 원위치로 돌아오려 하는데, 이를 '절대안정 상태'라고 합니다.

하지만 지면 부근이 매우 뜨겁고 상공이 매우 차가운, 즉 기온감률이 큰 하늘에서는 미포화 상태의 건조한 파셀 씨도 혼자 힘으로 쑥쑥 올라갈 수 있습니다. 이는 '절대불안정 상태'라 부르지요. 밀려 올라가면서 온도가 떨어진 파셀 씨보다 주변 기온이 더 급격히 떨어지기 때문에 상대적으로 파셀 씨는 따뜻한 셈이 됩니다. 즉 밀도가 작고 가벼워 혼자 힘으로도 위로 올라갈 수 있는 것이지요.

'대기 상태가 매우 불안정하다'의 의미

절대안정과 절대불안정의 중간 상태가 '조건부불안정'입니다. 이 상태에서 미포화된 파셀 씨를 밀어 올리면 원위치로 돌아오지만, 포화 상태에 도달해 촉촉해진 파셀 씨를 밀어 올리면 주위보다 따뜻하므로 혼자 힘으로 올라갑니다. 참고로 일본 부근의 대기는 대개 조건부불안정 상태이지요.

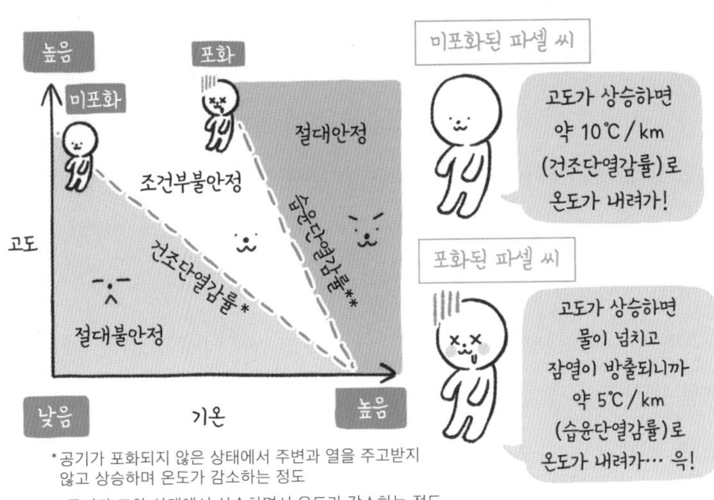

*공기가 포화되지 않은 상태에서 주변과 열을 주고받지 않고 상승하며 온도가 감소하는 정도

**공기가 포화 상태에서 상승하면서 온도가 감소하는 정도

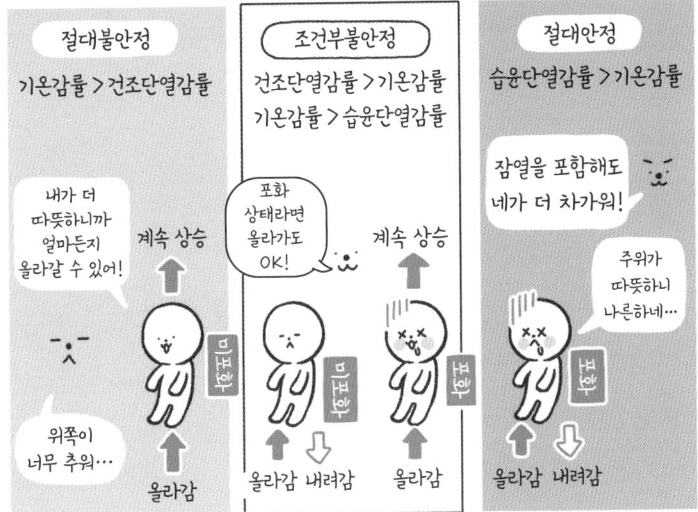

절대불안정, 조건부불안정, 절대안정

일기예보에서 대기 상태가 불안정하다고 하는 것은 바로 이 조건부불안정 상태가 심해진 것을 의미합니다. 조건부불안정 상태에서는 몇 가지 조건만 충족되면 적란운이 쉽게 형성되고 발달합니다.

첫째, 낮은 하늘에 따뜻하고 습한 공기가 유입되는 것입니다. 지상 부근의 낮은 하늘에 따뜻하고 습한 공기가 유입되면 공기를 살짝만 밀어 올려주어도 자발적으로 상승할 수 있게 되어 웅대적운이나 적란운을 발생시키지요.

둘째, 높은 하늘에 찬 공기가 유입되는 상황에서도 불안정이 심해집니다. 고도가 높아질수록 기온은 낮아지는데, 그렇게 지상과 기온 차가 커지면 파셀 씨가 올라갈 수 있는 한계점이 높아지지요. 즉 적란운이 발달하기가 훨씬 쉬워집니다.

이러한 조건들이 겹치면 대기가 매우 불안정한 상태가 되어 적란운 때문에 큰비가 내리고, 엄청난 규모의 천둥과 번개가 치는 등 날씨가 거칠어집니다.

적란운을 형성하는 상승기류

대기 상태는 상공의 기온과 수증기 분포에 따라 결정되는데, 불안정한 것만으로는 적란운이 발생하지 않습니다. 아래쪽 공기를 밀어 올리는 상승기류가 필요하거든요.

상승기류는 여러 가지 이유로 발생합니다. 먼저 햇빛에 의해 발생할 수 있습니다. 햇빛에 지면이 뜨거워지면 지면과 맞닿은 공기의 온도가 올라가면서 주위보다 따뜻해진 공기가 상승하는데, 그렇게 형성된 상승기류가 구름을 만들어내는 것이지요. 낮은 하늘에 적운

이 형성될 때는 이러한 열대류의 영향을 받지만, 이 정도만으로 적란운으로까지 발달하는 일은 거의 없습니다.

조금 더 강한 상승기류는 전선에 의해 밀려 올라가거나, 바람끼리 서로 부딪히거나, 저기압에 동반되어 발생합니다. 산의 경사면에서 공기가 밀려 올라가는 경우에도 상승기류가 발생하여 구름이 형성되는데, 이때 대기 상태가 불안정하면 적란운이 발생할 수도 있습니다. 다시 말해 상승기류는 다양한 요인으로 발생하지만, 대기 상태가 불안정해야 비로소 적란운이 형성되고 발달하는 것입니다.

한편 층운 계열의 구름은 공기가 포화 상태에 이르면 쉽게 형성됩니다. 공기가 차가워지거나 수증기가 공급되어 층운이 형성되는 경우도 있고, 온난전선처럼 광범위하고 완만한 상승기류가 존재하는 곳에 구름이 넓게 끼는 경우도 있습니다. 권층운과 고층운이 넓게 퍼진 후 난층운이 되면 비가 내리지요.

적란운 속 600만 톤의 물

적란운은 게릴라성 호우라 불리는 국지성 호우와 집중호우를 일으켜 기상재해를 초래하는 전형적인 구름입니다. 뇌운이라고도 불리며 구름 중에서 유일하게 천둥과 번개를 동반하여 낙뢰 피해를 일으키기도 하지요. 나아가 용오름(토네이도) 같은 돌풍을 몰고 오거나 우박을 뿌리는 경우도 있어서 농작물과 비닐하우스나 차량뿐만 아니라 사람에게 피해를 끼치기도 합니다. 이렇듯 적란운은 다양한 재해를 일으키는 구름입니다.

일단 적란운의 특징을 살펴볼까요? 적란운은 하층운으로 분류

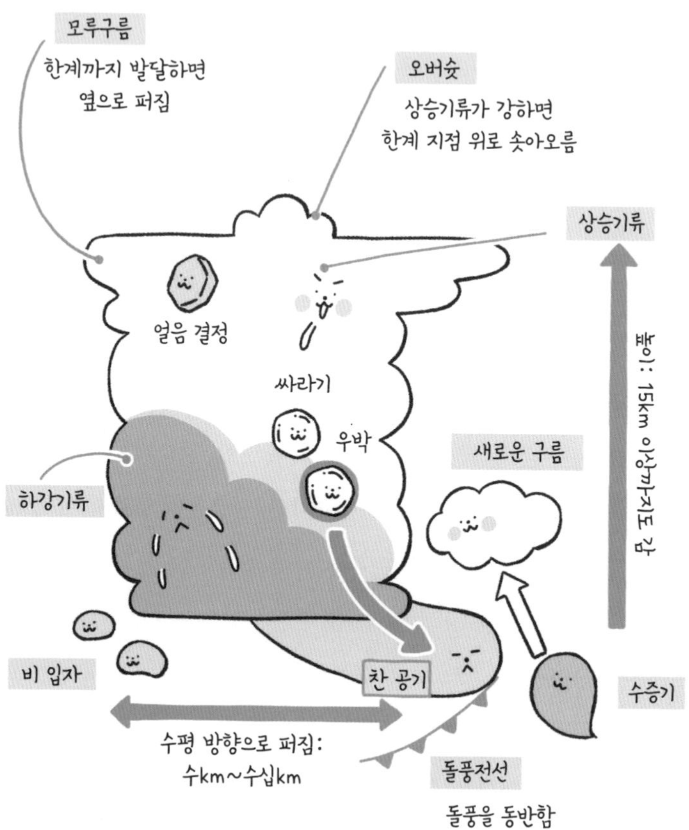
모루구름
한계까지 발달하면
옆으로 퍼짐
오버슛
상승기류가 강하면
한계 지점 위로 솟아오름
상승기류
얼음 결정
싸라기
우박
높이: 15km 이상까지도 감
새로운 구름
하강기류
비 입자
찬 공기
수증기
수평 방향으로 퍼짐:
수km~수십km
돌풍전선
돌풍을 동반함
수명: 30분~1시간
우량: 수십 mm 정도

적란운의 구조

되는데, 발달할 수 있는 한계 높이까지 올라가기 때문에 구름 꼭대기(운정)는 보통 대기 상층부에 위치합니다. 대기 상태가 매우 불안정할 때는 대류권과 성층권의 경계인 대류권계면까지 발달하며 여름에는 높이가 15킬로미터 이상인 경우도 있습니다. 그렇게 높이 솟아오르면 200킬로미터 이상 떨어진 장소에서도 구름이 보일 때가 있지요.

발달한 적란운은 약 600만 톤(25미터 수영장의 1만 배, 도쿄돔의 5배)의 물을 머금고 있다는 연구 결과가 있습니다. 큰 적란운 하나에 자그마한 호수나 연못의 저수량 정도 되는 물이 들어 있는 셈이니 그야말로 엄청난 양이지요. 그래서 적란운이 한번 발달하면 하늘에 구멍이라도 난 듯 비가 억수같이 쏟아지는 것입니다.

보통은 적운이 발달해 웅대적운이 되고, 그것이 적란운으로 성장합니다. 그리고 적란운이 구름이 발달할 수 있는 한계 높이까지 발달하면 모루구름이 만들어지지요.

웅대적운이 발달해 천둥, 번개를 동반하거나 구름 위쪽에 머리카락 같은 섬유상 구조가 형성되기 시작하면 적란운으로 분류합니다. 웅대적운은 계속 상승하므로 기온이 영하로 떨어지는 높은 하늘에서도 액체로 존재하는 과냉각(217쪽 참고) 상태의 물 입자로 이루어져 있는데, 적란운이 되면 구름 상층부에서 물 입자가 급속히 얼음으로 바뀌면서 얼음 결정이 상공의 바람에 흘러가 보풀이 이는 듯한 섬유질 모양이 되는 것입니다.

최성기에 도달한 적란운은 모루구름 위로 솟아오르는 오버슛 현상을 보입니다. 뭉게뭉게 솟아오른 부분을 '오버슈팅 탑'이라고 하는데, 이 부분이 바로 적란운에서 상승기류가 가장 강한 곳이지요.

적란운의 탄생과 소멸

적란운은 대기 상태가 불안정하고 낮은 하늘의 공기를 밀어 올리는 구조가 존재할 때 형성되고 발달합니다. 공기를 밀어 올리는 구조가 존재하면 따뜻하고 습한 공기가 밀려 올라가 팽창하면서 차갑게 식고 포화하여 구름이 만들어집니다. 이때 구름이 만들어지는 높이를 '상승응결고도'라고 하는데, 적운과 웅대적운의 평평한 밑면은 상승응결고도를 가시화하여 보여줍니다. 밀려 올라가는 공기가 습하면 습할수록 구름의 바닥 위치는 낮아지지요.

그리고 밀려 올라간 공기의 온도가 주변 기온보다 높아지면 밀어 올리는 힘이 없어도 자발적으로 상승할 수 있습니다. 이 높이를 '자유대류고도'라고 합니다. 상공에 찬 공기가 유입되면 적란운이 발달할 수 있는 한계 높이인 평형고도가 높아지므로 적란운이 더 쉽게 발달합니다.

적란운이 평형고도까지 올라가 모루구름이 생성되면 구름 내부에서 강수 입자가 성장해 하강기류가 발생합니다. 상승기류와 하강기류가 혼재한 이 시기가 바로 적란운의 성숙기이지요. 그 후 싸라기, 우박, 비가 내릴 때 공기를 함께 끌어내리는 로딩 현상으로 하강기류가 강해지면, 하강기류가 상승기류를 상쇄시켜 적란운은 점점 힘을 잃어갑니다.

지상에 도달한 하강기류는 돌풍전선이 되어 확산되고, 이때 주위의 따뜻하고 습한 공기가 밀려 올라가면서 이차적인 적란운이 형성되고 발달합니다. 여름철 공기가 습하고 대기 상태가 불안정할 때 빈번히 일어나는 현상이지요. 이렇게 다음 세대의 적란운이 생겨납니다.

적란운이 힘을 잃어가는 과정

순환하는 적란운의 삶

적란운이 형성되어 소멸되기까지는 불과 30분에서 1시간 정도밖에 걸리지 않습니다. 극적인 형성과 소멸 과정을 전부 다 보여주지요. 자기가 만든 하강기류로 자기가 만든 상승기류를 상쇄시켜버리는 모습은 어딘가 자학적인 느낌까지 듭니다. 왠지 인간들의 모습과 비슷해 보이기도 하네요.

아무 일도 하지 않고 빈둥빈둥 모라토리엄 시기를 보내고 있는 한 청년이 어느 날 주위 압력에 떠밀려 "혼자서도 할 수 있어!" 하고 기세등등하게 무언가를 시작하는 모습을 떠올려봅시다. 그러다 어느 순간이 되면 '그런데 이렇게 술술 잘 풀리는 게 맞나…?' 하고 불안한 마음이 스멀스멀 생겨나기 시작하지요. 아니나 다를까 막다른

벽에 부딪히자 결국 그 이상 나아가지 못하고 '더는 못 하겠어…'라는 부정적인 감정에 사로잡히며 자신감을 잃고 맙니다. 바로 그런 모습과 비슷하다고 할 수 있겠네요.

인간이랑 비슷해서 재밌는 점은 또 있습니다. 자신에게 더 이상 가망이 없다고 생각되면 후계자를 육성해 다음 세대로 이어나간다는 점입니다. 적란운은 수증기를 기반으로 만들어지며, 비가 되어 지상에 내리면 땅속에 스며들거나 증발하거나 바다로 흘러가고, 그러다 또 수증기가 되어 하늘을 떠다니다 새로운 구름을 형성합니다. 이는 불교와 인도 철학에서 말하는 윤회전생, 즉 수레바퀴가 끊임없이 구르는 것과 같이 인간이 생사 세계를 그치지 않고 돌고 도는 일과 비슷하지요.

2장

구름으로 하늘 100퍼센트 즐기기

라퓨타와 용의 둥지

애니메이션 속 구름

매일 하늘을 마주하고 있다 보면 TV를 보거나 영화를 보거나 책을 읽을 때도 기상 현상부터 눈에 들어옵니다. 특히 스튜디오 지브리에서 제작한 애니메이션에는 하늘이 자주 등장하는데, 기상에 대한 애정이 얼마나 큰지가 너무도 잘 느껴집니다.

예를 들어 미야자키 하야오가 작화, 각본, 연출을 모두 맡은 〈천공의 성 라퓨타〉는 매우 흥미로운 작품인데, 이 작품을 상징하는 것이 바로 '용의 둥지'라는 거대한 구름입니다. 용의 둥지는 천공의 성 라퓨타를 둘러싸고 침입자가 들어오지 못하게 막아줍니다. 주인공인 파즈와 쉬타가 용의 둥지를 뚫고 라퓨타로 들어가는 모습은 영화의 클라이맥스 장면 중 하나이지요. 기상학적으로 보았을 때 용의 둥지는 '슈퍼셀'이라 불리는 거대 적란운에 해당하므로 여기서 다루어 볼까 합니다.

용의 둥지에서 볼 수 있는 특징적인 현상은 천둥, 번개를 동반한

용의 둥지와 비슷한 거대 적란운

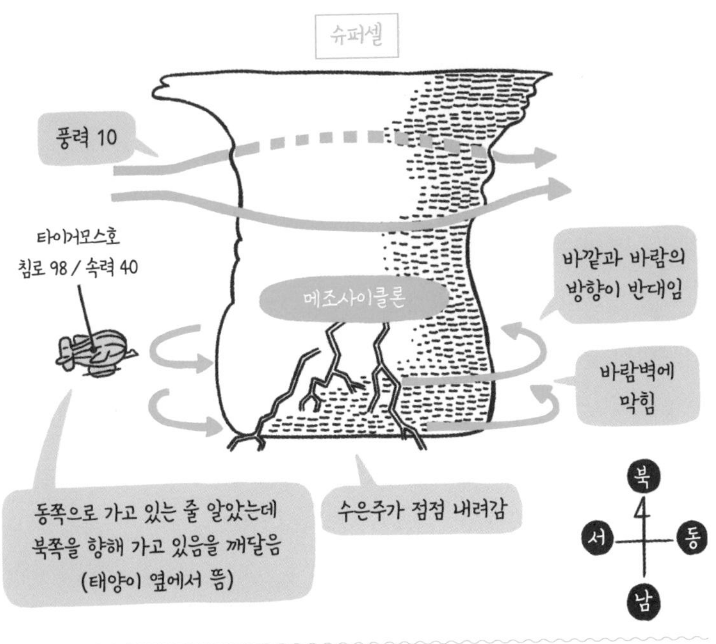
슈퍼셀
풍력 10
타이거모스호
침로 98 / 속력 40
메조사이클론
바깥과 바람의
방향이 반대임
바람벽에
막힘
동쪽으로 가고 있는 줄 알았는데
북쪽을 향해 가고 있음을 깨달음
(태양이 옆에서 뜸)
수은주가 점점 내려감
북
서
동
남

용의 둥지

다는 것과 뭉게뭉게 피어올라 키가 크다는 것입니다. 이것만 봐도 적란운의 일종임을 알 수 있는데, 여기서 주목해야 할 영상적 특징과 대사가 몇 가지 있습니다.

용의 둥지의 정체

〈천공의 성 라퓨타〉에 등장하는 비행선 타이거모스호에서 공중 해적단 수장인 도라가 '풍력 10'이라는 수치를 말합니다. 이 수치는 바람의 세기를 분류하는 보퍼트풍력계급으로 추정됩니다. 풍력 10은 노대바람이나 전강풍을 뜻하는 계급으로, 풍속이 초속 24.5미터~초속 28.4미터에 해당하는 바람이 부는 것을 말합니다.

작중에서는 풍향에 대한 언급이 없지만 “침로 98에 속력 40”이라는 대사가 나오는 것을 보면 타이거모스호가 동쪽을 향해 가고 있음을 알 수 있습니다. 또 쉬타가 “태양이 옆에서 뜨잖아!”라고 말하는 것으로 보아 동쪽으로 가고 있어야 할 비행선이 어떠한 기류로 인해 북쪽을 향하고 있었으리라 추측됩니다. “수은주가 점점 내려가고 있어” “점점 끌려가고 있어”라는 대사도 나오는데, 타이거모스호가 고도를 일정하게 유지한 채 비행 중이라 가정한다면 저기압 중심을 향하고 있는 것으로 해석할 수 있겠습니다.

적의 동향을 파악하기 위해 글라이더 같은 것을 타고 비행선 본체에서 떨어져 나온 파즈와 쉬타는 그 후 거대한 구름인 용의 둥지를 만나게 됩니다. 이 장면에서는 “바람이 반대 방향으로 불고 있어” “저기 바람벽이 있어”라는 대사와 영상이 나옵니다. 타이거모스호는 역풍을 뚫고 날아가고 있는데, 이때 역방향의 바람은 용의 둥지 속 저기압의 회전에 의한 것이지요. 즉 적란운 안에 작은 저기압성 소용돌이인 메조사이클론이 있다는 걸 보여줍니다. 다시 말해 메조사이클론이 시계 반대 방향으로 회전하면서 타이거모스호와 파즈, 쉬타가 탄 글라이더를 슈퍼셀의 북쪽까지 보내버린 것이지요.

타이거모스호와 파즈, 쉬타가 탄 글라이더가 역풍을 뚫고 들어간 용의 둥지 안에서는 마치 용의 형상처럼 보이는 번개가 번쩍번쩍 칩니다. 그 정도로 천둥, 번개 활동이 활발한 적란운이라면 내부에는 전하가 쉽게 증가하는 싸라기나 우박 같은 입자가 많을 것입니다 (133쪽 참고).

하지만 비는 그다지 심하게 표현되지 않습니다. 싸라기나 우박, 혹은 그것들이 녹은 비가 세차게 내리고 있어야 정상인데 그렇지 않다는 것은 고전적인 슈퍼셀이거나 저강수형 슈퍼셀일 가능성이 높아 보입니다.

용의 둥지 중심 부근에 구름이 없고 맑은 상황에 대해서는 다루지 않았습니다. 그런 상황은 태풍의 눈(313쪽 참고)과 비슷한데, 영상 속 구름의 크기를 봐서는 태풍이라고 보기는 힘듭니다. 이런 점들을 생각하면서 작품을 보면 즐거운 상상이 꼬리에 꼬리를 물고 커져간답니다.

도라에몽과 태풍

영화 〈도라에몽: 진구와 바람의 마을〉에는 태풍의 자식인 '후코'가 등장합니다. 원작인 만화 에피소드 중 하나인 '태풍 후코'는 설정이 살짝 다르지만 둘 다 기상학적으로 흥미롭게 묘사된 부분이 있습니다.

일단 후코는 따뜻한 공기를 먹고 자라는데, 이는 현실에 기반한 설정과 묘사입니다. 실제로 태풍은 바다에서 열과 수증기를 공급받아 발달하니까요. 극장판과 원작의 클라이맥스에서 후코는 흉악한 태풍에 맞서며 폭풍을 잠재우려 합니다. 원작에서는 초대형 태풍과 맞부딪쳐 소멸하고, 극장판에서는 시계 반대 방향으로 회전하는 적인 태풍과 반대로 시계 방향 소용돌이를 일으키며 소멸한다고 묘사됩니다.

실제 하늘에서도 비슷한 현상이 일어날까요? 태풍과 열대저기압이 가까이 위치하면 서로 영향을 미쳐 평소와는 다르게 진로가 변경되는 현상이 발생하는데, 이 현상을 '태풍 간 상호작용'이라 부릅니다. 기상청은 태풍 간 상호작용을 '두 개 이상의 태풍이 인접하여 존재할 경우 서로의 진로와 세력에 영향을 미치는 현상'이라 정의합니다. 그 결과로 태풍이 상대적으로 저기압성 회전운동을 할 때가 있는 것이지요. 회전운동 때문에 서로 부딪히지는 않지만 한쪽이 약해지면서 흡수되는 경우는 있습니다. 실제로 2022년 제11호 태풍 힌남노는 약해진 열대저기압의 구름을 흡수해 더 크게 발달했습니다.

〈도라에몽: 진구와 바람의 마을〉은 눈물 없이 볼 수 없는 감동적인 작품입니다. 진구가 바람을 느끼며 "후코는 항상 내 곁에 있어"라고 말한 대사는 물이 지구상에서 형태를 바꾸며 끊임없이 순환하고 있다는 사실을 의미하는 것처럼 느껴지지요.

호빵맨 속 꽃가루 광환

이처럼 구름이 나오면 저도 모르게 자꾸 기상학자의 시점에서 작품을 보게 됩니다. 그렇게 몇 번씩 보고 또 보면서 분석을 하고, 분석이 끝나고 나면 그제야 차분히 감상하는 경우가 많습니다.

얼마 전에는 애니메이션 〈날아라! 호빵맨〉을 보는데 자꾸 태양이 눈에 들어오더군요. '꽃가루 광환(162쪽 참고)' 같은 무지갯빛이 항상 나오더라고요. 구름도 없는데 빛의 고리가 보이는 건 삼나무 꽃가루 등에 의한 꽃가루 광환밖에 없습니다. '호빵맨은 꽃가루 알레르기가 없나?'라는 생각에 내심 걱정도 되었습니다.

작품을 기상학적으로 바라본다는 것은 그 작품을 특수한 관점에서 즐길 수 있다는 것을 의미합니다. 만화 『귀멸의 칼날』에도 기상과 관련된 이름이 붙은 기술이 많아 그에 대한 배경지식이 있으면 아마 기술을 쓰는 장면이 달리 보일 것입니다. 기상은 수많은 작품에서 자주 다루는 주제이므로 기상에 대해 알아두면 하나의 작품을 여러 번 즐길 수 있으니 얼마나 좋은지 모릅니다!

구름의 마음을 읽다

구름이 전하는 하늘 상태

구름은 상공의 대기 상태를 가시화해 보여줍니다. 일단 공기가 포화 상태에 이르면 구름이 생성되므로 구름이 낀 하늘은 습도가 100퍼센트라고 생각하면 됩니다.

비행기 뒤로 길게 뻗은 비행운도 하늘이 얼마나 습한지 알 수 있는 척도가 됩니다. 비행운은 공기가 건조할 때는 생기지 않고, 생긴다 해도 금세 사라지고 말거든요. 비행운이 길게 남아 있는 것은 상공이 습할 때며, 10분 이상 하늘에 남아 있으면 권운으로 분류합니다.

꼬리가 긴 비행운은 하늘이 매우 습하다는 것, 즉 날씨가 흐려질 가능성이 있다는 것을 알려줍니다. 전선과 저기압이 일본 상공을 지나는 편서풍을 타고 서쪽에서 다가오면 제일 먼저 상공의 습도가 올라가고, 이후 점점 구름이 두꺼워지면서 비가 내립니다. 이럴 때 일기예보에서는 보통 '서쪽부터 흐려진다'고 말합니다.

그밖에 적운이 뭉게뭉게 피어오르는 정도로도 하늘의 상태를

중간적운(앞)과 웅대적운(뒤)

가늠할 수 있습니다. 어느 정도 이상 성장하지 않고 그 아래로 뭉게뭉게 피어오른 편평적운이 보인다면 대기가 안정된 상태이므로 날씨가 나빠질 일은 없습니다.

'된장국의 열대류' 파트에서 본 것처럼 아래쪽은 뜨겁고 위쪽은 차가운 온도 차가 발생하면 열대류가 일어나는데, 편평적운은 열대류의 상승기류로 만들어집니다. 편평하다는 것은 구름 윗부분의 따뜻한 공기층(안정층)이 성장을 억제하는 뚜껑 역할을 하고 있음을 의미합니다. 10분 정도 주기로 생성과 소멸을 반복하며 맑은 날씨가 계속되기 때문에 갠날적운, 호천적운이라고도 하지요.

대기 상태가 불안정해지면서 구름이 발달하면 위쪽으로 뭉게뭉게 피어오른 형태의 중간적운이 만들어지고, 더 나아가면 웅대적운으로 변합니다. 윗부분이 평평한 모루구름을 동반하는 적란운으로까지 발달하면 하늘이 급변할 가능성도 있습니다.

물구름과 얼음구름 구분법

구름의 형태를 결정짓는 입자가 물방울일 때는 구름이 뭉게뭉게 피어오르고, 얼음 결정일 경우에는 대개 매끈한 형태를 보입니다. 하지만 둘 중 어떤 구름인지 헷갈리는 애매한 형태의 구름도 있습니다.

구름이 물과 얼음 중 어떤 것으로 이루어져 있는지 구분하는 방법에는 몇 가지가 있습니다. 우선 무지개구름인 채운을 볼까요? 태양과 아주 가까운 곳에 걸려 있는 구름이 무지개 색으로 빛난다면 그 구름은 물로 이루어져 있는 것입니다. 채운은 태양광이 물 입자에 반사되고 굴절되면서 만들어지기 때문이지요.

반면에 무리나 호 등이 무지개 색으로 빛난다면 거기에 얼음으로 이루어진 구름이 있는 것이라 볼 수 있습니다. 얼음 결정 때문에 생기는 빛의 현상은 아주 많은데, 그중에는 '해기둥'도 있습니다. 해기둥은 상공에 얼음구름이 있을 때 태양 위아래로 빛의 기둥이 생기는 것을 말합니다. 겨울에만 볼 수 있다는 말이 있는데, 실제로는 여름에도 기온이 낮은 상공에 얼음구름이 떠 있으면 해기둥이 생깁니다. 특히 태양의 고도가 낮은 아침이나 저녁 시간대에 쉽게 볼 수 있지요.

또 밤하늘에 여러 개의 빛기둥이 나타나 종종 화제가 될 때가 있습니다. 이는 '어화광주漁火光柱'라 불리는 현상으로, 야간에 어선이 물고기를 유인하기 위해 밝힌 불이 얼음구름에 반사되면서 기둥처럼 빛나는 것입니다. 이처럼 구름이 빛을 어떻게 연출하느냐에 따라서도 그 구름이 어떤 상태인지 알 수 있습니다. 구름은 다양한 방법으로 자신의 상태를 우리에게 알려주지요.

해기둥

흐름을 보여주는 구름들

구름은 하늘에서 끊임없이 생겨나는 흐름도 가시화해줍니다. 그 예로 '플룩투스'라는 구름이 있습니다. 구름 윗부분이 파도처럼 생겼는데, 이는 밀도가 다른 두 개의 공기층(한쪽은 구름층) 사이에 풍속 차가 있을 때 발생하는 켈빈-헬름홀츠 불안정 때문에 물결 모양이 가시화된 것이지요. 잠깐 생겼다 사라지는 현상이라 관측하기가 쉽지는 않지만, 플룩투스를 통해 우리는 파도의 머리가 향한 방향으로 바람이 강하게 불고 있다는 사실을 알 수 있습니다.

말발굽 모양 구름인 말굽구름도 하늘의 상태를 알려줍니다. 말굽구름은 적운이 소멸할 때 발생하는 경우가 많습니다. 내부에 상승기류와 하강기류를 동시에 가진 적운이 소멸할 때 대롱 모양의 소용돌이에 구름이 걸리면서 소용돌이 형태가 구름에 의해 가시화되는 것이지요. 순식간에 사라져버리는 수명이 짧은 구름이니 발견하거

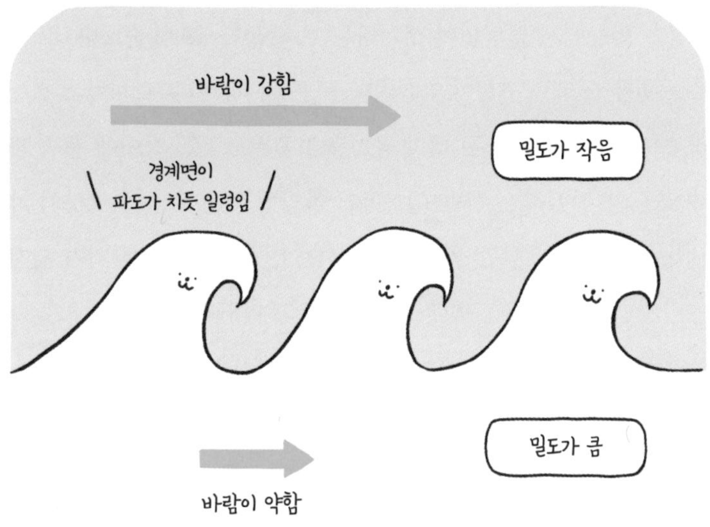

(위) 켈빈-헬름홀츠 불안정
(아래) 플룩투스

말굽구름

든 얼른 카메라를 꺼내 찍으시는 것이 좋습니다.

기상위성 영상에 나타나는 카르만 소용돌이 행렬이나 파도구름 같은 형태로도 공기의 흐름을 파악할 수 있습니다. 이처럼 구름은 하늘의 상태를 알려줍니다. 구름이 부지런히 보내는 메시지를 받아 하늘의 정보를 읽어낼 수 있다면 하늘의 해상도가 한층 높아지지 않을까요?

구름 백작의 구름 사랑

구름의 메시지를 해석하기 위해 노력한 인물 중 아베 마사나오라는 사람이 있습니다. 백작 가문에서 태어난 귀족이었지요. 구제고등학교 입학 전 일본 알프스를 등산했을 때 17.5밀리미터 필름 카메라로 구름을 촬영했는데, 이때만 해도 자신이 훗날 구름 연구를 하게 될 줄은 상상도 못 했다고 합니다.

아베 마사나오는 여덟 살 때 아버지 손을 잡고 일본에 처음 수입된 영화 발표회에 참석한 뒤로 영화 촬영에 관심을 보였고, 이내 푹 빠지게 되었습니다. 그러다 자연현상에 영화를 이용하면 어떨까 하는 생각을 하게 되었지요. 그런데 마침 그 무렵, 물리학자 데라다 도라히코에게서 "구름을 찍어 연구해보면 어떻겠냐, 입체 촬영도 필요하다"는 조언을 듣고 구름 연구를 해보기로 결심했다 합니다.

아베 마사나오

데라다 도라히코

그리고 자비로 고텐바 지역에 아베 구름기류연구소를 설립하여 후지산 주변의 구름들을 연구하기 시작했지요. 마사나오는 당시만 해도 아주 고가였던 카메라와 필름을 사용해 처음으로 여러 각도에서 구름을 입체적으로 촬영하고, 20초씩 끊어 저속 촬영을 하며 구름의 시간 변화와 위치 변화를 관측했습니다. 그는 후지산에서 자주 관측되는 삿갓구름(모자구름)과 매달린구름을 일 년 동안 관측하여 구름의 형태와 원리를 연구했습니다. 그 결과, 후지산에 20종의 삿갓구름과 12종의 매달린구름이 있다는 사실을 알아냈지요.

삿갓구름은 산꼭대기에 삿갓을 씌운 듯한 모양의 구름으로, 습한 공기가 후지산 경사면을 타고 올라갔다 내려가는 과정에서 발생

(왼쪽) 후지산의 매달린구름과 (오른쪽) 삿갓구름

합니다. 그렇게 산을 넘은 공기가 파동을 형성하고 그것이 풍하측 상공에도 전달되어 산에서 조금 떨어진 곳에 하늘에 매달린 듯한 구름이 만들어지면, 그것이 바로 매달린구름입니다. 삿갓구름이나 매달린구름은 렌즈구름으로 불리기도 합니다. 매끈한 생김새는 상공에 강풍이 불고 있다는 증거이기도 하므로 기상 악화의 신호로 볼 수 있지요.

구름과 하늘을 보고 날씨가 어떻게 변할지 예상하는 것을 '관천망기觀天望氣'라고 합니다. 고텐바 지역에는 '산 정상에 삿갓 모양의 구름이 걸리면 비가 온다' '간헐적으로 흔적을 남기며 동쪽으로 흘러가는 파동삿갓은 비바람이 칠 징조다'라는 말이 있습니다. 아베 마사나오의 연구 이후 일본 서해에서 형성된 저기압에 의해 습한 공기가 남쪽에서부터 유입되면 삿갓구름이 만들어지고, 한랭전선이 통과하면서 비와 바람이 거세진다는 사실도 통계적으로 확인되었습니다. 아베 마사나오가 고텐바에서 한 구름 연구는 그런 의미에서도 매우 중요합니다. 그 후 마사나오는 기상청의 전신인 중앙기상대의 수장이었던 후지와라 사쿠헤이가 기상대에 들어오라고 제안하자, 그 제안을 받아들여 기상대의 일원이 됩니다. 훗날 제가 소속된 기상청 기상 연구소의 초대 소장으로 취임하기도 했지요. 초대 소장이 구름에 대한 사랑이 넘치는 구름 백작이었다는 사실에 가슴이 웅장해지네요.

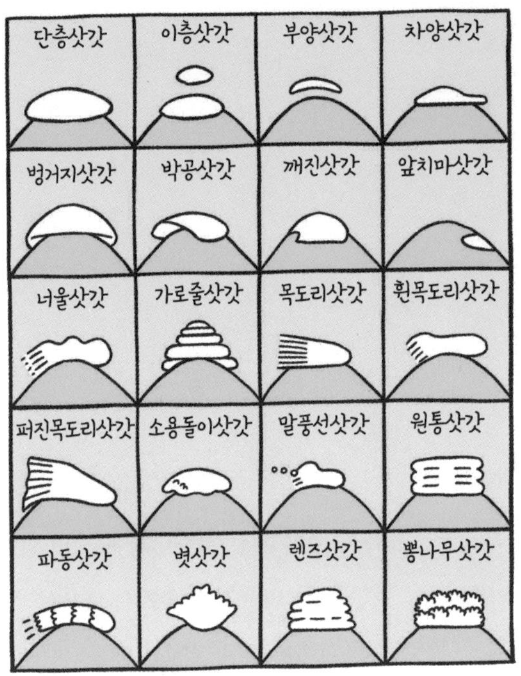

매달린구름의 종류

타원
물결
한 쌍
파동
날개
회전
원통
사발
소용돌이
뽕나무
층적
협적

삿갓구름과 매달린구름의 종류

개성 넘치는 구름들

비행운의 패턴

하늘을 가로지르며 유유히 흔적을 남기는 비행운은 몇 가지 형성 패턴을 보입니다. 가장 흔한 것은 비행기 엔진에서 나오는 배기가스에 의한 구름입니다. 엔진이 연소하는 과정에서 배출되는 배기가스는 극도로 뜨겁습니다. 반면 상공의 공기는 극도로 차갑지요. 영하 20도 이하인 하늘에 300~600도에 달하는 가스가 방출되면 고온의 공기가 급격히 냉각되면서 배기가스에 들어 있던 입자를 핵으로 삼아 얼음구름이 만들어집니다. 이때 엔진의 개수만큼 비행운이 나타나지요.

또 상공의 공기가 매우 습하면 비행기 날개 뒤편으로 광폭의 비행운이 생길 수 있습니다. 비행기가 맹렬한 속도로 날아가기 때문에 날개 뒤편에 소용돌이가 생겨나 거기만 기압이 내려가는 것이지요. 그러면 공기가 팽창하여 온도가 떨어지고 포화하면서 구름이 생성됩니다. 이런 비행운은 과냉각된 물 입자로 이루어져 있기 때문에 채운이 관측되기도 하지요.

비행운

비행운이 만들어지는 원리

비행운 중에는 수직으로 솟아오르는 듯한 비행운과 수직으로 떨어지는 듯한 비행운도 있습니다. 멀리서 내 쪽을 향해 다가오는 비행기는 수직으로 솟아오르는 듯한 비행운을, 내 쪽에서부터 멀어져가는 비행기는 수직으로 떨어지는 듯한 비행운을 만들어냅니다. 비행운의 높이가 거의 일정한데도 자신이 보고 있는 방향과 같은 방향으로 비행기가 다가오거나 멀어져갈 때는 이런 식으로 보이지요.

가끔 엔진 뒤쪽으로 생기는 비행운 일부가 나선형으로 나타날 때가 있습니다. 이는 날개 부근에서 생긴 소용돌이가 구름에 걸리기 때문이며 상공에 부는 바람의 흐름이 반영된 것입니다.

비행운이 지나간 자리

봄철과 가을철의 이른 아침, 일출 전에 목격되는 비행운은 붉은 빛으로 아름답게 물들 때가 있습니다. 상공이 적당히 습한 상태에서는 멀리서 혜성처럼 보이기도 하여 혜성을 봤다고 착각하는 사람이 간혹 천문대에 문의하는 경우도 있다고 합니다.

또 비행기가 지나간 자리에 마치 비행기가 구름을 관통한 것처럼 항로를 따라 구름이 사라진 '소산비행운'이라는 현상도 있습니다. 엔진에서 방출되는 뜨거운 배기가스에 의해 구름이 증발하는 경우, 비행기가 구름을 통과할 때 주위의 건조한 공기와 섞여 구름이 증발하는 경우, 과냉각된 물구름(권적운과 고적운) 안에서 얼음이 성장하고 물방울이 증발하는 경우에 발생하지요.

가끔 소산비행운처럼 보이는 어두운 선이 상공에 깔린 얇은 구름에 비칠 때가 있습니다. 그럴 때는 그 어두운 선과 태양 사이에 평행을 이루는 비행운이 존재하는지 찾아보세요. 그런 비행운이 없다면 소산비행운일 가능성이 높은데, 만약 평행을 이루는 비행운이 있다면 그건 비행운의 그림자일 수도 있습니다. 이처럼 비행운은 종류도 다양하고 형태도 다양합니다.

인위적인 인공구름

비행운은 인위적인 요인에 의해 생긴 인공구름 중 하나입니다. 그런데 이외에도 인공구름은 많습니다. 예를 들어 대형 공장 굴뚝에서 나는 연기가 낮고 습한 하늘로 피어오르는 경우도 여기에 해당합니다. 고온의 연기가 상승기류를 타고 하늘로 올라가 연기 속의 미립자를 핵으로 삼고, 그 결과 구름이 만들어지는 것이지요.

이 같은 원리로 형성되는 것으로는 대규모로 행해지는 화전이나 산불, 화산 분화 같은 열원으로 인해 국지적으로 형성된 구름이 웅대적운이나 적란운으로 발달하는 경우가 있습니다. 열원에 의해 상승기류가 발생함과 동시에 연기가 핵 역할을 하면서 구름 입자가 생성되어 화재구름이 만들어지는 것이지요.

단, 건조한 하늘에서는 연기가 피어올라도 구름이 생기지 않습니다. 또 어느 정도 공기가 습해 구름이 만들어진다 해도 비를 내리는 웅대적운이나 적란운이 발달하려면 상당히 높은 하늘까지 아래쪽 공기가 밀려 올라가야 합니다. 즉 대규모 산불이나 화산 분화가 아니고서야 비를 내리는 화재구름으로는 발달하지 않는 것이지요.

1945년 8월, 히로시마와 나가사키에 원자폭탄이 투하된 뒤 검은 비가 내렸다는데, 원자폭탄 수준의 무시무시한 폭발이 일어나면

화전으로 생긴 화재구름

대량의 연기가 방출되어 아주 강력한 상승기류가 높은 곳까지 올라가므로 비를 내리는 적란운이 발달할 가능성이 충분히 있습니다.

인공강우와 인공강설은 아무것도 없는데 비나 눈을 내리게 하는 것이 아닙니다. 비를 내릴 만큼의 물을 머금고 있지만 비를 내리고 있지 않은 구름에 약간의 자극을 주어 강수량을 살짝 늘리는 '기상조절' 방식을 쓰는 것이지요. 해외에서는 이미 실용화된 방법인데, 일본에서는 도쿄 수도국이 오쿠타마정에 있는 오고우치 댐에서 실시한 적이 있습니다. 하지만 안타깝게도 SF 작품에 나오는 것처럼 가뭄이 든 땅에 극적으로 강수량을 늘리는 건 불가능합니다.

최근에는 기상조절을 연구하는 그룹도 있습니다. 이 연구를 할 때는 기술적으로 가능한지에 대한 여부와 함께 윤리적, 법적, 사회적 과제도 검토해야 합니다. 또 재해 경감이라는 목적 외에 기상과 기후, 환경에 어떤 영향을 미칠지도 고려해야 하고요.

폭포, 숲 그리고 구름

구름은 하늘뿐만 아니라 예상치 못한 곳에서도 발견됩니다. 예를 들어 폭포에 생기는 구름인 폭포운이 있지요. 폭포에서 대량의 물이 아래로 떨어질 때는 공기를 함께 끌어내리기 때문에 하강기류가 발생합니다. 그렇게 아래로 밀려 내려간 공기를 보충하기 위해 폭포 부근에서는 역방향으로 작용하는 상승기류가 발생합니다(보상류). 손바닥이 아래로 가게 두고 두 손을 앞으로 쭉 뻗은 상태에서 오른손을 살짝 들어 위에서 아래로 확 내리면, 왼쪽 손바닥에 바람이 훅 와닿는 느낌이 들 텐데, 이게 바로 보상류입니다.

폭포 부근에서 발생한 상승기류가 폭포수가 떨어지는 바로 밑에 생긴 깊은 웅덩이에서 일어나는 '물보라(물방울)'를 감아올리며 폭포운이 만들어지는 것입니다. 물보라가 감겨 올라가면서 만들어진 폭포운은 층운으로 분류되는데, 상승기류가 강하면 적운이 생성될 때도 있습니다. 규모가 큰 폭포나 댐 방류 시에 발생하고는 합니다.

비가 그친 뒤 숲에 가면 나무들 사이로 안개가 피어오르는 듯 보이는 삼림운을 심심찮게 만날 수 있습니다. 숲에서는 나무의 증발산에 의해 수증기가 공기 중으로 방출되거든요. 원래 습한 곳에 수증기가 공급되면 공기가 포화 상태에 도달해 구름이 만들어집니다. 이 구름은 10종 운형에서 층운으로 분류되며 안개와 비슷한 형태를 띱니다. 녹음이 우거진 곳에서 구름이 스멀스멀 피어오르는 것을 발견하면 삼림운이라고 생각하면 됩니다.

폭포운

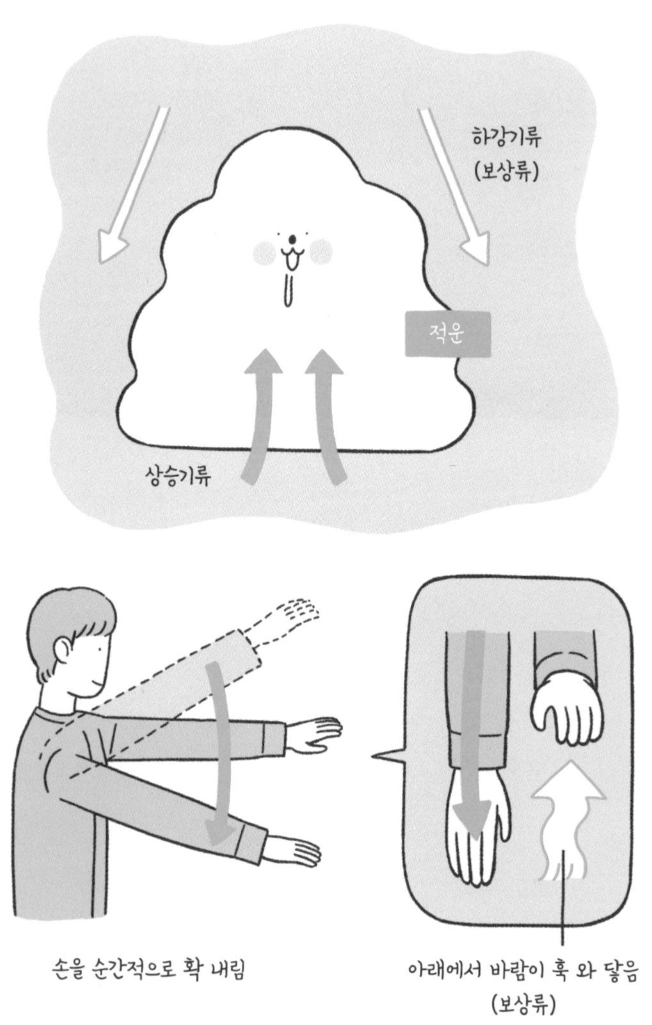
하강기류
(보상류)
적운
상승기류
손을 순간적으로 확 내림
아래에서 바람이 훅 와 닿음
(보상류)

보상류의 원리

하늘을 예쁘게 찍는 방법

아름다운 하늘을 줌 인!

스마트폰 성능이 좋아져 이제는 누구나 손쉽게 아름다운 하늘 사진을 찍을 수 있는 시대가 되었습니다. 제가 제일 먼저 추천하고 싶은 방법은 줌Zoom 촬영입니다. 예를 들어 무지개는 내가 바라보고 있는 특정 위치에 나타납니다. 원형에 가까운 천체의 겉보기 크기는 시반경(천체의 반지름을 관측 위치에서 본 각도−옮긴이)으로 표시하며, 한쪽 지평선에서 반대편 지평선까지의 각도는 180도입니다. 무지개는 대일점을 중심으로 시반경이 42도가 되는 위치에 원형으로 나타나기에(150쪽 참고) 그림자처럼 아무리 쫓아가도 절대 따라잡을 수 없지요. 우리는 절대로 무지개 끝자락을 밟거나 만질 수 없습니다. 하지만 고배율 줌을 당길 수 있는 카메라를 사용하면 아름다운 무지개의 끝자락을 손쉽게 잡아낼 수 있습니다.

권적운이나 고적운에 나타나는 채운은 건물이 태양을 살짝 가린 상태에서 촬영하면 멋지게 찍힙니다. 다만 채운이 무지갯빛으로

무지개 끝자락

물든 범위가 그리 넓지는 않기 때문에 줌을 당겨 무지갯빛 부분만 잘라 찍으면 한 폭의 그림과 같은 아름다운 사진을 찍을 수가 있지요.

타임랩스로 환상적인 하늘 찍기

다음으로 추천하는 방법은 스마트폰의 저속 촬영 기능인 타임랩스를 사용하는 것입니다. 타임랩스는 일정한 시간 간격으로 연속 촬영한 사진을 이어 동영상으로 만드는 저속 촬영 기법으로, 주변에서 쉽게 구할 수 있는 삼각대에 스마트폰을 고정하여 하늘을 찍으면 구름과 하늘의 변화 과정을 촬영할 수 있습니다.

예를 들어 날씨가 맑은 날 적운을 촬영하면 아주 신기한 장면을 찍을 수 있습니다. 낮에 지면이 뜨거워지면서 열대류가 발생해 적운이 발달했다고 해봅시다. 이때 상공에서 부는 서풍을 타고 권운이 넓게 깔리면서 태양광을 차단하면 열대류가 감소해 높이 솟아올랐던

구름이 한순간 싹 사라지고 말거든요. 이처럼 과학 수업에서 교재로 쓸 법한 동영상도 타임랩스로 손쉽게 찍을 수 있습니다.

타임랩스 영상을 보면 구름이 얼마나 역동적으로 움직이고 있는지 알 수 있습니다. 누구나 신카이 마코토 감독의 애니메이션 영화에 나올 법한 환상적인 하늘을 찍을 수 있으니 꼭 한번 해보시기 바랍니다.

슬로모션으로 찰나의 번개 찍기

이번에는 스마트폰의 슬로 촬영 기능인 슬로모션에 대해 살펴볼까요? 슬로모션을 찍기 좋은 것이 바로 천둥과 번개입니다. 천둥, 번개란 구름과 구름 사이에서 일어나는 구름방전과 구름과 지표면 사이에서 발생하는 대지방전에 의해 번쩍 빛이 나고 우르르 쾅쾅 소리가 나는 현상으로, 적란운에서 발생합니다. 빛과 소리를 동반하는 방전 현상을 '뇌전(천둥과 번개)'이라고 하는데, 이때 나는 소리가 뇌명(천둥)이고 번쩍이는 빛이 전광(번개)입니다. 슬로모션으로 찍으면 순간적으로 번쩍 하고 사라지는 번개의 모습을 포착할 수 있습니다.

적란운 내부의 얼음 입자가 서로 부딪히면 전기를 띠는데, 여름철 천둥과 번개는 +극, -극, +극이라는 3극 구조로 나뉘어 전하가 편중되는 현상이 나타납니다. 이 3극 구조는 전하가 편중되어 불안정한 상태이므로 적란운 입장에서는 어떻게든 중화하고 싶어지겠지요? 그래서 일단 중앙 부근의 마이너스 전하를 띤 강수 입자가 아래로 떨어지면서 구름 하부의 플러스 전하를 중화합니다. 그러면 +, -, +였던 구조가 +, -로 바뀝니다. 그리고 구름 하부의 마이너스 전하

번개

가 계단형 선도(뇌운 속 전하가 공기를 뚫고 지면을 향해 내려오는데, 이때 지면까지 전하가 단번에 진행하지 못하고 약 30미터씩 충전과 방전을 거듭하면서 계단형으로 이어지는 것-옮긴이)에 의해 전진과 휴지를 반복하며 갈라져 지상을 향해 전기가 통하는 길인 방전로가 만들어집니다.

이때 지면에서도 플러스 전하가 모이면서 방전로가 하나로 이어집니다. 그러면 그 순간 지상에서 구름으로 대량의 전기가 흘러가게 되고(되돌이뇌격), 그 후 화살 형태의 화살선도(되돌이뇌격 후 발생하는 후속 선도. 구름에서 지상으로 첫 번째 선도 때와 같은 경로를 따라 발생하는데, 전기 저항이 전보다 낮아진 상태라 처음보다 빠른 속도로 아래로 전진한다-옮긴이)가 첫 번째 선도 때와 같은 경로를 따라 구름에서 지상으로 흘러갑니다. 구름 속 전하는 되돌이뇌격과 화살선도를 단시간에 몇 번이나 반복하는 과정에서 중화되는데, 이것이 여름철 낙뢰가 발생하는 원리입니다.

구름 내부에서
전하가 분리됨
(3극 구조)

전하가 지나는
통로를 개척함
(계단형 선도)

되돌이뇌격과
화살선도를 반복하며
중화함

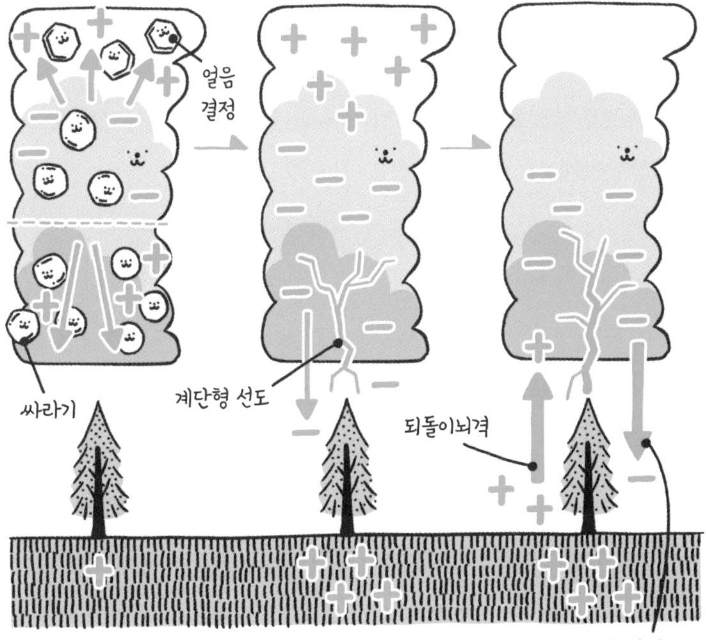

천둥, 번개의 원리

번개방전(1초 이내의 시간 동안 특별한 통로를 따라 이동하는 전하들에 의해 발생하는 전기적 방전 현상. 일반적으로 규모가 큰 불꽃방전을 번개방전이라 하며, 한 줄기의 소규모 번개방전은 섬광으로 분류된다-옮긴이) 중에는 실제로 땅에서 하늘로 치는 번개도 있습니다. 마치 나뭇가지가 아래에서 위로 뻗어나가는 것처럼 보인다고 하여 '상향번개'라고도 부릅니다. 이처럼 위쪽으로 일어나는 번개방전은 철탑 같은 높은 장소에서 발생하는데, 여름에는 전체의 1퍼센트 정도에 불과하지만 겨울에는 흔히 볼 수 있습니다. 특히 겨울철 일본 서해 인근 지역에서 자주 발생하지요. 인터넷에서 'upward lightning'을 검색하면 경이로운 상향번개 영상을 볼 수 있습니다.

기상관측은 타이밍이 생명

낙뢰가 한 번 치는 데 걸리는 시간은 불과 0.5~1초입니다. 찰나의 순간에 전기가 지상과 구름을 수차례 왕복하지요. 이렇게 순간적인 현상도 슬로모션으로 촬영하면 처음부터 끝까지 전 과정을 확인할 수 있습니다.

천둥과 번개를 연구하는 동료에게 슬로모션으로 촬영한 영상을 보여주니 "스마트폰으로 이렇게 찍을 수 있다고?"라며 엄청 흥분하더군요. 번개는 초슬로모션 촬영이 가능한 특수한 카메라로만 찍을 수 있는 줄 알았던 모양입니다.

한편 번개를 관찰하여 번개까지의 거리를 계산하는 방법도 있습니다. 빛의 속도는 약 초속 30만킬로미터인 것에 반해 소리의 속도는 약 초속 340미터입니다. 소리는 3초에 약 1킬로미터를 가므로

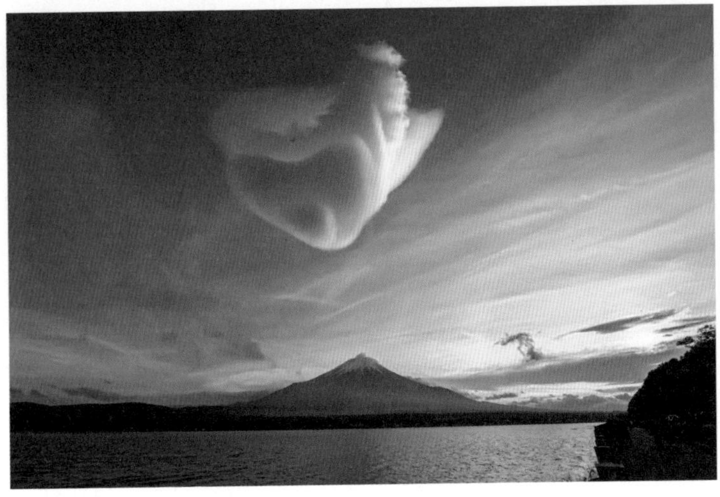

하트 모양으로 보이는 매달린구름

번개가 관측된 후 천둥이 칠 때까지 걸린 초를 3으로 나누면 낙뢰가 떨어진 지점까지의 대략적인 거리를 알 수 있습니다. 기상청 홈페이지에 들어가면 낙뢰 발생 상황을 알 수 있으니 계산 값과 맞는지 확인도 가능합니다. 건물 안과 같은 안전한 장소에서 번개를 관찰하며 한번 계산해보세요.

기상관측은 타이밍이 생명입니다. 하늘을 관찰하다 보면 예상치 못한 현상을 만날 수 있지요. 스마트폰은 그 순간 바로 촬영이 가능하니 참 편리합니다. SNS를 보면 재밌는 모양의 구름이나 과학적으로도 의미가 있는 귀한 현상을 근거리에서 직접 촬영한 사람들이 있는데, 그런 사진을 볼 때마다 얼마나 감탄하는지 모릅니다. 다만 적란운 계열의 구름은 재해를 유발할 수도 있으니 위험하다고 느껴지면 즉시 촬영을 중단하고 안전한 장소로 대피하는 것이 좋습니다.

인간성의 회복

전지적 시점으로 지구 관측하기

저는 가끔 SNS에 '#人間性の回復(인간성의 회복)'라는 해시태그를 붙여 지구의 아침노을과 저녁노을 사진을 올립니다. 너무 아름다워서 지친 몸과 마음이 치유되는 기분이 들거든요.

일본 기상청의 정지궤도 기상위성인 '히마와리(해바라기)'가 찍은 영상은 실시간으로 국립연구개발법인 정보통신연구기구NICT의 '히마와리 실시간 Web 뷰어'라는 웹 사이트에 공개되고 있으며, 2015년 7월 이후의 데이터부터 열람할 수 있습니다. 히마와리는 적도 위 약 3만 6000킬로미터 떨어진 상공에 위치하며, 지구의 자전 속도와 같은 속도로 지구 주위를 돌고 있어 일본이 위치한 반구의 한 지점을 연속적으로 관측하고 있습니다.

웹 사이트에 가면 기상위성이 찍은 지구 전체 영상은 10분 간격으로, 일본 부근은 2.5분 간격으로 확인할 수 있습니다. 적란운이 급격히 발달하는 모습과 홋카이도 유빙의 움직임, 구름의 흐름도 확인

가능합니다.

기상위성 영상으로 구름을 보면 구름의 움직임뿐만 아니라 구름 때문에 가시화된 대기중력파도 한눈에 파악이 됩니다. 우주에서 내려다보는 듯한 이런 신의 시점을 누구나 손에 넣을 수 있다는 뜻이지요.

고해상도로 즐기는 하늘

정지궤도 기상위성보다 더 해상도가 높은 것은 극궤도 기상위성이 찍은 영상입니다. 정지궤도 기상위성에 비해 훨씬 낮은 수백 킬로미터의 고도에서 북극과 남극을 잇는 궤도를 도는 위성이지요. 같은 장소는 하루에 두 번 정도밖에 지나지 않지만 고도가 낮아서 아주 세세한 부분까지 잘 보입니다.

미국항공우주국NASA이 운영하는 'NASA Worldview'라는 웹 사이트에 가면 다양한 종류의 데이터를 확인할 수 있습니다. 예를 들어

황사의 모습

에어로졸이나 먼지 농도도 볼 수 있고, 열원을 표시해주는 데이터를 선택하면 공장이나 산불 같은 열원의 위치도 확인할 수 있습니다.

인간의 눈이 인식하는 색을 그대로 재현한 '트루 컬러 재현 영상'은 히마와리도 제공하고 있지만, 극궤도 기상위성은 해상도가 매우 높기 때문에 불이 난 지점부터 확산 중인 잿빛 연기까지도 선명하게 확인할 수 있습니다. 고비사막과 타클라마칸사막에서 저기압이 발달해 모래가 강한 바람을 타고 상공으로 올라간 뒤 편서풍을 타고 일본 부근까지 오는 황사, 장마 후 토사가 하천에서 바다로 흘러가는 모습, 겨울에 오호츠크해를 남하하는 유빙도 확인할 수 있답니다.

밤을 새워야 할 만큼 일이 많으면 하늘 한 번 올려다볼 여유가 없지요. 그럴 때 아름다운 지구의 기상위성 영상을 보며 힐링하는 것이 제 소소한 즐거움 중 하나입니다. '#人間性の回復(인간성의 회복)' 해시태그가 붙은 피드는 말 그대로 제 자신의 정신 건강을 위해 올리

는 것입니다. 이 해시태그가 붙은 피드를 발견하거든 '아, 많이 힘들었나 보네…'라고 생각해주세요.

올려다본 하늘과 내려다본 하늘

무심코 올려다본 하늘에 처음 보는 신기한 구름이 떠 있다면 히마와리 실시간 Web 뷰어에서 그 구름을 찾아보세요. 구름을 본 시간과 장소를 찾아 확대해보면 그 구름이 어디서 왔고, 왜 그런 형태를 띠고 있는지 알 수 있습니다. 하늘을 올려다보다 발견한 구름을 우주에서 내려다보는 기분으로 확인하는 것이지요.

기상위성 영상을 자세히 보다 보면 재밌는 현상을 만날 때가 있습니다. 가령 SNS에 '간사이에 특이한 구름이 떴다'같은 글이 올라와 기상위성 영상에서 찾아보다 특이한 구름의 정체를 알게 되는 경우도 있거든요. 지구와 우주 양쪽에서 하늘의 정보를 얻는 즐거움을 한 번쯤은 꼭 경험해보시기 바랍니다.

3장

무지개, 채운, 그리고 달

무지개를 감상하다

가시광선의 그러데이션

비가 그친 뒤 하늘을 아름답게 수놓는 무지개는 대체 어떻게 생기는 것일까요? 무지개가 생기는 원리를 알려면 일단 빛의 구조부터 알아야 합니다.

태양은 끊임없이 지구에 전자기파를 보내고 있는데, 우리 인간의 눈으로 인식할 수 있는 파장을 가진 전자기파를 가시광선이라고 합니다. 가시광선은 파장이 짧은 것부터 순서대로 보라, 파랑, 초록, 노랑, 주황, 빨강의 색을 띱니다.

빛은 보통 직선으로 진행하지만 수면이나 밀도가 다른 공기층을 통과할 때는 꺾이거나 휘어집니다(굴절). 이때 가시광선은 파장에 따라 굴절되는 정도가 다른데, 파장이 짧을수록 크게 굴절되고 파장이 길수록 굴절되는 각도가 완만해지지요. 바로 이 굴절도의 차이로 색이 나뉩니다.

무지개

무지개 색은 정말 일곱 가지일까?

흔히 '일곱 빛깔 무지개'라고 표현하는데, 일곱 가지 색이라고 할 때는 보라와 파랑 사이에 남색이 하나 더 들어갑니다. 제가 기상 자료를 제공했던 NHK 드라마 〈어서와 모네おかえりモネ〉 주제가의 제목도 '나나이로なないろ(일곱 가지 색깔)'였습니다.

세계 최초로 무지개가 일곱 가지 색을 띤다고 말한 사람은 만유인력의 법칙으로 유명한 아이작 뉴턴입니다. 뉴턴은 1666년에 유리 프리즘을 사용해 태양광이 어떻게 분산되는지를 실험했습니다. 그 결과 태양광은 일곱 가지 색깔이 모인 것이며 빛의 색깔에 따라 굴절되는 각도가 다르다는 사실을 도출해냈지요.

하지만 전 세계가 일곱 빛깔 무지개에 동의한 것은 아닙니다. 국가, 지역, 문화에 따라 표현하는 무지개 색의 수가 다르거든요. 독일은 무지개 색이 다섯 가지(빨강, 주황, 노랑, 초록, 파랑)라 보고, 미국은

뉴턴의 실험

여섯 가지(빨강, 주황, 노랑, 초록, 파랑, 보라), 대만 중에서 일부 소수 민족은 세 가지(빨강, 노랑, 보라)라 생각합니다. 인도네시아 일부 지역에서는 네 가지(빨강, 노랑, 초록, 파랑), 아프리카에서는 여덟 가지(빨강, 주황, 노랑, 연두, 초록, 파랑, 남색, 보라)라 생각하고, 남아시아에는 두 가지(빨강, 검정)라 생각하는 지역도 있다고 합니다.

하지만 국가와 지역에 따라 실제로 무지개 색이 다르게 나타나는 것은 아니므로 아마 색깔을 표현하는 어휘 같은 문화적 이유 때문일 가능성이 큽니다. 참고로 저는 일본 국립천문대가 편찬한 『이과연표理科年表』에 따라 여섯 가지 색이라 소개할 때가 많습니다.

무지개는 어디에 생길까?

원형의 무지갯빛 띠를 우리는 무지개라고 합니다. 무지개가 생기는 원리는 다음과 같습니다. 태양을 등지고 섰을 때 자신의 그림자 끝부분, 즉 태양과 정반대에 위치한 지점인 대일점을 중심으로 원형의 무지개가 생겨납니다. 태양이 하늘에 떠 있는 낮 시간대에는 대일점이 지평선보다 낮은 위치에 있으므로, 우리가 지상에서 볼 수 있는 무지개는 원의 위쪽뿐입니다. 그래서 아치 모양으로 보이는 것이지요.

무지개의 형태는 태양의 고도에 따라 달라집니다. 고도가 높은 점심 전후로는 원형 무지개의 꼭대기 부분만 지상에 나타나 낮은 하늘에 무지개가 걸리는 경우가 있습니다. 반면 아침저녁에는 고도가 낮아 태양이 지평선 근처에 있기 때문에 대일점도 지평선 바로 아래에 있어 반원에 가까운 형태의 무지개가 뜨지요.

무지개가 발생할 때 중요한 것은 태양 반대쪽 하늘에서 비가 내

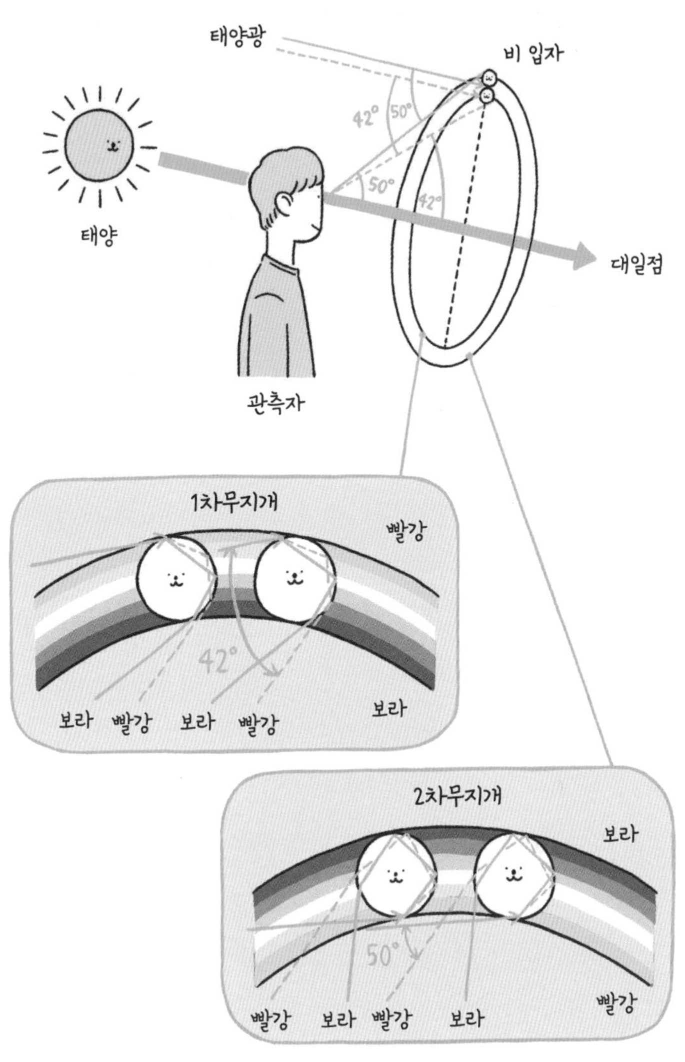
태양광
비 입자
42°
50°
50°
42°
태양
관측자
대일점
1차무지개
빨강
42°
보라
빨강
보라
빨강
보라
2차무지개
보라
50°
빨강
보라
빨강
보라
빨강

무지개의 원리

린다는 점입니다. 구름 입자, 특히 공 모양에 가까운 둥근 비 입자 위로 빛이 들어가면 굴절이 일어나 빛이 무지개 색으로 분산됩니다. 굴절된 빛은 그대로 비 입자 안으로 들어가 내부에서 반사되는데, 밖으로 나올 때 한 번 더 굴절이 일어나면서 무지개 색으로 나뉘게 됩니다. 물론 비 입자는 하나가 아닙니다. 무수히 많은 비 입자에 의해 굴절되면서 갈라진 빛이 우리 눈에 들어오며 무지개가 나타나는 것이지요.

가장 흔히 볼 수 있는 1차무지개는 제일 바깥쪽부터 빨주노초파남보 순서로 나타납니다. 1차무지개가 뜨는 위치는 대일점을 기준으로 시반경이 42도가 되는 지점입니다. 가끔 동시에 두 개의 무지개가 함께 나타나는 쌍무지개를 만날 수도 있습니다. 1차무지개 바깥쪽에 살짝 흐리게 나타나는 무지개가 2차무지개입니다. 2차무지개는 대일점을 기준으로 시반경이 50도가 되는 지점에 나타나는데, 색의 배열이 1차무지개와는 반대입니다. 비 입자에 빛이 들어갈 때의 방향이 반대이기 때문입니다. 1차무지개는 비 입자 위쪽에서 빛이 들어가 아래쪽으로 나오는데, 2차무지개는 아래쪽에서 빛이 들어와 위쪽으로 나가거든요. 빛이 굴절되며 무지개 색으로 나뉘는 방향 자체가 반대이므로 색의 배열도 반대가 되는 겁니다.

또 2차무지개는 비 입자 안에 들어간 빛이 두 번 반사하여 빛의 세기가 약해지므로 1차무지개에 비해 약간 희미합니다. 2차무지개는 하늘에 구름 같은 방해물이 없고 햇빛이 강할 때 만날 가능성이 높습니다. 넓은 하늘에 구름이 엷게 깔리거나 햇빛이 그리 강하지 않다면 육안으로 2차무지개를 보기는 어렵고 1차무지개만 볼 수 있지요.

(위) 태양의 고도가 높을 때 낮은 하늘에 뜬 무지개
(아래) 태양의 고도가 낮을 때 뜬 반원에 가까운 무지개

1차무지개 안쪽과 2차무지개 바깥쪽에는 빛이 모이므로 하늘이 주변보다 약간 밝은 데 반해, 1차무지개와 2차무지개 사이는 하늘 본연의 밝기 그대로라 주변보다 살짝 어둡게 보입니다. 이는 발견자인 로마제국 시대 아프로디시아스의 철학자 알렉산드로스의 이름을 따 '알렉산더의 검은 띠'라고 부릅니다.

르네 데카르트

고대 그리스 철학자 아리스토텔레스가 관찰을 통해 설명한 무지개의 자연현상은 그의 저서인 『기상론』에 나와 있습니다. 프랑스의 철학자 르네 데카르트도 『방법서설』이라는 책의 '기상학' 부분에서 무지개를 다루었습니다. 물을 넣은 유리관을 물방울이라 가정한 실험을 통해 1차무지개와 2차무지개가 보이는 시반경을 산출하고 무지개가 생기는 원리를 밝혀냈지요.

무지개를 만날 기회

흔히 무지개는 운이 좋아야 발견한다고 생각하기 쉬운데, 사실 약간의 지식만 있으면 얼마든지 만날 수 있습니다. 일단 아침저녁에 태양 반대편 하늘에서 비가 내릴 때를 노려야 합니다. 대기 상태가 불안정하다는 일기예보가 나오고 아침저녁에 적란운이 국지적으로 형성되어 발달했다면, 그때가 바로 무지개를 만날 수 있는 기회입니다. 소나기나 지나가는 비, 맑은 날 잠깐 오다가 그치는 여우비가 내릴 때가 절호의 기회인 것이지요.

그리고 무지개를 만나려면 시반경을 알아야겠지요? 아까 이야기했듯이 1차무지개는 대일점을 기준으로 시반경이 42도인 지점에 뜨고, 2차무지개는 50도인 지점에 뜬다는 점을 알아두면 편리합니다. 하늘에 팔을 똑바로 뻗었을 때, 손바닥 하나만큼이 시반경 20도 정도라고 합니다. 시반경을 의식하며 태양 반대편 하늘 어느 지점에 무지개가 나타날 것 같은지를 보면 무지개를 만날 확률이 높아집니다.

나아가 레이더 정보를 활용하면 무지개를 만날 확률은 훨씬 더 높아집니다. 일본은 인터넷에 '나우캐스트'라고 검색하면 기상청 홈페이지에서 제공하는 '비구름의 움직임'이라는 레이더 정보를 확인할 수 있습니다(한국은 '기상청 날씨누리' 또는 기상레이더센터 홈페이지에서 확인할 수 있다-옮긴이). 레이더 영상을 보고 비구름의 위치와 움직임을 확인하면 언제 비가 내릴 것 같고, 언제 비구름이 완전히 빠져나갈 것 같은지 예측할 수 있지요. 비구름이 완전히 빠져나가고 태양 반대쪽에서 비가 내리거든, 하늘을 한번 올려다보세요.

겹겹이 나타나는 과잉 무지개

1차무지개와 2차무지개 외에도 흥미로운 무지개가 몇 가지 더 있습니다. 일반적인 무지개보다 색깔이 짙고 두꺼우면서 무지개 색이 반복되어 나타나는 것이 있는데, 이를 '과잉 무지개'라고 합니다. 1차무지개 안쪽과 2차무지개 바깥쪽에 무지개가 몇 겹으로 겹쳐 나타나기 때문에 색깔이 진하고 두꺼워 보이지요. 과잉 무지개는 특히 빛이 강할 때, 그리고 비 입자의 크기가 아주 작고 균등할 때 나타납니다.

그런데 빗방울 하나에 두 개의 빛이 살짝 어긋나게 들어가면 빗방울에서 나올 때 경로 차이가 생겨 겹치는 부분이 생기는 경우가 있

과잉 무지개

습니다(간섭). 빛은 파도의 성질을 가지고 있으므로 두 개의 빛의 마루와 마루가 겹치면 진폭이 커지고, 마루와 골이 겹치면 진폭이 줄어들어 줄무늬 모양의 빛이 됩니다. 이 줄무늬 모양은 서로 간섭하고 있다고 하여 '간섭 줄무늬'라고 부르지요. 과잉 무지개는 이런 간섭 줄무늬 형태로 나타나기 때문에 '간섭 무지개'라고도 불립니다.

색다른 무지개

물론 일곱 빛깔 무지개만 있는 것은 아닙니다. 태양의 고도가 낮은 아침저녁 시간대에 보이는 무지개는 '빨간 무지개'라 부르는데, 이름처럼 전체적으로 빨간색을 띱니다. 빨간 무지개는 불그스름한 빛을 띠어 얼마나 아름다운지 모릅니다. 일출과 일몰 때 여우비가 내릴 것 같다 싶으면 태양 반대쪽 하늘을 보세요.

한편 '흰 무지개'도 있습니다. 흰 무지개는 구름이나 안개 입자가

(위) 빨간 무지개
(아래) 흰 무지개

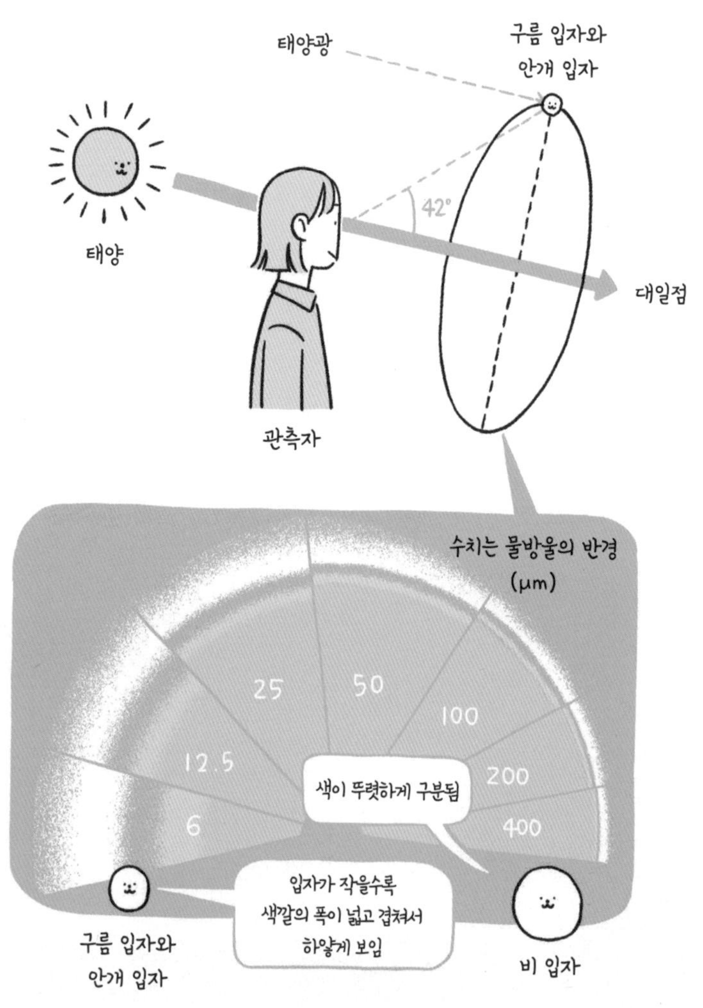
태양광
구름 입자와
안개 입자
태양
42°
관측자
대일점
수치는 물방울의 반경
(μm)
25
50
100
12.5
200
6
400
색이 뚜렷하게 구분됨
입자가 작을수록
색깔의 폭이 넓고 겹쳐서
하얗게 보임
구름 입자와
안개 입자
비 입자

흰 무지개의 원리

하늘에 떠 있을 때 생기는 무지개입니다. 일반적인 무지개는 비 입자에 빛이 들어갈 때 파장에 따라 굴절되는 정도의 차이가 커서 색이 뚜렷하게 구분됩니다. 하지만 구름 입자와 안개 입자처럼 입자의 크기가 너무 작으면 굴절이 일어나기는 하나, 파장에 따른 차이가 거의 없어 퍼지듯 나아가므로 다양한 색이 섞여 무지개의 띠 부분이 하얗게 보이지요.

구름 입자로 인해 생기는 무지개는 구름무지개, 안개 입자로 인해 생기는 무지개는 안개무지개라 부르기도 합니다. 산 위나 비행기에서 쉽게 관측되며 이른 아침에 내려앉았던 안개가 걷히는 순간 관측되기도 합니다.

직접 무지개를 만들다

하늘에 걸린 무지개다리는 대자연이 만들어낸 작품입니다. 하지만 몇 가지 조건만 갖추어지면 쉽게 만날 수 있기도 하지요. 저는 공원 분수를 이용하는 방법을 추천합니다. 일단 태양을 등지고 눈앞에 분수가 오도록 섭니다. 그 상태에서 분수의 물보라를 유심히 보세요. 무지개가 보이지 않나요? 집에 정원이 있다면 안개처럼 분사되는 미스트 노즐을 장착한 호스로 물을 뿌리기만 해도 비슷한 무지개를 만들어낼 수 있습니다.

흔히 구할 수 있는 분무기로도 가능하지요. 원하는 위치에 분무기로 물을 뿌려 무지개를 만들 수 있습니다. 물뿌리개에서 나오는 물처럼 입자가 너무 큰 경우에는 힘들겠지만, 빗방울처럼 미세한 물 입자를 생성할 수 있다면 무지개는 손쉽게 만들어낼 수 있지요.

또 주변에서 무지개 색을 찾아보는 것도 재밌습니다. 유리창이나 문의 일부분, 자전거 반사판 등에 빛이 닿으면 여러 가지 색으로 나뉘면서 무지갯빛이 만들어지는 경우도 있거든요. 무지갯빛을 발견하거든 빛이 어디서 들어와 어떻게 무지개 색을 만들어냈는지 찾아보세요. 아마 보물 상자를 발견한 것 같은 희열을 느낄 수 있을 테니까요. 평소와 똑같이 그저 평범하게 흘러갔을 하루가 조금은 특별하게 바뀔지도 모릅니다.

아름다운 채운

행운을 상징하는 무지개

무지개구름이라고도 하는 채운은 행운을 가져다줄 것만 같은 환상적인 구름입니다. '고운 빛깔 채彩'와 '구름 운雲'이라는 한자를 쓰는 채운은 이름에서도 알 수 있듯이 구름의 일부가 영롱한 무지갯빛을 띠는 현상으로, 서운(상서로운 구름), 경운慶雲(경사스러운 조짐이 보이는 구름), 경운景雲(길할 조짐이 보이는 구름)으로 불리며 예로부터 길조의 상징으로 여겨졌습니다. 그래서 채운이 뜨면 좋은 일이 생길 것이라 생각했지요.

불교에서는 극락정토에서 보살을 데리고 나타나는 아미타불이 타는 구름이 오색의 경운, 즉 채운이라고 생각했습니다. 또 일본은 아스카시대인 704년에 궁궐 안에서 무지갯빛으로 빛나는 구름이 보였다고 하여 연호를 '게이운慶雲'으로 바꾸었고, 나라시대인 767년에는 각지에서 채운이 보고되었다고 하여 연호를 '진고케이운神護景雲'이라 바꾸었습니다.

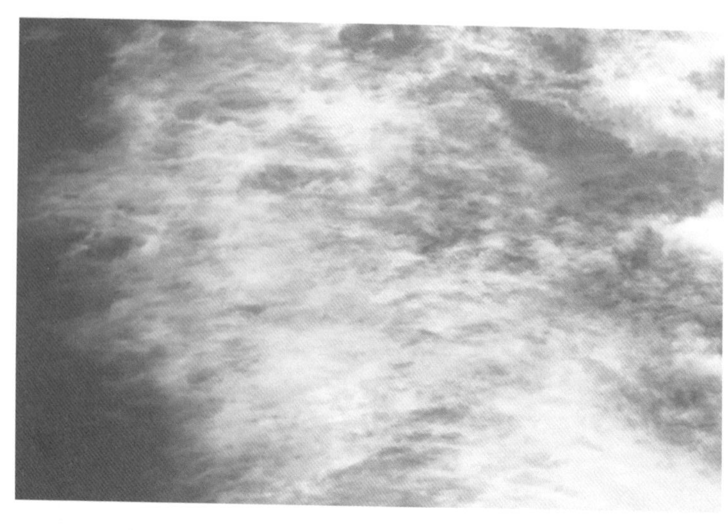
채운

흔히 볼 수 없는 진귀한 현상이라 생각하기 쉽지만, 사실 채운은 계절과 장소를 가리지 않고 자주 나타납니다. 특히 비늘구름이나 조개구름으로 불리는 권적운과 양떼구름으로 불리는 고적운이 태양 바로 옆에 걸려 있을 때가 바로 채운을 만날 수 있는 기회입니다.

채운이 내는 무지갯빛의 정체

채운은 물방울 상태의 구름 입자에 의해 만들어집니다. 빛이 구름 입자를 에돌아 들어가는 회절이 일어나면서 여러 가지 색으로 나뉘어 보이는 것이지요. 회절의 정도를 보여주는 회절각은 빛을 받는 입자의 크기에 따라 달라집니다.

권적운, 고적운, 적운같이 물방울 상태의 구름 입자로 이루어진 구름 속은 공기가 요동을 치고 구름 입자가 응결, 충돌, 증발을 반복하면서 입자의 크기가 극적으로 변합니다. 그래서 구름 입자의 크기가 들쭉날쭉하고 회절각도 일정하지 않지요. 이러한 이유 때문에 채운은 불규칙한 무지갯빛을 띱니다.

고적운이나 적운처럼 지상에서 보았을 때 어느 정도 크기가 있는 구름은 윤곽 부분에 무지개 색깔이 선명히 나타날 때가 있습니다. 주위의 건조한 공기 때문에 구름 입자가 증발하고 크기가 작아지므로 회절각이 커지면서 아름다운 무지개 색깔이 나타나 선명한 채운이 만들어지는 것이지요.

상공에 강한 바람이 불면 권적운과 고적운은 렌즈 형태를 띱니다. 이런 렌즈구름은 구름 입자의 크기가 균일한 경우가 많아, 마치 동화 속 선녀의 날개옷처럼 매끈하고 넓게 퍼지는 채운을 볼 수 있습니다.

채운을 관찰하는 비법

채운을 관찰하는 데도 비법이 있습니다. 채운은 태양 근처, 즉 시반경 10도 이내 하늘에서 쉽게 관측됩니다. 일단 건물 그림자 안으로 들어갑시다. 그리고 그림자 안에서 햇빛이 닿는 경계선, 즉 태양이 건물에 아슬아슬하게 가려지는 위치로 가서 태양 근처에 있는 권적운과 고적운을 한번 보세요. 육안으로도 분명하게 채운을 확인할 수 있을 것입니다. 단, 태양을 맨눈으로 보는 건 매우 위험하니 채운을 관찰할 때는 태양이 건물에 살짝 가려지게 해서 눈이 다치지 않도록 주의해야 합니다.

채운은 실내에서도 관찰이 가능합니다. 홍차나 커피에서 나는 김을 예로 들어볼까요? 태양의 고도가 낮은 아침, 커튼을 열었을 때 실내로 들어온 햇빛이 홍차나 커피의 김에 닿으면 무지갯빛 채운이 나타납니다. 김에서 나타나는 채운을 관찰할 때는 어느 위치에서 관찰하는지가 중요합니다. 햇빛이 들어오는 쪽을 바라보며 앉은 상태에서 눈앞에 김이 피어오르는 찻잔을 두어야 하지요.

김이 부족한 경우에는 아로마 향, 모기향, 촛불을 피워 핵을 늘리는 것으로 김의 양 자체를 증가시키는 방법도 있습니다. 이 실험은 광원을 태양 대신 손전등으로 대체해도 됩니다. 이때도 햇빛이나 강한 빛에 직접적으로 노출되어 시력이 손상되지 않도록 주의해야겠지요.

꽃가루가 빚어내는 무지갯빛

비늘이나 조개 모양 구름이 하늘 전체에 퍼져 있으면 태양을 둘러싸는 듯한 무지갯빛 고리가 구름에 나타나는 '광환'이 생깁니다. 원리 자체는 채운과 동일합니다. 빛이 구름 입자를 에돌아 들어가는 회절 현상 때문에 생기는 것이거든요. 무지개 색깔은 태양을 중심으로 하여 보라색인 안쪽부터 빨간색인 바깥쪽까지 순서대로 규칙적인 배열을 보입니다. 구름 입자의 크기가 들쭉날쭉하면 무지개 색깔 배열이 불규칙한 채운이 되는데, 구름 입자 크기가 어느 정도 균일하면 빛의 고리인 광환이 나타납니다.

그런데 사실 구름 말고도 광환이 생기는 경우가 있습니다. 바로 꽃가루입니다. 2월에서 4월까지 봄철에는 하늘에 무수히 많은 꽃가루가 떠다닙니다. 특히 비가 갠 뒤 날씨가 맑고 바람이 강한 날 꽃가루가 많이 날아다닙니다. 비가 내리면 비와 함께 대기 중의 꽃가루가 지면에 떨어지는데, 그 후 날씨가 개고 바람이 강하게 불면 나무에서

꽃가루 광환

발생한 꽃가루와 함께 지면에 떨어진 꽃가루까지 바람을 타고 하늘로 올라가기 때문이지요.

꽃가루가 심한 날 가로등이나 건물 아래서 태양을 올려다보면 살짝 가려진 태양 주위로 선명한 무지갯빛 고리인 '꽃가루 광환'이 생기는 것을 확인할 수 있습니다. 특히 꽃가루 광환을 많이 만들어내는 것 중 하나가 바로 삼나무 꽃가루입니다. 삼나무 꽃가루는 형태가 구체에 가깝고 균등하며 크기도 구름 입자와 비슷하기 때문이지요. 사과처럼 일부분이 움푹 팬 듯한 구조라서 태양의 고도가 낮을 때 발생한 꽃가루 광환은 육각형처럼 보일 때도 있습니다.

비가 필요 없는 무지갯빛

태양 주변의 무지갯빛, 무리와 호

채운이나 광환 외에, 비가 내리지 않아도 하늘에 아름다운 무지갯빛이 나타나는 현상은 많습니다. 바로 무리와 호입니다. 무리는 태양 주위를 둘러싸듯 형성되는 무지갯빛 고리이고, 호는 활처럼 생긴 무지개 색깔의 빛입니다. 이 둘은 얼음 결정에 의해 빛이 굴절되거나 반사되면서 나타나는 현상이지요. 엷은 구름인 권층운이 떠 있을 때는 높은 확률로 무리가 관측됩니다.

얼음 결정은 육각형을 기본으로 한 각기둥과 각판을 비롯해 다양한 모양으로 이루어져 있습니다. 무리는 얼음 결정의 방향이 제각각이고, 호는 얼음 결정의 방향이 고르다는 차이가 있지요. 공중에 떠 있는 얼음 결정의 방향에 따라 어느 면으로 빛이 들어와 나가는지가 달라지므로 호의 종류는 그만큼 다양합니다. 평소에 주의 깊게 보지 않으면 놓치기 쉽지요. 무리와 호에 대한 약간의 지식만 있어도 아주 귀한 현상을 목격할 수 있답니다.

무리와 호

무리와 호는 태양을 기준으로 생기는 위치가 정해져 있습니다. 어디에 어떤 현상이 나타나는지 미리 알아두면 무지갯빛을 발견하기가 수월하겠지요? 무리는 하늘을 향해 팔을 곧게 쭉 폈을 때, 태양에서 주먹 1~2개 정도 떨어진 위치(시반경 22도와 46도)에 나타납니다. 주먹 한 개 정도 떨어진 위치에 나타나는 22도 무리는 엷은 구름이 넓게 깔려 있는 상황에서 태양에 엄지손가락을 가져다 댔을 때 새끼손가락 근처에 나타나는 무지갯빛 고리입니다.

한편 호는 형태도 위치도 제각각입니다. 거꾸로 선 무지개라고도 불리는 천정호는 태양에서 위로 주먹 두 개 정도 위치에 나타납니다. 계절과 상관없이 태양의 높이가 낮은 아침저녁 시간대에 만날 수 있지요. 수평무지개라 불리는 수평호는 태양에서 아래로 주먹 두 개 정도 위치에 나타나는데, 봄에서 가을에 걸친 기간에 태양의 고도가 높은 점심 전후로 관측이 가능합니다.

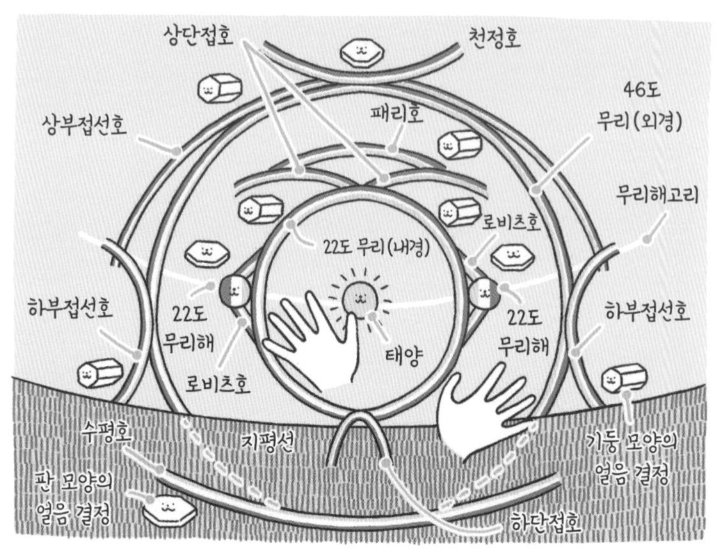

무리와 호가 생기는 위치

또 무리와 호는 빨간색이 바깥쪽에 위치한 1차무지개와 달리 태양과 가까운 안쪽에 빨간색이 위치합니다. 단, 호 중에서 빛 반사만으로 생기는 무리해고리와 해기둥은 굴절이 일어나지 않으므로 색깔이 하얗습니다.

무리와 호는 예로부터 전 세계 하늘을 아름답게 수놓아왔습니다. 남아 있는 과거 기록을 보면 1535년에 스톡홀름에서 관측된 현상을 묘사한 그림이 있는데, 거기에는 22도 무리와 무리해가 표현되어 있습니다. 오와리번의 번사였던 야스이 시게토오가 쓴 『계륵집鷄肋集』을 보면, 일본에서도 에도시대인 1848년에 현재의 야마가타현 쇼나이 지방에 해당하는 지역에서 무리와 호가 관측되었다는 내용이 기록되어 있습니다. 여기에는 22도 무리와 무리해, 무리해고리,

(위) 천정호
(아래) 수평호

상단접호, 상부접선호 같은 것도 나와 있답니다. 예나 지금이나 이런 현상들이 동시에 나타나면 그 신비로운 모습에 가슴이 두근거릴 것 같지 않나요?

채운과 호 구분법

무리해와 천정호, 수평호는 일부만 보였을 때 채운과 헷갈리는 경우가 많습니다. 채운과 호를 구분하려면 일단 태양을 기준으로 어느 지점에 나타나는지, 그 위치 관계를 확인해야 합니다.

채운은 태양을 향해 팔을 뻗었을 때 손바닥 절반 정도만큼 떨어진 곳에 발생합니다. 그에 반해 대부분의 호는 태양으로부터 손바닥 하나 이상 떨어진 곳에 나타나지요. 색깔 배열도 둘을 구분하는 기준이 됩니다. 무지개 색깔의 배열이 불규칙한 채운에 비해 무리와 호는 반드시 태양과 가까운 쪽이 빨간색이고 먼 쪽이 보라색입니다.

169쪽 사진의 무지갯빛은 언뜻 보면 구름이 무지갯빛으로 빛나서 채운처럼 보이지만, 색깔의 순서를 보면 위가 빨강, 아래가 보라로 배열이 규칙적이라는 것을 알 수 있습니다. 그러니 이것은 얼음구름으로 만들어진 수평호이고, 이 구름 위에 태양이 있으리라 추측할 수 있습니다.

태양에서 조금 떨어진 하늘에서 무지갯빛을 발견하거든 일단은 166쪽 그림을 보며 위치를 확인해보세요. 색깔의 순서가 규칙적이라면 호일 가능성이 높습니다. 호는 권적운인 비늘구름이 보일 때 푸른 하늘을 배경으로 아름다운 무지개 색깔을 띠는 경우가 있거든요.

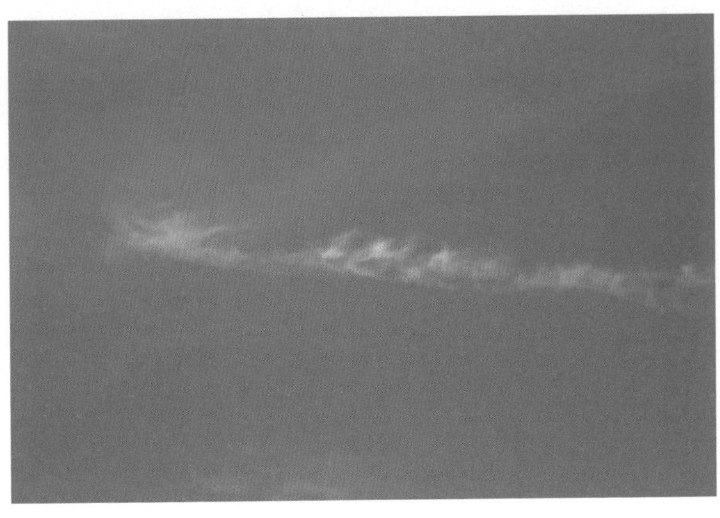

채운처럼 보이는 수평호

권적운이 떠 있는 상공의 기온은 영하 수십 도로 매우 낮지만, 권적운은 과냉각된 물 입자로 만들어진 경우도 많아 채운이 잘 보입니다. 다만 국지적으로 공기가 요동치거나 뒤섞이면 과냉각된 물방울은 순식간에 얼음 결정으로 바뀌고 말지요.

비늘구름 근처에 자욱한 연기 같은 형태의 구름이 나타나면 아름다운 호를 볼 수 있는 절호의 기회라고 생각하면 됩니다. 자욱한 구름은 푸른 하늘을 배경으로 한 얼음 결정들입니다. 비늘구름이나 엷은 구름을 발견하거든 가만히 관찰해보세요. 다양한 표정의 하늘을 만날 수 있을 겁니다. 또 비행운이 성장한 권운에서도 호가 나타날 때가 있습니다. 이 경우는 구름이 있는 곳만 무지갯빛으로 물들기 때문에 채운과 혼동할 만큼 비슷하답니다.

누군가 하늘에서 무지갯빛을 발견하고 신나서 SNS에 올렸는데 혹시 그 이름을 잘못 적었다면, 무턱대고 지적하지 말고 친절하게 몰래 살짝 알려주세요. 함께 하늘을 느끼고 즐기는 게 중요하니까요. 즐거움은 원래 함께할수록 더 커지고 널리 퍼져나가는 법이잖아요!

박명이 시작된 하늘은 으뜸 중의 으뜸

어슴푸레한 빛깔의 아름다운 박명

누군가 아름다운 빛깔의 하늘을 보고 싶다고 하면 저는 해가 뜨기 전이나 해가 진 후 어슴푸레하게 밝은, 박명이 시작된 하늘을 추천합니다. 영어로 '트와일라잇twilight'이라 불리는 박명 현상은 태양의 높이에 따라 몇 가지로 분류됩니다.

어둠이 걷히고 아침이 밝아오기 시작하는 이른 새벽하늘을 떠올려보세요. 하늘이 점점 희미하게 밝아오고 있기는 하지만 가장 희미하게 보이는 별인 6등성이 아직 육안으로 보이지 않을 정도의 시간대, 태양이 지평선 아래 -18도에서 -12도 사이에 위치할 때를 '천문박명'이라고 합니다. 그리고 조금 더 시간이 지나 태양이 지평선 아래 -12도에서 -6도 사이에 위치할 때는 해수면과 하늘의 경계가 구분되는 정도의 밝기라는 의미에서 '항해박명'이라고 합니다. 마지막으로 태양이 0도인 지평선에서 지평선 아래 -6도 사이에 위치할 때는 조명이 없어도 야외 활동이 가능할 만큼 밝아 '상용박명'이라

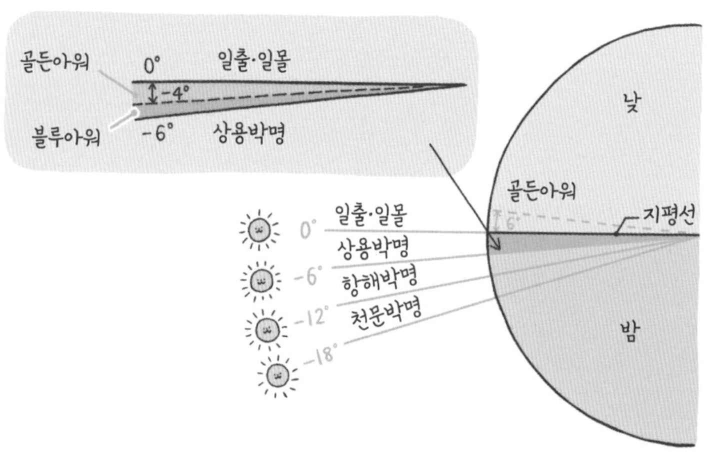

(위) 박명이 시작된 하늘
(아래) 박명의 분류

『명소에도백경』 중 42경 〈핫케이 언덕의 철갑을 두른 소나무〉

합니다. 이는 모두 천문용어로, 태양의 고도에 따라 일출 전과 일몰 후에 똑같은 표현을 사용합니다.

아침 박명을 새벽, 동틀 녘, 서광, 여명이라 부르고 저녁 박명을 황혼, 땅거미, 해 질 녘이라 부르고는 하지요. 이렇게 다양한 표현이 있는 것만 보아도 하늘에 대한 사람들의 애정이 느껴지지 않나요?

특히 상용박명에서 항해박명까지의 시간대는 유달리 아름다워 에도시대의 우키요에(에도시대에 서민층을 기반으로 발달한 풍속화–옮긴이) 화가 우타가와 히로시게의 작품에도 많이 등장합니다. 『명소에도백경名所江戸百景』 중 42경인 〈핫케이 언덕의 철갑을 두른 소나무〉를 보면 하늘의 정중앙 부분이 살짝 노랗게 표현되어 있는데, 아마 중층부에 형성된 고적운이 햇빛을 받아 황금색으로 물든 상황을 묘사한 것이 아닐까 싶습니다.

하늘이 파란 이유

그런데 애초에 하늘은 왜 파랄까요? 하늘이 파랗게 보이는 이유는 파란색 빛이 산란되기 때문입니다. 가시광선은 자신의 파장보다 작은 대기 중의 공기 분자나 에어로졸에 닿았을 때 보라색이나 파란색처럼 파장이 짧은 빛일수록 사방팔방으로 강하게 흩어집니다. 이 현상을 '레일리산란'이라 부르지요.

가시광선 중에서 가장 파장이 짧은 보라색 빛은 대기층 중에서도 아주 높은 위치에서 산란되기 때문에 지상에 있는 인간들의 눈까지 도달하지 않습니다. 하지만 그다음으로 많이 산란되는 파란빛은 하늘 전체에 확산되므로 우리 눈에 하늘이 파랗게 보이는 것이지요.

그 외의 빛은 그다지 산란되지 않은 채 지상까지 도달하기 때문에 한낮의 태양은 하얗게 빛나는 것처럼 보입니다. 일곱 가지 색을 모두 합치면 흰색이 되거든요.

태양의 고도가 낮은 아침저녁 시간대에는 태양광이 대기층을 통과하는 거리가 대낮보다 길어집니다. 그러면 파장이 짧은 빛은 모두 산란되고 파장이 긴 빨간빛만 하늘에 퍼지지요. 즉 아침노을과 저녁노을은 대기층 안의 긴 거리를 통과하여 마지막까지 살아남은 빛이 하늘에 산란된 결과인 것입니다. 참고로 신호등의 정지 신호가 빨간색인 이유도 빨간빛이 산란의 영향을 거의 받지 않아 멀리까지 잘 도달하기 때문이랍니다.

골든아워와 블루모멘트

일출 전이나 일몰 후 박명 현상이 나타나는 시간대에는 하늘이 웅장한 자태를 드러내며 붉게 물드는 모습을 볼 수 있습니다. 태양이 지평선보다 아래에 있고 높은 하늘에만 구름이 떠 있을 때, 가장 긴 거리를 통과한 빛이 레일리산란의 영향을 강하게 받아 짙은 붉은색을 띠기 때문입니다. 반면 구름 한 점 없이 맑은 날에는 박명이 그러데이션을 이루어 매우 아름답습니다.

상용박명이 나타나는 시간대는 아무렇게나 막 사진을 찍어도 화보일 정도라 '매직아워' 또는 '골든아워'라고 부릅니다. 빨강에서 파랑으로 변화하는 그러데이션, 황금색으로 물든 하늘, 시뻘겋게 물든 구름. 나아가 태양 반대쪽 지평선 근처 하늘에는 지구그림자가 비쳐 살짝 어두운 부분이 생기는데, 이때 지구그림자 위로 보랏빛을 띤

비너스 벨트와 지구 그림자

분홍색의 '비너스 벨트'도 보입니다.

상용박명은 날씨만 맑으면 일 년 내내 하루에 두 번씩 볼 수 있습니다. 일출 전과 일몰 후 약 30분간 하늘을 주목해보세요. 상용박명이 나타나는 시간대에는 하늘 전체가 군청색으로 물드는 '블루아워'가 찾아옵니다. 이때 주변 일대가 진한 파란빛으로 물드는 '블루모멘트'라는 현상을 만날 수 있지요. 높은 하늘에서 산란한 파란색빛이 밤의 어둠과 섞여 군청색이 되는 것입니다. 블루모멘트는 어떤 구름이 떠 있느냐에 따라 다르게 보입니다. 골든아워로 분류되는 것은 태양의 고도가 -4도에서 6도일 때 나타나는 데 비해 블루아워는 -6도에서 -4도일 때 나타나 약 20분간 지속됩니다. 단시간이기는 하지만 순간적으로 반짝 나타났다가 사라지는 것은 아니기 때문에 맑은 날을 노리면 만날 수 있는 편입니다.

업무나 공부 때문에 지치고 힘들 때는 잠시라도 짬을 내 박명이

블루모멘트

시작된 하늘을 바라보세요. 기분이 울적할 때도 박명 현상이 나타난 아름다운 하늘을 가만히 바라보고 있다 보면 스스로도 깜짝 놀랄 만큼 마음이 가벼워질 것입니다. 낮에는 너무 바빠 하늘을 올려다볼 여유조차 없겠지만, 적어도 하루에 두 번 박명이 찾아오는 시간에는 잠깐이라도 좋으니 이 환상적인 하늘을 바라보며 한 박자 쉬어가는 것이 어떨까요?

환상적인 야곱의 사다리

하늘에서 내려오는 빛줄기

양 떼처럼 생긴 고적운이나 하늘을 흐리게 만들어 흐린 구름이라고도 불리는 층적운이 하늘에 떠 있을 때는 구름 사이로 빛줄기가 부챗살처럼 뻗어 나오는 경우가 있습니다. 빛이 대기 중의 에어로졸에 닿아 산란할 때 그 경로가 눈에 보이는 것을 '틴들현상(빛내림)'이라고 하는데, 구름 사이로 내려오는 빛줄기는 바로 이 틴들현상 때문에 생기는 '부챗살빛(박명광선)'입니다. 『구약성서』 창세기 28장 12절을 보면 이스라엘 족속의 수장인 야곱이 꿈속에서 천사가 사다리를 타고 하늘과 지상을 오가는 모습을 보았다는 내용이 나오는데, 그래서 이 빛줄기를 '야곱의 사다리' 혹은 '천사의 사다리'라고 부릅니다.

예술적인 부챗살빛

아름답고 환상적인 부챗살빛은 수많은 예술가의 창작욕을 자극했습니다. 부챗살빛에 자극받은 대표적인 예술가 중 하나가 바로 네덜란

야곱의 사다리

드 화가 렘브란트 하르먼스 판레인입니다. 스포트라이트를 가져다 댄 듯 명암을 강조한 화풍으로 빛과 그림자의 마술사라 불린 렘브란트는 부챗살빛 그리기를 좋아했습니다. 그래서 부챗살빛을 렘브란트의 이름을 따 '렘브란트 광선'이라고도 부르지요. 한편 일본의 시인이자 작가인 미야자와 겐지는 음악의 길을 포기하려는 제자에게 보낸 「고별」이라는 시 안에서 부챗살빛을 '빛으로 제작한 파이프오르간'이라 표현했습니다.

제가 기상 감수를 맡은 신카이 마코토 감독의 영화 〈날씨의 아이〉에도 부챗살빛이 등장합니다. 최대한 날씨를 리얼하게 표현하고자 한 영화라 태양의 고도에 따라 색에 변화를 주었지요. 야곱의 사다리는 태양의 고도가 낮으면 레일리산란이 이루어져 주황색과 빨간색이 감도는 붉은 사다리가 되고, 고도가 약간 높으면 황금색, 고도가 가장 높은 정오에 가까운 시간대에는 흰색에 가까운 색깔로 변

렘브란트가 그린 <그리스도의 승천>

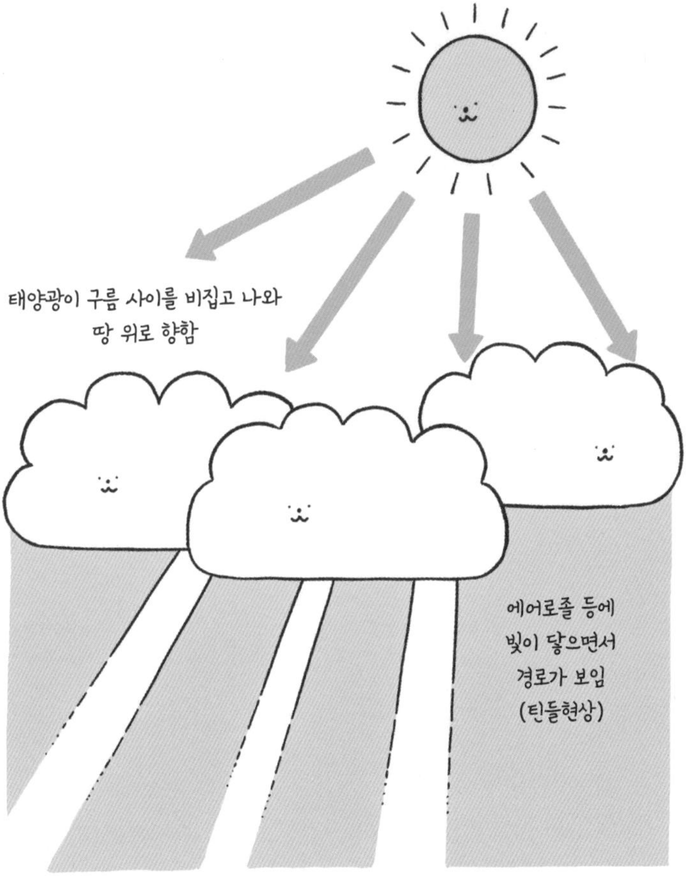

태양광이 구름 사이를 비집고 나와
땅 위로 향함

에어로졸 등에
빛이 닿으면서
경로가 보임
(틴들현상)

야곱의 사다리가 생기는 원리

합니다. 영화는 그 색감도 매우 사실적으로 재현했지요.

후지TV에서 방영된 애니메이션 〈플랜더스의 개〉 최종화 클라이맥스 장면에서도 야곱의 사다리가 인상적으로 등장합니다. 드디어 평안을 찾은 듯한 얼굴의 네로와 파트라슈가 천사들의 손에 이끌려 하늘로 올라가는 장면에서 야곱의 사다리가 등장하거든요. 그래서인지 저도 심신이 지치고 힘들어 죽을 것 같을 때면 야곱의 사다리가 생각나 SNS에 야곱의 사다리 사진을 올리고는 합니다.

역으로 뻗어나가는 반부챗살빛

야곱의 사다리는 흐린 하늘에서 구름 사이를 비집고 땅 위로 내려온 빛줄기를 말하는데, 사실 아래에서 위로 뻗어나가기도 합니다. 태양이 적운 뒤로 숨었을 경우에 빛줄기와 그림자 줄기가 적운과 적란운에서 상공을 향해 부챗살 모양으로 뻗을 때가 있습니다. 위쪽을 향해 뻗어나간 부챗살빛이 반대편 동쪽 하늘까지 뻗어나가 대일점을 향해 빛과 그림자가 수렴되는 현상을 '반부챗살빛' 또는 '되빛내림 현상'이라 부릅니다. 하늘이 갈라져 틈이 생겼다고 하여 '틈새빛살'이라고도 하지요. 일본 간토 지방을 비롯한 몇몇 곳에서는 산에 적란운이 자주 발달하는 여름철 저녁, 서쪽 하늘에서 특히 빈번히 발생합니다. 조용히 숨을 삼킨 채 넋을 잃고 바라보게 될 만큼 환상적인 현상이지요.

(위) 적란운에서 뻗어나온 부챗살빛
(아래) 반부챗살빛

태양을 보며 하늘을 읽다

진홍빛 태양을 품은 하늘

아침노을과 저녁노을, 그리고 한낮의 푸른 하늘의 원천이기도 한 태양. 그런 태양 자체의 색깔도 대기층의 영향을 크게 받습니다. 태양의 모습을 보고 그때의 공기 상태와 하늘에 어떤 공기층이 존재하는지를 판단할 수 있다는 의미입니다.

아침과 저녁, 지평선과 가까운 낮은 하늘에 떠 있는 태양이 진홍빛으로 물든 것을 본 적 있지 않나요? 그렇게 아름다운 붉은 빛을 띠는 이유는 바로 대기 중의 미립자인 에어로졸 때문입니다. 태양에서 나오는 가시광선은 대기 중의 에어로졸에 닿았을 때 레일리산란을 일으켜 사방으로 흩어지거든요.

공기가 오염되어 에어로졸이 아주 많다면, 낮은 하늘에서는 레일리산란이 너무 활발히 일어나 빛이 약해지기 때문에 전체적으로 잿빛이 되며 어두워집니다. 반면에 빛이 최단거리로 우리 눈에 도달하는 태양 자체는 진홍빛으로 물든 것처럼 보이지요.

진홍빛의 태양이 나타나기 쉬운 때는 에어로졸이 증가하는 봄철, 그중에서도 특히 황사나 초미세먼지, 꽃가루가 심한 날입니다. 황사가 심할 것 같거나 비가 개어 화창한데 바람이 강해 꽃가루가 많이 날릴 것 같은 날에는 일출이나 일몰 시각을 체크해보세요. 아마 숙성된 연어알처럼 붉은 진홍빛 태양을 만날 수 있을 겁니다. 단, 가만히 하늘을 바라보고 있다 보면 왠지 모르게 배가 고파질지도 모르니 주의하세요!

행운의 녹색섬광

태양이 아주 잠깐 초록색으로 빛나는 '녹색섬광'이라는 현상도 있습니다. 녹색섬광은 해가 뜨거나 지는 순간 나타납니다. 가시광선은 보라색이나 파란색처럼 파장이 짧은 빛일수록 대기에서 크게 굴절되는 성질을 가지고 있으며, 일몰 시 태양이 지평선 부근에 왔을 때 가장 크게 굴절됩니다. 이때 보라색은 대기층 상부에서 레일리산란을 일으켜 흩어지기 때문에 그다음으로 파장이 짧은 파란색과 초록색 빛이 지상에 도달하게 됩니다. 그런데 파란색 빛이 더 강하게 산란되기에 초록색 빛만 남아 녹색섬광 현상이 나타나는 것이지요.

바다와 같이 수평선이 보이는 장소에 가면 녹색섬광을 볼 수 있는데, 사실 일상생활 속에서도 산 너머로 태양이 저무는 순간 녹색섬광처럼 초록빛이 보일 때가 있습니다. 초록색으로 빛나는 순간에는 태양의 크기가 매우 작으니 고배율 카메라로 연속 촬영을 해야 찍힌답니다.

녹색섬광은 보면 행운이 찾아온다는 말이 있을 만큼 굉장히 희귀한 현상입니다. 또 아주 드물게 푸른 섬광이 나타날 때도 있지요. 이런 현상들이 모두 대기에 의한 굴절과 산란으로 생겨난 빛이라니, 자연이란 참 신비롭고 재밌는 것 같습니다.

일그러진 태양

①~④까지의 태양은 12월의 어느 날 새벽 간토 지방에서 일출의 순간을 촬영한 사진입니다. ①번 사진부터 볼까요? 둥근 모양이어야 할 태양이 사각형처럼 보이지요? 그 후 아래쪽이 늘어나면서 버섯 모양으로 바뀌더니 나중에는 찐빵처럼 변하다가 점차 원형이 되어 갑니다. 이건 위 신기루의 일종입니다(68쪽 참고).

겨울철 간토평야는 밤에 대체로 날씨가 맑기 때문에 방사 냉각으로 지표 부근의 공기층이 차가워지고 그보다 약간 위에는 상대적으로 따뜻한 공기층이 형성됩니다. 그러면 해가 서서히 뜨면서 태양광이 이 공기층을 통과할 때 위로 올라가던 빛이 차가운 공기층이 위치한 아래쪽으로 굴절됩니다. 그 결과 풍경이 위로 늘어나 보이는 것이지요. 이 사진들에서는 둥그스름하게 보이는 위쪽 부분이 지평선에서 고개를 내민 태양의 실제 모습입니다. 아래쪽 부분은 위로 늘어난 현상 때문에 네모나게 보이는 것뿐이지요. 따뜻한 해상에 찬 공기가 유입되었을 때는 태양이 와인 잔이나 오뚝이 모양으로 보이는 경우도 있습니다. 이건 아래 신기루의 일종이고요.

태양의 모양을 보면 지표 부근의 대기층이 어떻게 형성되어 있는지 알 수 있습니다. 태양이 몸을 일그러뜨리면서 우리 눈에 보이지 않는 대기의 상태를 알려주고 있다고 생각하면 뭔가 귀엽지 않나요?

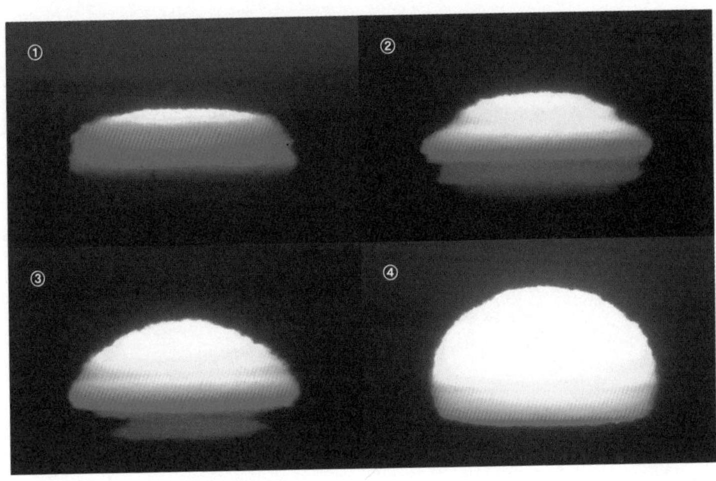

재밌는 형태의 태양

월식이 만들어내는 다채로운 색

신화를 보면 태양과 달을 한 쌍으로 여기는 경우가 많지요. 이처럼 태양→달→지구 순서로 일직선상에 위치할 때 일어나는 일식 신화는 동시에 월식 신화이기도 합니다.

월식은 태양과 지구와 달이 태양→지구→달 순서로 일직선상에 위치할 때 나타나는 현상입니다. 지구가 태양을 완전히 가리면서 달이 지구의 그림자 속으로 완전히 들어오는 개기월식 때는 달이 적동색이라 불리는 검붉은 구릿빛으로 빛납니다.

이는 아침과 저녁에 하늘이 붉게 물드는 것과 동일한 원리입니다. 태양광이 대기를 통과할 때 파장이 짧은 대부분의 가시광선은 레일리산란으로 흩어지고, 파장이 긴 빨간색 빛만 희미하게나마 대기를 통과하는 것이지요. 동시에 태양광은 대기에서 굴절되며 그림자 안쪽으로 들어가게 됩니다. 그래서 희미한 붉은빛이 달 표면을 비추

월식과 푸른 띠

는 것이고요.

또 월식이 일어나 구릿빛이 되기 직전인 부분월식 상태에서 달 테두리에 터키옥색이라 불리는 연한 청색의 푸른 띠가 나타날 때도 있습니다. 높은 하늘, 즉 오존층을 비롯한 것들에서 산란된 푸른빛이 지구의 본그림자와 반그림자(본그림자는 지구가 태양광을 완전히 막아내는 그림자의 가장 어두운 부분이며, 반그림자는 태양광을 완전히 막지 못한 특정 구간에 생긴 옅은 그림자를 말한다-옮긴이) 사이를 비추어 생겨나는 매우 아름다운 현상이지요.

오늘도
달이 아름답네요

달의 크기가 달라 보이는 시각적 착각

일본 소설가 나쓰메 소세키는 수업 시간에 학생들에게 'I love you'를 '달이 아름답네요'라고 번역해도 그 뜻은 충분히 전해질 것이라 말했다는 일화로 유명한데(물론 와전된 얘기일 가능성이 있지만요), 달의 풍부한 표정을 보고 있노라면 너무 아름다워서 그가 한 말의 의미를 알 것만 같습니다.

달이 뜰 때 지평선에서 막 고개를 내민 달은 태양과 마찬가지로 레일리산란의 영향을 강하게 받아 빨갛게 보입니다. 마치 수줍어서 빨갛게 상기된 얼굴과 비슷하지요. 한편 달이 서서히 뜨는 동안 빛이 대기층을 통과하는 거리는 점점 짧아지는데, 주황색→노란색→흰색처럼 난색 계열에서 흰색으로 갈수록 빛은 점차 강해집니다. 붉은 달이 무섭게 느껴진다는 사람도 있는데, 사실 이것은 아침노을이나 저녁노을과 원리가 동일합니다. 달이 뜬 직후나 달이 지기 직전 붉게 물든 달을 가만히 바라보세요. 어느 순간 예뻐 보일지도 모릅니다.

붉은 달

달은 지평선과 가까우면 살짝 타원형을 띠는데, 높은 하늘에 떴을 때보다 크게 느껴질 때가 있습니다. 이는 크기를 가늠하기 쉬운 건축물과도 비교할 수 있을 만큼 낮은 하늘에 달이 떠 있기 때문입니다. 한마디로 시각적인 착각이 일어나는 것이지요.

달은 지구 주변을 정원궤도가 아닌 타원궤도로 공전하고 있기 때문에 주기에 따라 미묘하게 크기가 달라 보입니다. 지구에 가장 근접했을 때 뜨는 보름달은 '슈퍼문'이라 부르는데, 크고 선명하게 보이지만 크기 차이를 분명히 인식할 수 있을 만큼은 아닙니다.

이런 시각적 착각을 이용해 저녁에 피사체로 삼고자 하는 건물과 달의 위치관계를 확인하고 나가면 거대한 보름달을 배경으로 한 재밌는 사진을 찍을 수 있을 겁니다. 달은 차고 이지러지는 과정이 있어 매일 형태가 바뀌는 데다, 뜨는 시각도 매일 50분씩 늦습니다. 그날 그 시간에만 만날 수 있는 달의 표정을 부디 놓치지 마세요!

지구에 닿은 빛으로 달을 비추다

삭(달이 태양과 지구 사이에 들어가 일직선을 이루는 때—옮긴이)에 가까운 가느다란 달이 밤하늘에 떠 있을 때면 그 모습을 가만히 관찰해보세요. 태양광이 닿지 않은 달의 어두운 부분이 희미하게 빛나지 않나요? 이것이 바로 '지구광(다빈치 글로우)'이라는 현상입니다.

삭의 위치에 있을 때 달에서 태양을 보면, 태양이 달 쪽을 바라보고 있는 지구 전체를 오롯이 비추고 있어 만월이 아니라 만지구(꽉 찬 지구)와 같은 상황이 됩니다. 하지만 지구의 면적이 달보다 크므로, 달이 삭의 위치에서 태양을 가리고 있다 해도 달에 미처 가려지지 않은 태양광이 있을 수밖에 없습니다. 그리고 그 빛이 지구에 반

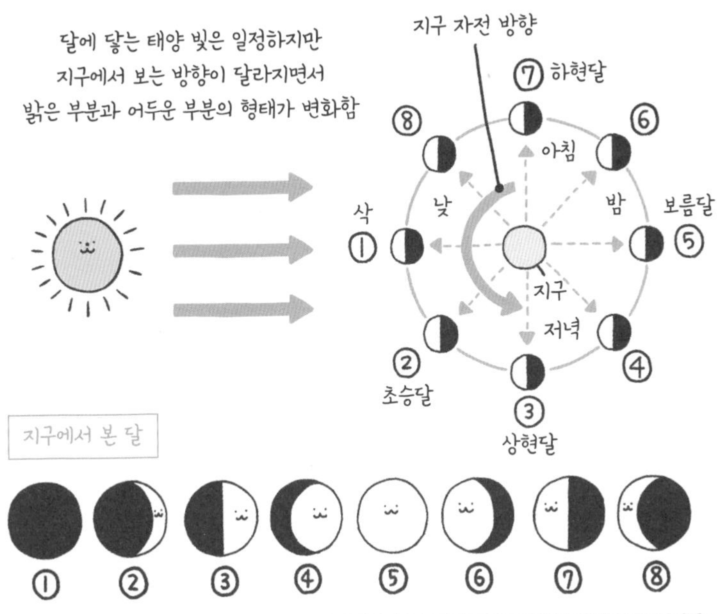

달의 위상 변화

사되어 달을 비추는 것이지요.

달의 어두운 부분이 희미하게 빛나는 것은 지구에 반사된 빛이 달을 비추기 때문이며, 우리는 그것을 지구에서 올려다보고 있습니다. 지구→달→지구의 코스로 이동한 태양 빛이 우리 눈에 들어오는 것이라 생각하니 기분이 묘하네요.

달에도 지명이 있다

보름달이 뜨는 날에는 달 표면을 감상할 수 있습니다. 달은 지구에서 약 38만킬로미터, 즉 적도를 열 바퀴 돌았을 때의 거리만큼 떨어져 있는데, 지구에 있는 우리 눈에 보이는 것은 달의 앞면입니다. 달은 지구 주위를 한 번 공전하는 동안 한 번 자전하기 때문에 지구에서는 항상 똑같은 면만 보이지요.

달 표면에는 밝은 곳과 살짝 어두운 곳 등 육안으로도 희미하게나마 확인이 가능한 무늬가 있습니다. 살짝 어두운 부분들을 이으니 토끼처럼 보인다는 말을 처음 한 나라는 중국입니다. 당나귀, 게, 여성의 옆얼굴과 비슷하다고 말한 나라도 있고요.

사실 달에는 수많은 지명이 있습니다. 토끼처럼 보이는 살짝 어두운 부분은 바다, 그 외 부분은 육지나 고지대로 분류하여 하나하나 이름을 붙인 것이지요. 달 표면의 무늬를 처음으로 공표한 사람은 바로 그 유명한 갈릴레오 갈릴레이입니다. 1609년에 직접 제작한 망원경으로 관찰했다고 전해지지요. 1645년에는 네덜란드 천문학자 미하엘 플로렌트 반 랑그렌이 달 표면에 지명을 붙여 최초의 달 지도를 출판했습니다. 그는 어둡게 보이는 부분을 '바다', 밝게 보이는 부분

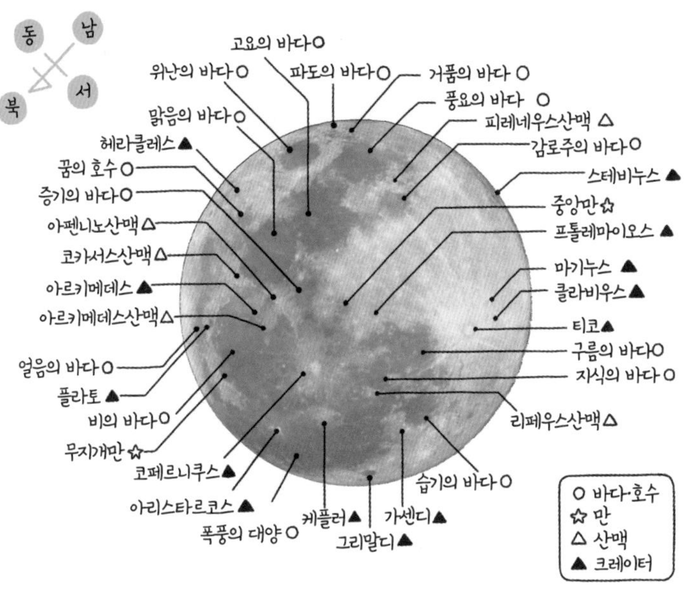
동
남
북
서
고요의 바다○
위난의 바다○
파도의 바다○
거품의 바다 ○
풍요의 바다 ○
맑음의 바다○
피레네우스산맥 △
헤라클레스▲
감로주의 바다○
꿈의 호수○
스테비누스 ▲
증기의 바다○
중앙만✩
아펜니노산맥△
프톨레마이오스 ▲
코카서스산맥△
마기누스 ▲
아르키메데스▲
클라비우스▲
아르키메데스산맥△
티코▲
얼음의 바다○
구름의 바다○
지식의 바다○
플라토▲
비의 바다○
리페우스산맥△
무지개만✩
코페르니쿠스▲
습기의 바다○
아리스타르코스 ▲
케플러▲
가센디▲
폭풍의 대양○
그리말디▲
○ 바다·호수
✩ 만
△ 산맥
▲ 크레이터

달의 주요 지명

을 '육지'라 이름 붙였지요.

그리고 그로부터 2년 후 폴란드, 독일의 천문학자 요하네스 헤벨리우스가 달의 산맥에 지구의 산맥 이름을 붙였습니다. 1651년에는 이탈리아 천문학자 조반니 바티스타 리치올리가 크레이터, 만, 산맥 명칭 분류를 체계화하고 어두운 부분 중에서도 작은 것에는 '늪'이나 '호수'라는 호칭을 붙였습니다. 이 명칭은 현재까지도 사용되고 있지요.

또 지구는 태양과 달 인력의 영향을 크게 받으므로 각각의 주기에 따라 해수면 높이가 변화하기도 합니다. 태양과 달에 의한 조수간만의 차가 가장 클 때를 '대조기'라 하고, 반대로 조수 간만의 차가 가장 작을 때를 '소조기'라 하지요.

갈릴레오 갈릴레이

요하네스 헤벨리우스

조반니 바티스타 리치올리

밤하늘을 수놓는 달빛

태양에 의한 여러 현상이 하늘을 아름답게 수놓는 것처럼 달 역시 밤하늘을 아름답게 수놓습니다. 그중 하나가 무리(헤일로)입니다. 달빛은 태양 빛에 비해 약하기 때문에 육안으로 직접 관찰할 수 있는데, 햇빛에 의해 생긴 무리는 '햇무리'라 부르고 달빛에 의해 생긴 무리는 '달무리'라 부릅니다. 달 좌우로 주먹 한 개만큼 떨어진 위치에는

(위) 달무리·무리달
(아래) 꽃가루 달 광환

무리해의 달 버전인 무리달도 나타나지요. 보름달이 밝은 날 밤에 특히 잘 보입니다.

비늘구름이나 양떼구름이 밤하늘에 떠 있을 때는 채운이나 달 광환이 보이고, 꽃가루가 날리는 봄철에는 꽃가루 달 광환도 나타납니다. 보름달이 뜨는 밤에 국지적으로 비가 내리면 달빛에 반사되어 달무지개가 생기는 경우도 있고요. 달의 위상과 구름의 모양을 보고 어떤 현상이 일어날지 상상하며 밤하늘을 관찰하다 보면 로맨틱한 하늘의 표정을 보게 될지도 모릅니다.

4장

설령 날씨가 나쁘더라도

흐린 하늘만의 멋, 비 오는 날의 기상학자

흐린 하늘도 나름의 개성이 있다

하늘이 흐리면 왠지 모르게 기분이 꿀꿀해질 때가 있지요. 눈이 오거나 날씨가 우중충한 날이 이어져 일조량이 극단적으로 감소하는 겨울철, 일본 서해 인근 지역에서는 정신을 안정시키는 세로토닌이라는 신경전달물질이 잘 분비되지 않아 우울감을 호소하는 사람이 증가하는 추세라 합니다.

물론 날씨가 흐린 날에도 비행기를 타고 하늘 위로 올라가면 바다처럼 넘실대는 구름 위로 펼쳐진 푸른 하늘을 만날 수 있습니다. 하지만 비행기는 버스나 전철처럼 평소에 자주 탈 수 있는 것이 아니지요. 흐린 날에는 하늘을 올려다보아도 볼 게 없다고 생각할 수 있지만, 그런 날에도 구름의 움직임과 모양을 유심히 보면 평소에 볼 수 없는 대기의 흐름을 발견할 수 있습니다.

하늘 전체에 쫙 깔려 정지해 있는 듯 보이는 구름도 사실 역동적으로 움직이고 있거든요. 구름은 상공에 부는 바람을 타고 계속 이동

흐린 하늘 위로 펼쳐진 푸른 하늘

하는데, 저기압이나 전선을 통과하면서 바람의 방향이 바뀌면 구름의 흐름도 바뀝니다. 가까운 하늘에서 비가 내리면 빗방울에 의해 진동한 공기가 대기중력파를 만들어내고, 그것이 구름 밑면에 전달되면 파도가 치는 듯한 모양의 구름인 '아스페리타스(거친물결구름)'가 형성되기도 하지요.

대기는 쉬지 않고 움직입니다. 우리 눈에는 보이지 않지만 그것을 가시화해주는 것이 바로 구름이고요. 하늘에서 무슨 일이 일어나는지 구름이 몸소 알려주고 있는 겁니다. 흐린 하늘만의 개성을 발견할 수 있게 된다면 하늘에서 펼쳐지는 현상들이 좀 더 친근하게 느껴지고, 날씨가 흐리거나 비가 내려도 꽤 즐거울 것입니다.

비 오는 날 기상학자가 노는 법

비가 오는 날도 참 재밌습니다. 저는 비가 오면 스마트폰 슬로모션

아스페리타스

기능으로 물웅덩이를 찍어보라고 말합니다. 위에서 빗방울이 떨어져 물웅덩이 수면에 닿아 튀었다가 떨어지고 다시 또 튀는 그 일련의 과정이 몇 초간의 촬영만으로 한눈에 보이기 때문입니다. 작은 물방울들이 한 번 튀어 올랐다가 표면장력의 영향으로 마치 공처럼 수면 위를 데굴데굴 굴러가면서 흩어지는 경우도 있습니다.

빗방울이 튀어 오르는 모양이나 파문이 퍼져나가는 형태는 비의 세기에 따라 달라집니다. 빗줄기가 약할 때는 빗방울 하나하나가 투둑투둑 춤을 추듯 튀어 오르는데, 빗줄기가 거세지면 빗방울이 떨어진 위치의 수면이 푹 파이고 빗방울은 완전히 튀어 오르지 못한 채 수면 위로 얼굴만 빼꼼 내미는 듯한 형태가 되지요. 맨눈으로 볼 때는 보이지 않던 빗방울의 움직임도 3~4초간 슬로 촬영을 하면 확인이 가능합니다.

빗줄기가 약할 때를 기다렸다가 슬로모션 기능으로 물웅덩이를

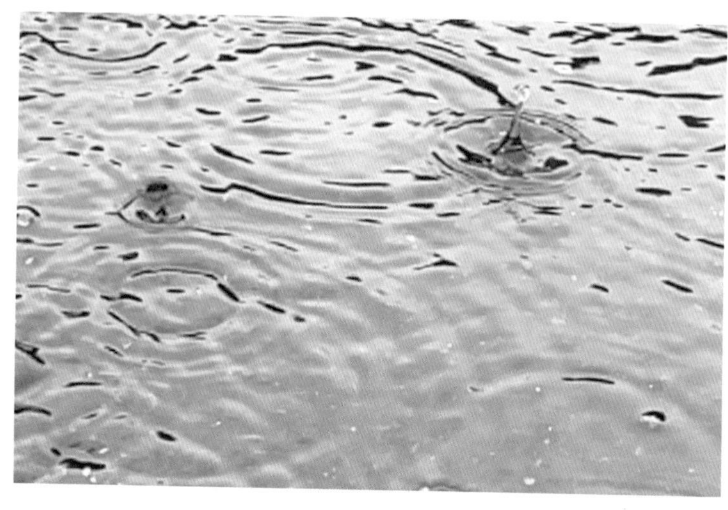

슬로 촬영으로 찍은 웅덩이

촬영해보세요. 스마트폰을 수면 위 10센티미터 정도까지 가까이 가져다 대고 찍는 것이 비결입니다. 어쩌면 신카이 마코토 감독의 작품처럼 아름다운 장면을 찍을 수 있을지도 모릅니다!

투명 비닐우산을 쓸 때, 버스나 전철을 탈 때도 빗방울의 움직임을 유심히 살펴보세요. 비 입자는 우산에 떨어지는 순간, 튀면서 근처에 있는 물방울에 달라붙습니다. 거기에 다음 비 입자가 달라붙으며 물방울의 크기는 점점 커지고, 결국 중력에 의해 아래로 떨어지게 되지요.

구름 속에서 비가 성장하는 과정도 이와 매우 비슷합니다. 구름 입자가 주위의 수증기를 빨아들여 서서히 몸집을 불리고, 늘어난 무게 때문에 낙하하면 비가 되는 것이지요. 낙하 속도는 구름 입자 크기에 따라 다르므로 비 입자끼리 중간에 부딪히기도 합니다. 그렇게 충돌이 일어나면 비 입자들은 서로 결합해 크기가 커지고, 결국 아래

로 떨어지는 속도는 점점 더 빨라지게 됩니다.

비가 오는 날 우산 위에서는 물방울이 떨어지고 달라붙어 크기가 커지다 더 이상 견디지 못하고 낙하하는 일련의 과정이 연이어 일어납니다. 주변에 빗물을 튀기거나 부딪히지 않도록 조심하면서 우산 위나 유리창의 물방울을 관찰해보세요. 그러다 보면 어느 순간 자기도 모르게 비 오는 날을 기다리게 될지도 모릅니다.

오묘한 비 냄새와 눈 냄새

혹시 비가 내릴 때 뭔가 특유의 냄새가 난다는 생각을 한 적이 있지 않나요? 향수를 느끼게 하는 흙냄새 같은 그런 냄새 말입니다. 사실 비 냄새에도 이름이 있습니다. 하나는 '페트리코'입니다. 페트리코는 그리스어로 돌의 정수라는 뜻이며, 맑은 날이 계속되다 오랜만에 비가 내릴 때 지면에서 올라오는 냄새를 가리킵니다. 식물에서 나오는 기름이 건조한 지면의 돌이나 흙 표면에 부착되어 있다가 비가 내릴 때 빗방울과 함께 공기 중으로 방출되는 것이라 알려져 있지요.

그 외에 '지오스민'에 의한 독특한 흙냄새도 있습니다. 페트리코가 비가 내리기 시작할 때 나는 산뜻한 풀냄새라면, 지오스민에 의한 흙냄새는 비가 그쳤을 때 나는 냄새입니다. 흙 속에 있는 박테리아가 분비하는 유기화합물인 지오스민이 빗물에 의해 확산되면서 흙냄새가 나는 것이지요. 이 냄새는 곰팡이 냄새로 표현되기도 합니다.

또 번개방전이 일어날 때 대기 중에서 오존이 발생하여 냄새가 나는 경우도 있습니다. 눈이 내리기 직전에도 코를 찌르는 듯한 눈 냄새를 맡을 때가 있는데, 이는 눈이 내리기 직전의 하늘 상황과 관련이 있습니다. 눈은 지상으로 낙하할 때 주변 공기의 열을 빼앗아 수증기로 변합니다. 그래서 상공에서 지상까지 대기 온도는 떨어지고 습도는 높아지는 겁니다. 기온이 떨어지면 공기 분자의 움직임이 둔해지므로 사람들은 냄새를 맡기가 힘들어지지요. 반면에 습도가 높으면 후각이 자극을 받아 코가 따뜻하고 습하게 느껴집니다. 민트 같은 향에서 시원함과 청량함을 느끼는 구조를 가진 삼차신경(얼굴의 감각 및 일부 근육운동을 담당하는 다섯 번째 뇌신경－옮긴이)은 이때 차가운 공기에 의해 자극을 받지요.

이처럼 눈 냄새는 눈이 내리기 직전의 기온 하락, 습도 상승, 그로 인해 자극받는 신경의 작용, 냄새 기억 등이 조합된 것이라 할 수 있습니다. 즉 눈에는 냄새 자체가 없는데 이런 여러 조건이 결합되면서 나는 냄새가 눈을 연상시키는 것이 아닐까 싶습니다.

비나 눈이 내리는 날에는 밖에서 심호흡을 크게 해보세요. 하늘은 눈으로만이 아닌, 후각과 신경을 비롯한 온몸으로 감상해야 더 즐거운 법이니까요.

눈은 하늘에서 보낸 편지

에도시대에 묘사된 눈 결정

눈은 예로부터 사람들에게 호기심의 대상이었습니다. 아이작 뉴턴은 눈 결정 모양을 연구했고, 에도시대 시모사국 고가번(현재의 이바라키현 고가시)의 번주인 도이 도시쓰라는 현미경으로 관찰한 여든여섯 가지의 눈 결정을 수록한 도감 『설화도설雪華図説』을 출간했지요.

이를 계기로 에도시대에 눈꽃 모양이 유행했고 우키요에, 비녀, 기모노 천 같은 다양한 것에 눈꽃 모양을 사용했습니다. 참고로 우키요에에 나오는 여성들의 기모노에는 나뭇가지 모양이나 부채 모양의 결정이 많이 보이는데, 이는 현재 간토 지방에서 흔히 볼 수 있는 형태의 결정입니다. 에도시대나 지금이나 간토 지방에 내리는 눈 결정의 특징은 크게 달라지지 않은 모양입니다.

눈을 사랑한 과학자

눈을 연구한 학자로는 나카야 우키치로가 유명합니다. 우키치로는 세계 최초로 인공눈을 만드는 데 성공했습니다. 기온과 수증기량에 따라 눈 결정 모양이 어떻게 변화하는지를 밝혀낸 나카야 우키치로는 눈 연구뿐만 아니라 문학과 예술 방면에서도 활발히 활동한 사람입니다.

나카야 우키치로

그는 몇 가지 유명한 말을 남겼는데, 그중 하나가 "과학과 예술 사이에는 유리 벽이 존재한다"입니다. 과학자와 예술가는 본질적인 측면에서 매우 비슷하다는 의미로 한 말이 아닐까 싶습니다. 연구나 창작에 몰두할 때의 마음 상태도 비슷하고, 새로운 것을 찾아내려는 점에서도 유사한 부분이 있거든요. 그런데 '과학과 예술 사이에는 양립할 수 없는 무언가가 있다' '아니다, 오히려 서로 보완해주는 관계다'라는 의견도 있어, 어떻게 보면 그 미묘한 뉘앙스를 유리 벽으로 표현한 것일지도 모르겠다는 생각도 듭니다.

저는 영화 〈날씨의 아이〉 기상 감수와 그림책 및 도감 제작을 맡은 경험이 있어서인지 과학과 예술의 컬래버레이션은 얼마든지 가능하다고 생각합니다. 특히 〈날씨의 아이〉는 신카이 마코토 감독이 처음부터 과학적으로 정확한 표현을 지향했습니다. 작품 속에 등장하는 기상 표현을 최대한 리얼하게 넣고, 스토리에 필요한 요소를 적재적소에 집어넣어 좀 더 깊이 있고 설득력 있는 예술 작품으로 만들고자 노력한 영화이지요.

예술은 감성으로 만드는 것이라고들 하지만, 거기에 과학에 대한 깊은 이해가 더해진다면 한층 풍부한 표현이 가능하지 않을까요? 반대로 과학 역시 표현 방법을 좀 더 연구하면 보다 재밌고 쉽게 전달할 수 있으리라 생각합니다. 과학과 예술을 따로 떼어놓지 않고 잘 접목한다면 새로운 지평이 열리지 않을까 기대해봅니다.

눈을 알면 구름이 보인다

나카야 우키치로가 남긴 또 다른 유명한 말로는 "눈은 하늘에서 보낸 편지다"가 있습니다. 이 말은 눈 결정 모양은 결정체가 성장하는 구름 속 기온과 수증기량에 따라 달라지므로, 하늘에서 내려온 눈 결정을 관찰하면 구름에 대해서도 알 수 있다는 의미입니다. 기온에 따라 기둥 모양이 될지 판 모양이 될지 결정되며, 수증기량이 많으면 좀 더 크게 성장하는 것이지요.

관측 기술이 발달해 연구 환경이 좋아졌다 해도 눈 결정 모양은 너무도 다양하기 때문에 수치화하기가 매우 어렵습니다. 환경에 따라 전혀 다른 모양으로 성장하기도 하고, 녹는 정도에 따라 낙하 속도도 달라지거든요. 낙하하는 모습을 연속 촬영할 수 있는 기계가 있기는 한데, 너무 비싼 탓에 수많은 지점에서 관측할 수 있을 만큼 널리 보급되지는 못했습니다. 현시점에서는 내린 눈을 관측하는 방법이 가장 효과적입니다.

방재 측면에서도 눈 결정을 해석하는 작업은 매우 중요합니다. 특히 눈이 거의 내리지 않는 태평양 쪽 지역에서는 약간만 내려도 교통이 마비되고 미끄러져 다치는 사람이 속출하는 등 대혼란이 빚어집니다. 어디서 어떤 종류의 눈이 내렸는지를 분석하고 눈구름의 원

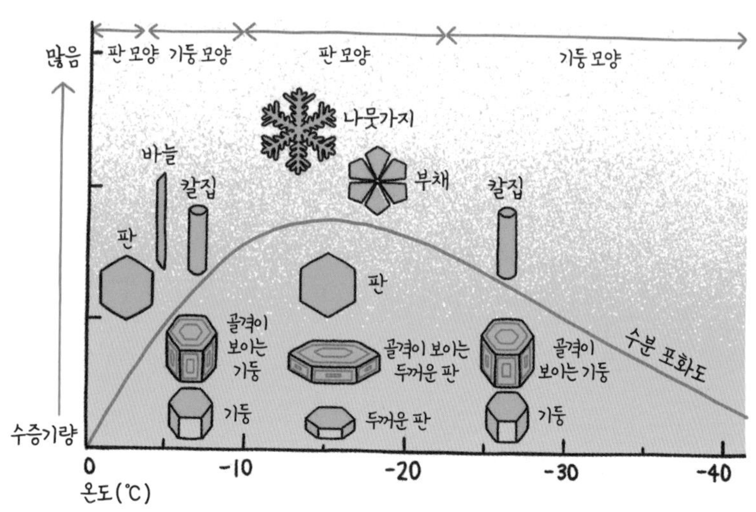

눈 결정 모양과 기온·수증기량의 관계(고바야시 다이어그램)

리를 밝혀낼 수 있다면 예보의 정확도가 높아지고 피해도 최소한으로 줄일 수 있겠지요.

그래서 저는 SNS를 통해 사람들이 스마트폰으로 촬영한 눈 결정 사진을 수집해 분석하는 '#関東雪結晶プロジェクト(간토 눈 결정 프로젝트)'를 시작했습니다. 이 해시태그를 붙여 SNS에 눈 결정 사진을 올리는 것이지요. 이것은 인터넷과 스마트폰이 보급된 2000년대부터 미국 등지를 중심으로 확산된 '시민 과학'이라는 방법입니다. 시민들의 힘을 빌려 대량의 정보를 모아 과학자들의 노력만으로는 얻을 수 없던 지식을 얻는 게 목적이지요.

눈 결정은 너무 예뻐서 실물을 보면 기분이 좋아집니다. 아름다운 눈 결정 사진을 찍고 싶다는 사람들의 마음이 시민 과학으로도 이

나뭇가지

부채

골격이 보이는 기둥

바늘

교차된 판

판이 붙은 포탄

다양한 형태의 눈 결정

어진 것이지요. 물론 재해 방지에 도움이 될까 싶어 참여하는 사람도 있고, 과연 몇 가지 종류의 결정을 찾게 될지 궁금해 참여하는 사람도 있습니다. 그 결과, 눈이 내리는 날이면 간토 지방뿐 아니라 다양한 지역에서 수많은 눈 결정 사진이 쇄도했습니다.

나아가 예쁜 눈 결정을 찍고 싶다는 마음은 자연스레 사람들의 방재 의식 함양으로 이어집니다. 아름다운 눈 결정을 찍으려면 눈이 언제 어디서 내리는지 알아야 하니 자연스럽게 방재 정보를 찾아보게 되거든요. 그렇게 점점 일기예보와 방재 정보에 정통해진다는 장점도 있습니다.

시민들이 올려준 눈 결정 사진은 분석에 큰 도움이 됩니다. 연구소에 있는 관측 기기의 데이터와 조합해 분석하면, 어떤 입자가 어떤 눈으로 성장해 지상에 내리는지를 알 수 있기 때문입니다.

눈사태의 원인을 밝혀내다

눈 결정은 눈의 이력서입니다. 결정체의 형태를 보면 그 눈이 어떤 환경 속에서 성장했는지를 알 수 있기 때문이지요. 예를 들어 나뭇가지 모양 결정은 수증기량이 많을 때 성장합니다. 반면 판 모양이 교차하듯 성장한 교차된 판 모양이나 포탄 모양의 결정은 입자가 작아 영하 20도 이하의 저온 구름에서 성장합니다(저온형 결정). 과냉각 구름 입자가 존재하는 눈구름 안에서는 눈 결정에 구름 입자가 붙은 결정이 만들어지고요.

2017년 3월 27일 일본 도치기현 나스군 나스마치의 설산에서 열린 등산 강습회 중 눈사태가 발생해 고등학생 일곱 명과 교사 한

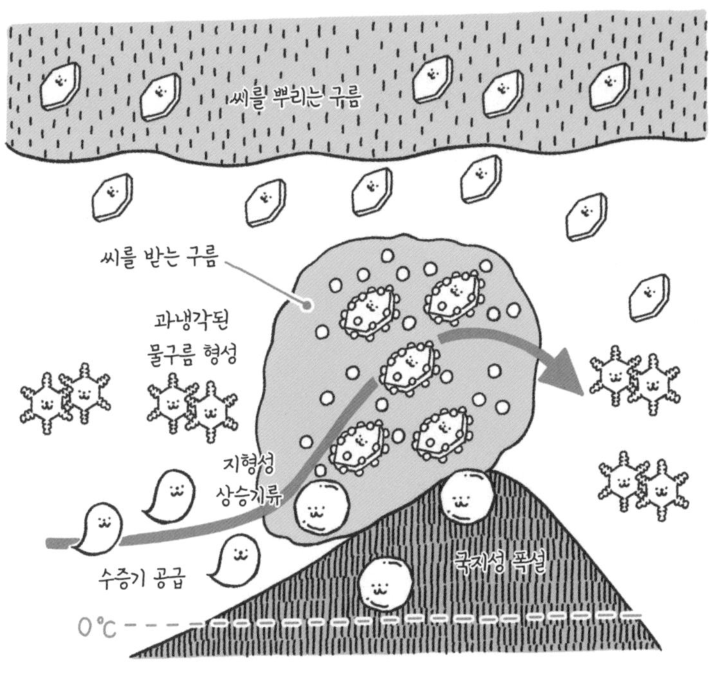

: 눈 결정
: 과냉각 구름 입자
: 구름 입자가 붙은 결정
: 눈송이
: 싸라기

2017년 3월 27일 나스마치에 내린 대설의 원리

명이 숨지는 가슴 아픈 사고가 있었습니다. 현지에서 눈사태 발생 원인을 조사한 결과, 첫 적설이 있은 후 쉽게 붕괴될 수 있는 약층이 형성되었고, 그 위에 많은 눈이 쌓이는 바람에 표층 눈사태가 일어났다는 사실이 밝혀졌습니다.

약층을 형성한 눈은 구름 입자가 달라붙지 않은 판 모양 결정이었는데, 이런 형태의 결정이 쌓이면 결합력이 약해 쉽게 붕괴되는 약층이 형성될 수 있습니다. 그리고 그 후, 저기압이 다가오면서 산지의 풍상측 경사면 바로 위에 과냉각 구름 입자로 이루어진 구름이 생성되어 국지적으로 많은 눈이 내렸습니다. 이때 단시간에 구름 입자가 붙은 결정을 포함한 대량의 눈이 그 위에 내려 쌓이면서 미끄러운 약층이 붕괴되었고, 결국 쌓인 눈이 단번에 무너져내리고 만 것이지요.

또 최근에 저온형 결정이 눈사태 발생과 관련이 있다는 사실이 밝혀졌습니다. 저온형 결정인 눈은 보슬보슬하고 유동성이 높아 눈이 내린 곳 측면이 금세 무너져버리는 것이지요. 이런 눈의 성질은 결정을 보면 알 수 있는데, 내린 눈의 결정을 확인하려면 시간이 걸리기 때문에 실시간으로 눈사태 위험에 대비하기는 좀처럼 쉽지 않은 것이 현실입니다. 그래서 어떠한 기상조건일 때 저온형 결정이 내리는지를 조사하고 예측하기 위해 간토 눈 결정 프로젝트로 눈 결정 사진 샘플을 모은 것이지요.

약 3년 치 데이터를 넣어 분류한 뒤 한 시간마다 어떤 종류의 결정이 내렸는지 분석해보았더니, 저온형 결정이 계속 내린 경우와 전혀 내리지 않은 경우가 있다는 사실을 알 수 있었습니다. 나아가 더 깊이 조사를 했더니, 전선을 동반한 '온대저기압'이나 전선을 동반하

지 않는 저기압이냐의 차이가 있었습니다. 저온형 결정을 내리게 한 것은 온대저기압이었지요. 저온형 결정은 영하 20도 이하의 저온에서만 성장하는 결정인데, 기상위성으로 구름을 관측해보니 온대저기압인 구름은 키가 크고 내부가 영하 30도에 육박했습니다.

한편 저온형 결정이 관측되지 않은 저기압은 구름의 키가 작고 상대적으로 구름의 온도가 높았습니다. 다시 말해 예보상으로는 예측되는 강설량이 똑같았다 하더라도 저기압 구름의 구조와 큰 키로 인해 표층 눈사태가 일어날 위험성은 다를 수 있다는 사실을 알게 된 것이지요.

알고, 대비하고, 즐기다

이 연구 성과들은 이미 기상청 내에서 공유되었고, 저기압의 구조와 구름의 키를 모두 고려하여 눈사태 주의보를 발표하도록 새롭게 검토가 이루어졌습니다. 기존의 방법으로는 산이 있는 지역에서 장시간 동안 계속 눈사태 주의보가 발표되는 상황이 벌어질 수 있다는 우려가 있었습니다. 하지만 너무 시도 때도 없이 발표가 나오면 이솝우화의 양치기 소년처럼 신뢰를 잃을 수 있으므로, 사고를 방지하기 위해서는 정말로 필요하다 싶을 때 정확도가 높은 주의보를 발표하는 것이 중요합니다.

눈 결정을 보면 구름을 알 수 있듯이, 쌓인 눈의 단면을 보면 그 해 겨울의 강설 이력을 파악할 수 있습니다. 제각기 다른 성질을 지닌 눈 층이 지층처럼 층층이 쌓여 있기 때문이지요. 각 층의 눈들이 언제 어떤 조건에서 내린 눈인지 그 입자를 조사하면 불안정한 층을 찾아내 표층 눈사태를 예측하는 데 도움이 될 것이라는 생각으로 연구도 진행되고 있습니다.

간토 눈 결정 프로젝트는 눈의 실태를 규명해내는 연구에 도움이 됩니다. 눈 결정 찍기를 좋아한다면 X(트위터)에 #関東雪結晶プロジェクト(간토 눈 결정 프로젝트)라는 해시태그를 붙여 사진을 올리고, 다른 사람들은 어떤 결정체를 찍었는지 둘러보세요.

저는 이 시민 과학에 대한 논문을 "앞으로는 '눈이 내리면 눈 결정을 관측하는 것'이 당연한 문화가 만들어지기를 바란다"는 말로 마무리했습니다. 누구나 자연현상을 친숙하게 느끼고 즐기며, 다가올 위험에는 미리미리 대비하는 자세가 기상을 대하는 우리의 당연한 모습이 되기를 기대해봅니다.

신기한 모양을 만드는 눈의 점성

스마트폰의 슬로모션 기능은 눈이 오는 날에도 유용합니다. 슬로모션 기능으로 창밖을 한번 찍어보세요. 눈 결정이 서로 달라붙은 채 펑펑 내리는 함박눈의 아름다운 모습도 볼 수 있고, 배경이 살짝 어두운 곳을 골라 찍으면 눈이 더욱 돋보이는 분위기 있고 아름다운 영상도 찍을 수 있습니다. 그리고 눈이 그치거든 쌓인 눈을 살펴보세요.

저는 눈의 점성이 느껴지는 현상을 좋아합니다. 눈이 많이 오는 지역에는 지붕에 쌓인 눈이 둥글게 뭉쳐서 지붕 밖으로 툭 튀어나와 있는 경우가 있습니다. 눈이 쌓여 처마처럼 되었다고 하여 이를 '눈처마'라고 하는데, 겨울에 뉴스에서 자주 볼 수 있습니다. 이런 형태가 만들어지는 이유는 쌓인 눈이 점성을 가지고 있기 때문입니다.

눈밧줄

비슷한 원리로, 간토 지방에서 흔히 볼 수 있는 것이 바로 '눈밧줄'입니다. 베란다 난간에 눈이 불룩하게 쌓이는 경우가 있지요. 바람이 불어 쌓인 눈이 이리저리 움직이는데도 점성 때문에 떨어지지 않아 뱀처럼 구불구불한 형태로 난간에 붙어 있게 된 상태를 눈밧줄이라고 합니다. 눈밧줄은 원래 눈이 많이 오는 지역에만 있는 현상이라 여겨졌는데, 간토 지방에서도 발생한다는 사실이 밝혀졌지요.

눈의 점성을 잘 보여주는 현상으로 또 하나, '두루마리눈'이 있습니다. 두루마리눈은 눈층의 일부가 말려 올라간 뒤 롤 모양으로 둘둘 말리면서 만들어집니다. 한마디로 자연이 빚은 눈사람이지요.

어느 정도 눈이 쌓이고 날씨가 맑은 날에는 쌓인 부분을 옆에서 살짝 파보세요. 위에서 빛이 들어갈 수 있도록 팠을 때 그 안이 파랗게 빛나는 것처럼 보이는 경우가 있는데, 이는 빙하가 파랗게 보이는 것과 같은 원리입니다.

물을 다량 함유하고 있는 습한 눈과 얼음은 파장이 긴 빨간빛은 흡수하고 파란빛은 쉽게 통과시키는 성질을 지녔습니다. 특히 구름 입자가 붙어 있지 않은 눈 결정이 쌓인 부분은 결정체가 울퉁불퉁하지 않기 때문에 통과하는 빛의 양이 증가해 눈이 파랗게 보입니다. 새하얀 눈 속에 생뚱맞게 나타나는 이 영롱한 파란색은 눈이 오는 날에만 볼 수 있는 굉장히 귀한 현상이지요.

얼어붙을 준비는 끝났다

충격으로 얼어붙는 과냉각수

하늘에서는 매일 시시각각으로 드라마가 펼쳐집니다. 그중 몇 가지는 우리 주변의 사물을 이용한 실험을 통해서도 체감해볼 수 있습니다. 페트병을 사용해 물로 이루어진 구름 입자가 얼음 입자로 바뀌는 순간을 확인하는 방법을 알려드릴게요.

물이 얼음으로 변하는 응고점은 0도인데, 0도가 되었다고 무조건 다 얼지는 않습니다. 냉동실 얼음용 트레이에 넣은 물도 사실 0도에서 어는 경우는 별로 없고, 영하 10도 정도로 상당히 낮은 온도가 되어야 업니다. 특히 증류수나 불순물이 함유되지 않은 물을 시간을 두고 서서히 냉각시키면 영하로 내려가도 얼지 않고 액체 상태를 유지하는데, 이 상태의 물을 '과냉각수'라 합니다.

이때 과냉각수에 아주 작은 충격이라도 가해지면 어떻게 될까요? 놀랍게도 충격이 가해진 지점부터 단숨에 얼어붙습니다. 증류수가 든 페트병을 냉동실에 넣고 차갑게 식혀 과냉각수를 만들어봅시다. 그런 뒤 손가락으로 페트병을 튕겨 자극을 주거나 얼음 조각을 안에 넣으면 그 부분부터 점점 얼어붙을 것입니다. 왜 이런 현상이 일어날까요? 응고점에 도달한 과냉각수는 얼어붙을 준비를 끝냈지만 얼지 못하는 상황에 있었기 때문입니다.

사실 구름도 마찬가지입니다. 여름철 일본 하늘의 온도는 고도 5킬로미터 정도면 0도에 달하므로 그보다 더 높은 곳은 영하입니다. 구름은 이처럼 차가운 하늘 위에 떠 있기 때문에 언제든지 얼음으로 바뀔 수 있는 상태이지요. 하지만 실제로는 구름 내부가 영하 20도까지 떨어져도 구름 입자가 과냉각수 상태로 머무는 경우가 꽤 있습니다.

구름 입자는 공기 중의 미립자인 에어로졸을 핵으로 삼아 발생합니다. 그 핵이 황산염이나 해염 같은 수용성 물질인 경우에는 구름 입자가 액체 상태로 존재하지요. 액체인 구름 입자의 핵이 되는 물질은 1세제곱센티미터당 수백 개에서 수천 개가 떠 있습니다. 한마디로 그 수가 엄청나게 많지요. 반면 얼음 입자의 핵이 되는 에어로졸은 매우 적어, 1리터(1000세제곱세티미터)당 몇 개 있을까 말까입니다. 그러니 아무래도 얼음 결정은 생성되기가 어렵지요.

과냉각수도 원래는 0도를 넘으면 녹고 0도 아래로 떨어지면 얼지만, 핵이 되는 불순물이 없으면 좀처럼 얼지 않고 그대로 온도만 떨어집니다. 그런데 여기에 핵이 될 무언가가 나타나면 그 순간 바로 얼어붙는 것이지요.

싸라기와 우박의 차이

과냉각수에 자극을 준 것과 똑같은 상태가 구름 안에서 일어나면 싸

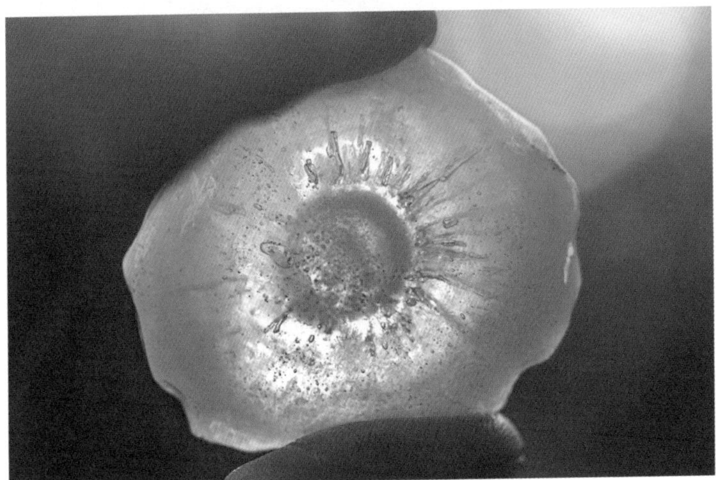

(위) 싸라기
(아래) 우박

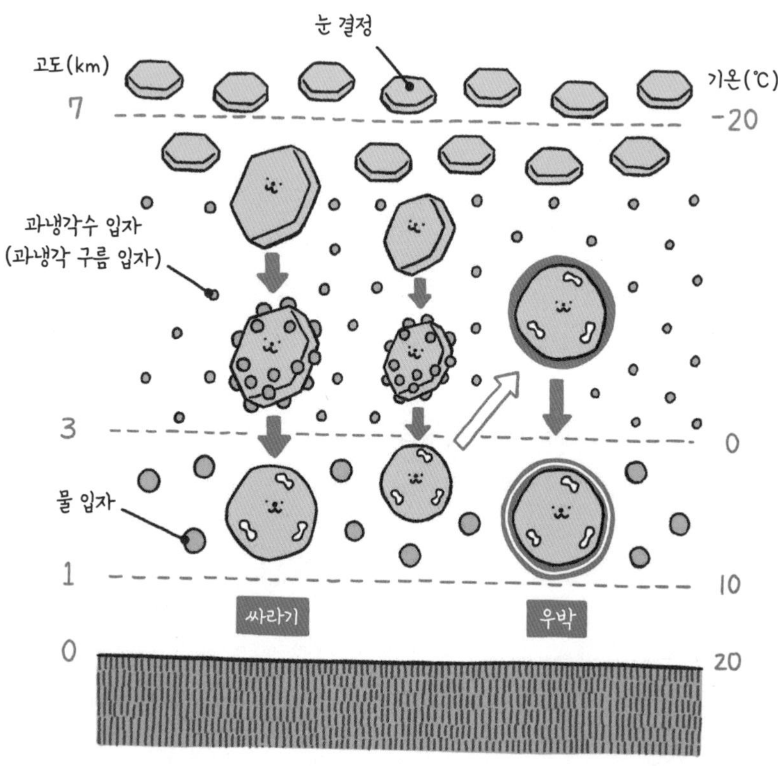

싸라기와 우박이 만들어지는 원리

라기나 우박이 만들어집니다. 적란운은 내부의 상승기류가 강해 물방울이 힘차게 밀려 올라가므로 과냉각 상태의 구름 입자가 무수히 많이 만들어집니다. 그때 눈이 내리면 눈 결정에 과냉각 상태의 물(구름 입자)이 달라붙어 결정 표면에서 얼어붙습니다. 눈이 과냉각된 구름 입자를 함께 끌고 가 회전하면서 성장한 것이 바로 싸라기지요. 싸라기란 하늘에서 내리는 직경 5밀리미터 미만의 얼음 입자를 말하며, 직경이 5밀리미터 이상이 되면 우박으로 분류합니다.

싸라기가 낙하하여 0도 이상의 하늘에 도달하면 표면이 살짝 녹으면서 수분막이 형성됩니다. 표면이 살짝 녹은 싸라기가 적란운의 상승기류에 의해 다시 영하인 하늘로 올라가면 수분막이 다시 어는데, 거기에 새롭게 과냉각 구름 입자가 달라붙으면 크고 무거워져 또 밑으로 떨어지겠지요. 이런 상하 운동을 반복하며 만들어지는 것이 우박입니다.

우박의 단면을 보면 투명한 부분과 하얗게 변한 부분이 마치 나이테처럼 층을 이루고 있습니다. 이는 상하 운동의 과정이 있었다는 걸 보여줍니다. 틈이 존재하는 하얀 부분은 구름 입자가 달라붙어 얼어버린 층이고, 투명한 부분은 수분막이 얼어붙은 층이지요.

한자에 깃든 싸라기와 우박의 정체

싸라기霰는 雨(비 우) 밑에 散(흩을 산)이 들어가고, 우박雹은 雨(비 우) 밑에 包(감쌀 포)가 들어가는데, 이 한자만 봐도 성장 과정의 특징을 알 수 있습니다. 싸라기는 낙하하면 지면에서 데굴데굴 구르며 흩어집니다. 雨 아래에 散이 들어가는 霰(싸라기눈 산)이라는 한자에는 싸라기의 물리적 성질이 반영되어 있지요.

그러면 우박의 성장 과정은 어떨까요? 우박은 싸라기가 낙하하는 과정에서 표면이 녹아 수분막이 형성되고, 수분막에 싸인 채 상승하여 동결하고, 다시 또 과냉각 구름 입자를 주위에 붙인 상태로 낙하하는 과정을 반복하며 성장합니다. 이렇게 성장하는 동안 몇 번이나 '감싸지는' 과정을 거치면서 큰 얼음 덩어리가 되는 것이지요. 물리적인 특징이 그대로 한자에 반영되었다는 사실이 정말 놀랍지 않나요?

『'비 우'를 부수로 쓰는 한자 해설서雨かんむり漢字読本』를 보면 고대 중국에서는 싸라기를 평화의 산물로, 우박을 세상이 혼란스러워질 징조로 여겨졌습니다. 실제로 우박은 발달한 적란운이 높은 하늘에 떠 있을 때, 즉 날씨가 변덕을 부려대며 매우 혼란스러울 때 내린다고 합니다.

구멍 난 구름

'홀 펀치 구름'이라고도 불리는 '폴스트리크 홀'은 하늘에 비늘구름이나 양떼구름이 떠 있는 곳에 구멍이 뻥 뚫린 듯한 현상을 말합니다. 특히 구멍이 뻥 뚫린 구름이 잘 나타나는 비늘구름은 고도가 약 10킬로미터 정도인 높은 하늘에 생깁니다. 대기 온도는 영하 30도에 달하며, 구름 입자는 과냉각수로 이루어져 있습니다.

구름 입자는 얼고 싶어도 얼 수 없는 상황으로, 기류가 요동을 치는 등 어떠한 계기가 마련되어야 얼음 결정이 만들어집니다. 그리고 얼음은 주위의 수증기를 머금고 크게 성장하지요. 그런데 얼음이

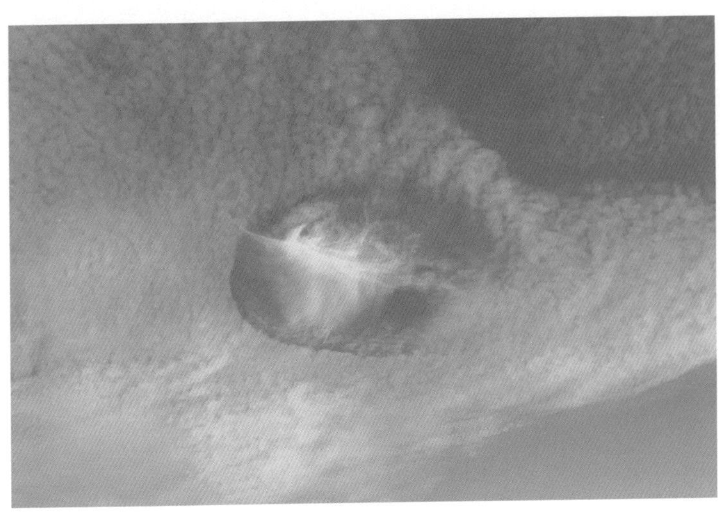

폴스트리크 홀

성장하면 하늘에 수증기가 부족해집니다. 이를 보충하기 위해 과냉각 구름 입자들이 증발하여 수증기를 공급하지요. 얼음이 될 수 있는 조건을 갖추었지만 얼음이 되지 못한 물은 불안정합니다. 그렇기에 얼음이 되지 못하고 있는 구름 입자는 얼른 안정되고자 주위에 수증기가 부족해졌을 때 안정된 상태가 되기 위해 증발합니다. 그 결과 구름 속 얼음은 성장하지만 구름 입자가 증발하면서 구름이 사라져, 그 부분에 구멍이 뻥 뚫리는 것입니다.

폴스트리크 홀 가운데에는 매끄러운 모양의 구름이 엷게 끼어 있는 것을 볼 수 있습니다. 이것은 얼음 결정으로 이루어진 구름입니다. 이처럼 상공에서 낙하하는 얼음, 눈, 비가 도중에 증발하면서 바람에 쓸려가 사라지는 모습이 꼬리처럼 보인다고 하여 '꼬리구름(미류운)'이라고도 부릅니다.

비늘구름은 채운, 무리와 호의 아름다운 무지갯빛을 하늘에 수

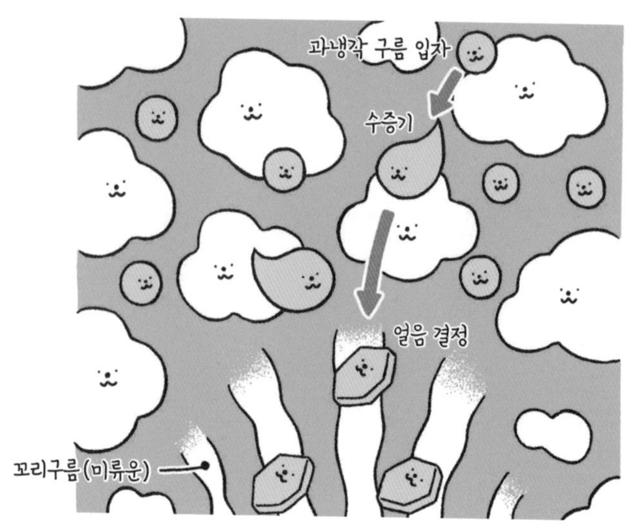

폴스트리크 홀의 원리

놓음과 동시에 과냉각수가 얼음이 되는 순간도 표현하고 있는 것이지요. 이렇게 드라마틱한 비늘구름의 운생雲生을 놓치지 말고 꼭 느껴보시기 바랍니다.

서릿발을 힘껏 밟다

얼음은 하늘 위에서뿐만 아니라 지표면에도 생깁니다. 대표적인 현상이 서릿발이지요. 추운 겨울 아침에 흙이 툭 튀어 올라와 있는 부분을 꾹꾹 밟으면 서벅서벅 소리가 납니다. 이는 축축한 흙 표면이 야간의 방사 냉각으로 인해 차가워지면서 생기는 현상입니다.

야간에 방사 냉각이 이루어지면 일단 지표 부근이 차가워지면서 흙 표면의 물이 얼어붙습니다. 하지만 지표면 아래는 아직 따뜻해

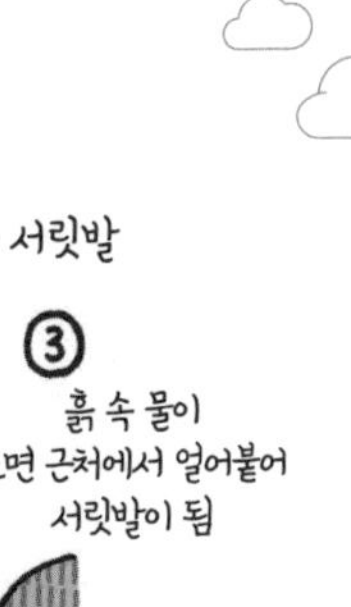

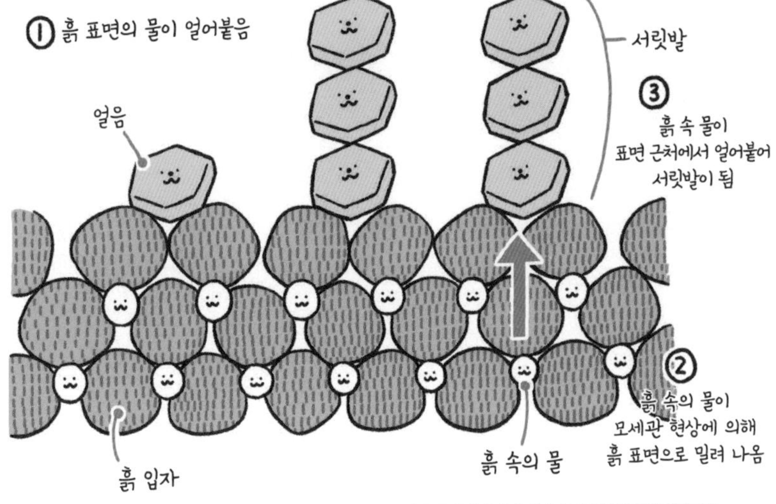
① 흙 표면의 물이 얼어붙음
얼음
서릿발
③
흙 속 물이
표면 근처에서 얼어붙어
서릿발이 됨
②
흙 속의 물이
모세관 현상에 의해
흙 표면으로 밀려 나옴
흙 입자
흙 속의 물

서릿발이 생기는 원리

서 물이 액체 상태로 남아 있지요. 그러면서 가느다란 관 모양 물체 안쪽에 있는 액체가 외부의 압력 없이 관 속을 이동하는 물리현상인 '모세관 현상'이 일어나게 됩니다. 땅속의 물이 얼어붙은 지표면 쪽으로 조금씩 빠져나오면서 위에서부터 차례대로 얼어 기둥 모양의 서릿발이 만들어지는 것이지요. 아무 생각 없이 꾹꾹 밟아대던 서릿발에도 물리현상이 있었던 겁니다.

서릿발은 물이 스며들어 축축해진 흙의 표면에 생기기 쉽습니다. 밤에 날씨가 맑은데 다음 날 아침 기온이 많이 떨어질 것 같다면, 정원이나 텃밭이 있는 분들은 전날 밤에 흙을 약간 부드럽게 솎아주고 물을 뿌려두세요. 그러면 다음 날 아침에 아름다운 서릿발을 볼 수 있을 것입니다.

텃밭에서 채소 하나를 키우려 해도 오랜 시간이 걸리는데, 서릿발은 불과 하룻밤 새에 만들 수 있습니다. 정말 엄청난 성장 속도 아닌가요? 가끔씩은 서릿발을 살짝 뽑아서 관찰해보세요. 뽑은 서릿발을 스마트폰으로 확대해보면 그 구조가 너무도 잘 보여서 재밌을 겁니다. 서릿발을 관찰한 후에는 서벅서벅 소리가 나도록 꾹꾹 밟아주는 쾌감도 느껴보고요.

신데렐라 타임

겨울철 아침에 지표면이 하얗게 반짝반짝 빛나는 것을 본 적 있나요? 그게 바로 서리입니다. 지면이 하얗게 변한 것은 흙이나 풀 등으로 덮인 표면에서 얼음 결정이 성장했기 때문이지요. 멀리서 보면 하얗게 반짝이는 정도지만, 접사에 탁월한 매크로렌즈를 스마트폰에 붙여 촬영하면 아름다운 서리 결정을 확인할 수 있습니다.

꽃처럼 크게 자라는 서리도 있고, 가늘고 길게 자라는 서리도 있습니다. 서리 결정은 정식 분류법이 존재하지 않지만 저는 설빙 연구자와 협력해 관찰 결과를 토대로 기둥 모양, 유리잔 모양, 바늘 모양, 판 모양, 부채 모양, 다중 판 모양, 조개껍데기 모양, 나뭇가지 모양, 얼음 입자가 붙은 모양, 이렇게 총 아홉 가지로 분류했습니다.

서리는 수증기가 많아야 크게 성장할 수 있습니다. 또 식물도 동물처럼 털이 있는데, 식물의 털 같은 것에 생기는 서리는 바늘 모양으로 자라기 쉽다는 특징이 있습니다. 단, 눈 결정과 마찬가지로 완전히 똑같은 형태로 성장하지는 않습니다.

특히 아침 햇빛이 서리 결정에 닿아 서리가 살짝 녹은 순간이 참

다양한 서리 결정

예쁩니다. 아침 해를 만나면 서리가 금세 녹아버리는데, 얼음에 빛이 닿아 굴절이 일어나면 무지개 색깔의 빛이 만들어지거든요. 녹아 없어지는 과정에서도 무지갯빛으로 빛나는 이 아름답지만 덧없는 시간대를 저는 '신데렐라 타임'이라 부릅니다.

서리 결정의 신데렐라 타임을 포착하려면 몇 가지 조건이 있습니다. 일단 최저기온이 몇 도 이하로 내려가고, 바람이 약하며 맑은 날 아침이어야 하지요. 하늘이 탁 트인 초원 같은 곳에서라면 좀 더 잘 보일 것입니다.

또 일기예보에서 말하는 최고 및 최저기온은 지상에서 1~2미터 높이의 기온을 기준으로 측정된 것입니다. 야간에 방사 냉각이 이루어지면 지표면에 접한 공기부터 차가워지기 때문에 아침 최저기온이 영상이라 하더라도 지표 부근은 영하인 경우가 많습니다. 서리가 성장할 수 있는 조건을 갖추었다고 할 수 있지요.

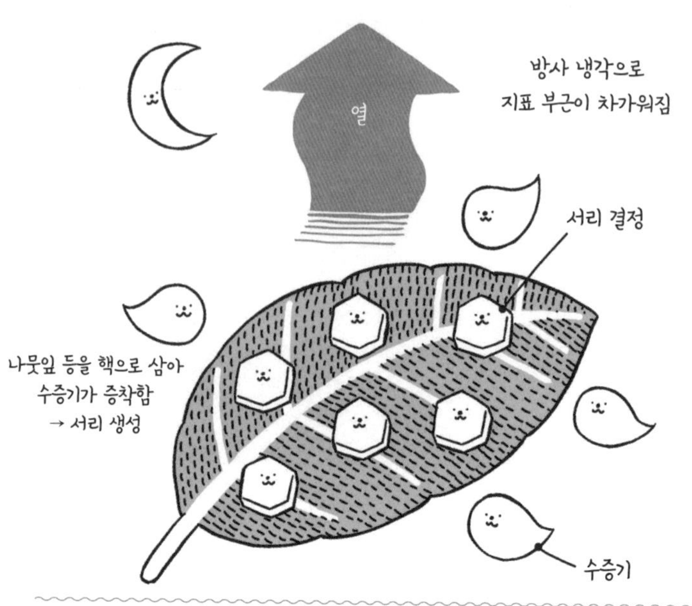
방사 냉각으로
지표 부근이 차가워짐
열
서리 결정
나뭇잎 등을 핵으로 삼아
수증기가 증착함
→ 서리 생성
수증기

서리가 만들어지는 원리

서리 결정을 스마트폰으로 찍었으면 해시태그 '#霜活(서리 찾기)'를 붙여 X(트위터)나 인스타그램에 올려보세요. 이 태그로 검색하면 서리를 관찰하는 수많은 동료의 작품을 볼 수 있을 것입니다.

원래 #霜活(서리 찾기)는 간토 눈 결정 프로젝트로 눈 결정을 관찰하기 위한 연습 차원에서 시작한 것입니다. 태평양 쪽 지역에는 눈이 잘 내리지 않으므로, 겨울철 아침에 흔히 볼 수 있고 눈 결정과 크기도 비슷한 서리 결정이 스마트폰 접사 촬영 연습에 적합했기 때문입니다. 그렇게 이 운동은 많은 사람에게 확산되었고, 이제는 어느 정도 문화로 자리 잡은 것 같습니다.

다음 날 아침 날씨가 맑고 기온도 몇 도 이하로 떨어진다는 일기

예보가 나왔다면 출근 전 공원에 잠깐 들러보세요. 잔디에 서리가 내려앉아 반짝반짝 빛나는 모습과 아름다우면서도 덧없는 신데렐라 타임을 포착할 수 있을지도 모릅니다.

서리 결정이 궁금해서 겨울까지 기다리기 어렵다면 아이스크림 표면에서 성장하는 서리 결정을 관찰해보세요. 아이스크림에 생긴 서리를 찍어 #霜活(서리 찾기)를 붙인 뒤 SNS에 올리는 정도는 여름에도 충분히 할 수 있으니까요!

물을 향해 고맙다고 말해봤자 소용없다

눈, 얼음, 서리의 결정은 시간 가는 줄 모르고 넋을 잃은 채 바라볼 정도로 아름답습니다. 하지만 그것들은 어디까지나 치밀한 물리현상으로 생긴 자연현상이지요.

예전에 물을 향해 고맙다고 말하면 아름다운 결정을 만들어준다며 얼음 결정 사진을 소개한 책이 베스트셀러가 된 적이 있는데, 그 말은 과학적 사실과 완전히 거리가 멉니다. 눈 결정과 얼음 결정의 형태는 기상 조건과 수증기량에 따라 결정된다는 사실이 과학적으로 입증되었기 때문이지요.

인간의 생각이나 감정이 물리현상에 영향을 줄 수는 없습니다. 그런데 이 낭설을 믿는 사람들이 많아져서 일본설빙학회에서는 이를 부정하는 논문까지 출간하기도 했지요. 이런 미신 같은 낭설에 혹하기보다는 하나의 과학으로 결정을 즐기면 좋겠습니다.

안개와의 만남, 구름바다와의 조우

땅을 밟고 있는데 구름 속이라고?

혹시 한 번쯤 구름 속에 들어가보고 싶다는 생각을 한 적이 있지 않나요? 사실 땅을 밟고 선 채로도 구름 속에 들어갈 수 있는 방법이 있습니다. 바로 안개이지요. 그중에서도 가장 쉬운 방법은 복사안개(방사안개)를 노리는 것입니다.

밤에 날씨가 맑으면 지면 온도가 내려가는 방사 냉각이 일어나 지표 부근의 공기가 차가워지고 포화에 이르러 구름 입자가 만들어집니다. 안개는 지면에 내려앉은 구름이므로, 안개 속으로 들어가면 구름 속을 체험할 수 있지요.

안개에도 여러 종류가 있는데, 바다에 발생하는 안개는 '바다안개(해무)'라고 합니다. 차가운 해수면에 따뜻하고 습한 공기가 유입되면 해수면 부근에서 차가워진 공기가 포화 상태에 도달해 안개가 발생하는 것이지요. 공기의 유입으로 발생하기 때문에 분류상으로는 이류안개(차가운 표면 위로 따뜻하고 습한 공기가 이동해 공기의 온도가 이

(윗 줄 왼쪽) 복사안개
(윗 줄 오른쪽) 이류안개
(아래) 증발안개

슬점 이하로 떨어지면서 응결이 일어나는 안개-옮긴이)에 속합니다.

따뜻한 지면과 수면에 차가운 공기가 흘러들어가 생기는 안개도 있습니다. 바로 '증발안개(증기안개)'입니다. 밭같이 표면이 흙으로 덮여 있어 지표면의 온도가 따뜻한 상황에서 그 위의 공기만 차가워지면 김이 나듯 안개가 피어오르지요. 비슷한 현상이 강에서도 일어나는데, 그것을 '강안개'라 부릅니다.

바다에서도 비슷한 원리로 증발안개가 발생합니다. 예를 들어 육지에서 차가워진 공기가 약한 바람을 타고 바다로 흘러들어 따뜻하고 습한 해상 공기가 차가워져 포화 상태에 도달하면 김이 나듯 안개가 발생하는 것이지요. 이처럼 해수면에서 김이 올라오는 듯 나타나는 안개를 '바다김안개'라고 부릅니다.

또 온난전선으로 추적추적 비가 내릴 때 비 입자가 증발하여 수증기로 변하고, 그것이 바로 응결하여 구름 입자가 형성되면서 안개가 끼는 '전선안개'가 만들어지기도 하지요.

만약 복사안개가 낀 날이라면 흰 무지개와 브로켄 현상 관찰을 추천합니다. 비가 갠 후 일기예보에서 다음 날 아침까지 농무주의보를 발령했다면, 다음 날 아침 일찍 안개가 짙게 낄 가능성이 농후하거든요.

해가 뜨기 전이라 아직 어둑어둑할 때, 안전하지만 약간 트인 장소에 차를 세운 뒤 헤드라이트 상향등을 켜보세요. 자동차를 등진 채 헤드라이트 앞에 서면 눈앞에 흰 무지개가 나타나고, 그 안쪽으로는 자신의 그림자를 감싸는 무지갯빛 고리가 보일 것입니다.

안개와 구름 속은 습도가 100퍼센트라 상당히 축축하기 때문에 안으로 들어가면 흠뻑 젖을 수도 있고 뿌예서 시야 확보가 어렵습니다. 하지만 그 속에 들어가 심호흡을 하면 수만, 수억 개의 구름 입자가 체내로 들어가니 구름과 하나가 될 수 있지요. 그렇게 생각하면 너무 설레지 않나요? 다만 도심이나 공장 지대에서 그렇게 심호흡을 했다가는 안개 속 유해물질까지 죄다 들이마시는 꼴이 될 수 있으니, 반드시 공기가 맑은 장소여야 합니다.

도심에서도 볼 수 있는 구름바다

등산을 좋아하는 사람이라면 이미 익숙할 운해(구름바다)는 봄부터 가을까지 방사 냉각 등으로 인해 형성된 안개와 구름이 산간 분지에 머물러 발생하는 경우가 많습니다. 바다처럼 넘실대는 구름 사이로 산들이 마치 섬처럼 떠 있는 듯 보이는 매우 환상적인 풍경이지요.

운해 테라스에서 바라보는 구름바다

홋카이도의 호시노 리조트 토마무에는 공중에 툭 튀어나온 전망 테라스에서 운해를 바라볼 수 있는 운해 테라스가 있습니다. 여름부터 10월까지 구름이 낮게 깔리는 이 지역의 특징을 아주 잘 이용한 시설로, 조건이 충족되는 날에는 뭉게뭉게 피어나는 층적운과 구름 상층부가 매끈한 층운이 구름바다를 이루는 모습을 바로 앞에서 감상할 수 있습니다.

운해는 특별한 장소에 가야 만날 수 있다고 생각하기 쉬운데, 사실 우리 주변의 흔한 장소에서도 관찰할 수 있습니다. 복사안개는 지면에서 10미터 정도 되는 낮은 층에 발생하는 경우가 많으므로, 높은 건물에서 내려다보면 넓은 하늘에 퍼진 안개가 운해를 이루는 모습이 보입니다. 저녁에 일기예보를 확인하며 밤 사이에 다음 날 아침 짙은 안개가 낄 예정이라는 농무주의보가 발령되는지 체크해보세요.

하늘을 측량하다

날씨를 예측하는 기상관측법

우리가 매일 확인하는 일기예보는 기상관측에서부터 시작됩니다. 관측에는 몇 가지 종류가 있는데, 그중에서도 오차가 적고 신뢰도가 높은 직접 관측 방법이 중요합니다. 가장 유명한 것은 '아메다스 AMeDAS'입니다.

정식 명칭은 '지역기상관측시스템Automated Meteorological Data Acquisition System'인데, 머리글자를 따 아메다스라고 부릅니다. 강수량은 일본 전역에 약 1300개소의 관측기구를 설치해 측량 중이며, 이 중 약 840개소에서는 기온, 습도, 바람까지 자동으로 측량하고 있습니다. 눈이 많이 오는 지역은 약 330개소에서 적설량도 측량하지요.

또 '라디오존데'도 유명합니다. 라디오존데는 높은 하늘의 기압, 기온, 습도, 바람을 측정하기 위해 센서를 매단 풍선 기구를 전 세계에서 동시에 띄워 기상 데이터를 수집하는 기상관측 기기입니다(일본은 아침저녁 9시, 1일 2회 측정). 그렇게 수집한 데이터는 대기 상태를

기상위성 히마와리가 촬영한 사진

분석하고 일기예보를 작성하는 데 사용하지요. 바다에서는 해양기상관측선과 부표를 띄워 해상 공기와 해수의 온도 등을 측정하고, 하늘에서는 민간 항공기를 띄워 상공의 기상 데이터를 수집해 일기예보에 사용하고 있습니다.

멀리 떨어진 장소의 상태를 추정하는 리모트 센싱(원격 탐사) 기술도 효과적입니다. 전파로 비나 눈을 측량하는 기상 레이더와 상공의 바람을 측정하는 연직바람 관측장비도 있지요. 또 육상 레이더로는 관측이 되지 않는 해상을 관측하려면 기상위성이 유용합니다.

리모트 센싱은 어디까지나 추정하는 방식이므로 오차 평가가 중요합니다. 직접 관측 방식은 정확하기는 하나 어느 한 지점에서 관측할 수밖에 없다는 한계가 있으므로, 보통 직접 관측과 광범위한 지역을 관측할 수 있는 리모트 센싱을 조합해 사용하는 편입니다.

레이더로 기상 현상 포착하기

제가 소속된 기상 연구소에는 레이더가 몇 개 있습니다. 일단 본관 옥상에는 이중편파 도플러 레이더가 설치되어 있습니다. 레이더는 전파를 일정 방향으로 방출한 후 산란된 전파를 수신하여 비나 눈이 내리는 장소를 관측하는 기기입니다. 돌아오는 전파(에코)의 세기로 비나 눈이 얼마나 많이 내리는지를 파악할 수 있지요.

현재는 기상 도플러 레이더를 도입해 강수 입자가 어떻게 움직이는지, 즉 구름 속 기류 구조를 알아내는 데 성공했습니다. 이에 따라 적란운 내부에 존재하는 소규모의 저기압성 소용돌이(메조사이클론)를 검출해 용오름 발생 가능성 정도도 측정하고요.

기상 도플러 레이더는 이동하는 물체가 보내는 파동의 파장이 이동 속도에 따라 달라진다는 도플러 효과를 이용해 파장의 차이를 분석하는 레이더로, 일본 전역에 설치되어 있습니다. 이걸 한 단계 업그레이드한 버전인 이중편파 도플러 레이더는 수직과 수평 방향으로 전파를 방출할 수 있답니다.

되돌아오는 파동의 크기가 수직 방향이냐 수평 방향이냐에 따라 달라 비 입자의 형상, 눈의 종류, 우박까지 어느 정도 정확하게 추정할 수 있어서 정밀도가 높은 강수량 관측이 가능해졌습니다. 머지않아 지금 여기에 무엇이 내릴지 실시간으로 확인할 수 있는 날이 올지도 모르겠네요.

또 하나는 위상배열 도플러 레이더입니다. 일반적인 레이더가 하늘 전체를 스캔하는데 5~10분이 걸리는 데 비해 위상배열 도플러 레이더는 30초 만에 하늘 전체를 파악할 수 있습니다. 이 레이더 덕

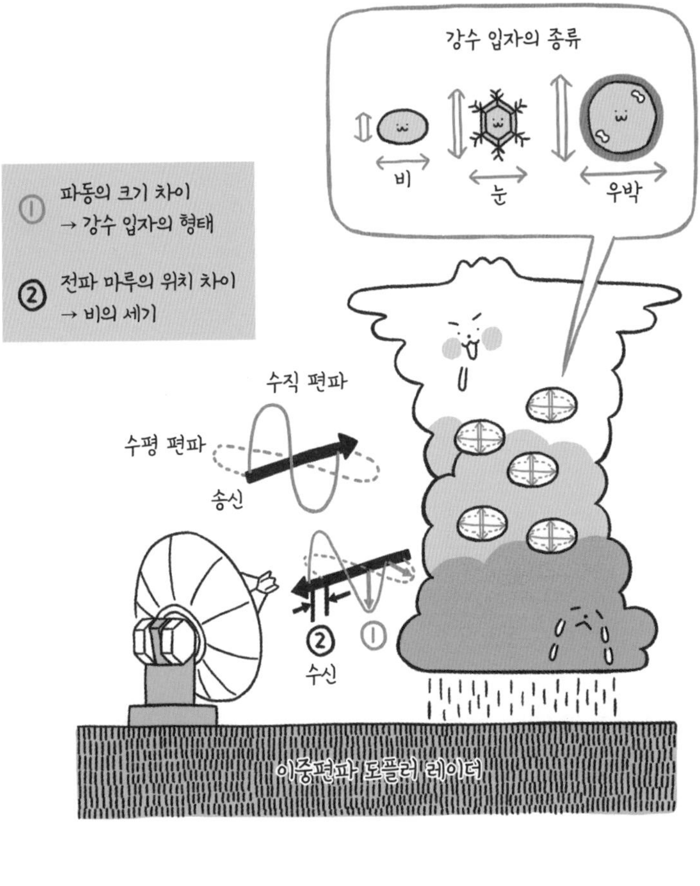

강수 입자의 종류

비

눈

우박

① 파동의 크기 차이
→ 강수 입자의 형태

② 전파 마루의 위치 차이
→ 비의 세기

수직 편파

수평 편파

송신

②

①

수신

이중편파 도플러 레이더

이중편파 도플러 레이더의 원리

분에 적란운 내부 구조 변화와 용오름의 발생 과정을 상세하게 확인할 수 있게 되었지요.

그런데 기상 레이더는 비나 눈 말고 다른 것들도 포착합니다. 곤충 떼나 철새, 화산재, 대규모 화전으로 발생한 재가 찍힐 때도 있거든요. 특히 모기처럼 날아다니는 곤충은 맑은 날 대낮에 바람을 타고 전선끼리 충돌해 상승기류가 발생하는 지점에 모이는데, 이때 '청천대기 에코'라는 약한 비강수 에코(기상 레이더 안테나에서 발사한 전파가 멀리 있는 강수 입자에 부딪히면 산란, 반사가 발생하여 일부분이 안테나 방향으로 되돌아오는데, 이때 되돌아오는 수신 전력을 '레이더 에코'라고 한다. 레이더 에코는 강수 입자를 나타내는 강수 에코와 기상관측에 방해가 되는 비강수 에코로 구별된다–옮긴이)가 관측되는 경우가 있습니다. 곤충의 크기가 비 입자 크기와 비슷하기 때문이지요.

곤충은 상공에서 부는 바람에 휩쓸려가기 때문에 도플러 레이더로 곤충에 의한 청천대기 에코를 관측하면 바람의 흐름을 알 수 있습니다. 이 데이터를 시뮬레이션에 넣어보았더니 바람의 충돌을 표현하는 것이 가능해져 그동안 예측이 힘들었던 호우를 정확히 계산할 수 있게 되었다는 연구 사례도 있습니다. 곤충의 존재가 호우 예측에 도움이 된다니 너무 놀랍지 않나요? 심지어 이중편파 정보가 있으면 곤충인지 아닌지도 판별이 가능하답니다. 최근에는 위상배열 레이더에 이중편파 기능을 넣은 위상배열 이중편파 도플러 레이더가 개발되어 연구가 진행 중입니다.

일기예보가 나오기까지

일기예보는 어떻게 만들어질까?

일기예보는 이제 우리 생활의 일부가 되어버렸지요. 오늘 우산을 가지고 외출해야 할지, 주말 일정을 어떻게 잡을지, 빨래는 언제 널면 좋을지…. 매일 TV나 인터넷에서 일기예보를 검색해보지 않나요?

그렇다면 일기예보는 대체 어떻게 만들어지는 걸까요? 일기예보는 기상위성과 라디오존데 등으로 관측하여 수집한 대기 정보를 시뮬레이션에 넣어 작성합니다. 컴퓨터로 하늘의 상황이 어떻게 변화할지 예측하여 계산하는 것이지요.

기본적으로는 시간 미분방정식을 사용합니다. '현재 하늘의 어느 한 지점의 어떤 것이 이 정도 속도로 움직이고 있다고 한다면 5초 후에는 어디에 있을까'와 같이 운동을 연속적으로 계산하여 미래의 대기 움직임을 예상하는 것입니다. 공기의 움직임뿐 아니라 구름 속 입자의 모양, 햇빛이 닿는 방식, 공기가 데워지는 방식, 지표면의 상황 등 알고 있는 여러 물리 조건을 프로그램에 집어넣어 슈퍼컴퓨터로 계산합니다.

이렇게 대기 흐름을 시뮬레이션하는 프로그램이 바로 '수치예보모형'인데, 수치예보모형에는 몇 가지 유형이 있습니다. 지구 전체를 약 13킬로미터 간격으로 계산하는 '전지구 모형', 일본 주변을 5킬로미터 간격으로 계산하는 '중규모모형', 그보다 더 촘촘하게 2킬로미터 간격으로 계산하는 '국지 모형' 등이 기상청이 운용하는 대표 모형입니다.

국지 모형은 1시간마다 10시간 후를 계산하므로 갱신 빈도가 높습니다. 그래서 항공 분야처럼 특정 시각 하늘의 정보를 상세하게 알 필요가 있을 때 효과적입니다. 하지만 계산 비용이 너무 방대해 그보다 더 긴 시간 뒤를 예보하는 데는 쓰지 않습니다.

오늘이나 내일 날씨를 알려주는 일기예보에는 주로 중규모 모형을, 그보다 더 먼 미래의 날씨를 알려주는 예보에는 전지구 모형을 사용합니다. 이러한 수치예보모형의 성능, 계산 영역, 예보 시간은 기상청 관계자의 노력과 컴퓨터의 발달 덕분에 눈부시게 발전했습니다.

AI와 인간의 날씨 예측

수치예보모형의 계산 결과는 기온, 기압, 바람 등의 수치 데이터로 출력되는데, 인간이 이 데이터를 해독하기란 쉬운 일이 아닙니다. 또 수치예보모형은 기본적으로 대기를 계산하는 간격보다 촘촘하게 일어나는 세세한 현상까지는 표현하지 못합니다. 애초에 세세한 지리적 특징과 주위 환경은 고려하지 못한 상태니까요.

지역별 특성을 반영해 수치예보모형이 가진 계통적 오차를 감안하기 위해 사용되는 것이 AI 기법, 기계학습을 이용한 '가이던스' 입니다. 수치예보모형의 수치 데이터를 '맑게 갠 후 비'나 '강수 확률 몇 퍼센트'처럼 인간이 이해할 수 있는 언어로 번역한 것이지요.

흔히 AI라고 하면 최근에 개발된 것이라 생각할 텐데, 사실 오래전부터 다양한 종류의 AI 기법이 존재했습니다. 가이던스는 인간의 뇌 움직임을 모방하여 컴퓨터상에 신경 회로망을 만드는 방식으로 제작되었습니다. 최초의 이론이 1943년에 주창되었으니, 그 역사는 생각보다 깁니다. 최근에는 딥러닝이 유행하고 있는데, 이것은 주목해야 할 데이터의 특징을 인간이 아닌 컴퓨터가 정한다는 차이가 있습니다. 현재 딥러닝을 예측 기술에 활용하는 방법이 개발되고 있고요.

수치예보모형과 가이던스를 거치면 일기예보의 기초가 완성되지만 예보 시나리오를 작성하는 것은 인간입니다. 수치예보모형은 아직 불완전해서 제대로 표현하지 못하는 현상이 아주 많거든요.

결국 정확한 일기예보를 내보내기 위해서는 기상예보사나 기상청 예보관 같은 예보 담당자가 수치예보모형의 신뢰성과 타당성을 실제 관측 데이터와 대조해 판단하는 과정이 꼭 필요합니다. "예측은 이렇게 나왔지만 관측 결과는 다릅니다. 이 바로 전 계산이 더 신뢰할 수 있을 것 같아요"처럼요.

AI가 발달하면 예보 담당자는 필요 없어질 거라는 말도 있는데, 현재로서는 절대 그렇지 않습니다. AI 기법은 데이터를 학습시켜 예측하는 것이므로 재해를 일으킬 우려가 있는 희귀한 현상을 AI가 알아서 정확히 표현해내는 건 원리적으로 불가능하기 때문입니다. 나아가 대부분의 기상 현상은 아직 완벽히 규명되지 못한 상태고, 예보 모형의 정확도를 높여야 표현할 수 있는 현상도 많기 때문에 여전히 풀어야 할 과제는 많습니다.

하지만 예보 담당자가 경험칙에만 의존하여 판단한다면 그것 또한 문제가 있습니다. 물론 경험은 중요하지요. 하지만 실제 현상을 예보모형이 어떻게 표현하는지, 예보모형의 계산 결과는 타당한지를 판단하는 과학적 사고에 따른 경험이어야지, 과학적 근거 없이 그저 감으로 예보하는 것은 운에 기댈 수밖에 없는 개인적 추측에 불과합니다.

기상청 가이던스가 있으면 일기예보답게 만들어낼 수 있고, 정확도가 높은 중규모모형 가이던스가 있으면 어느 정도는 정확히 예측할 수 있을 것입니다. 단, 가이던스에만 의존하는 예보관('가이던스 예보관'이라는 야유를 받기도 합니다)은 예보모형이 틀리면 당연히 같이 틀릴 수밖에 없겠지요.

현 시대가 예보 담당자에게 요구하는 것은 수치예보모형의 원리와 특성에 대한 깊은 이해(가령 그 모형이 현상을 어디까지 표현할 수 있는지)와, 기상 원리를 파악한 후 실제 관측 데이터를 보고 예보모형의 신뢰성과 타당성을 판단할 수 있는 능력입니다. 일기예보란 그런 일련의 과정을 거쳐 만들어져야 합니다.

일기예보를 해석하는 법

그럼 여기서 질문! 강수확률이 100퍼센트인 비란 어떤 비를 말하는 것일까요? 100퍼센트의 기세로 세차게 쏟아지는 비…는 아니겠지

대기 상태가 불안정한 하늘에서 치는 번개

요. 강수확률이란 특정 시간 내에 강수 예보 지역에서 1밀리미터 이상의 강수량이 있을 확률을 말합니다. 강수량이 1밀리미터라고 하면 우산을 쓰지 않았을 때 살짝 젖을 정도이므로, 강수확률이 높다고 해서 강수량이 많은 것은 아닙니다.

강수확률은 얼마나 비가 내릴 가능성이 큰지에 대한 수치이기 때문에 대기 상태가 불안정하고 강수확률이 30퍼센트인데 천둥과 번개를 동반한 비가 억수같이 쏟아질 수도 있고, 강수확률은 100퍼센트라도 비가 추적추적 약하게 내릴 수도 있습니다.

일기예보에서 '대기 상태가 불안정하다' '지역에 따라 천둥, 번개가 예상된다'는 말이 나오면 적란운이 발생할 가능성이 있겠다고 생각하면 됩니다. 적란운은 정확한 발생 시각과 위치를 예측하기 어렵지만, 적란운이 발생할 수 있는 하늘이 어떤 하늘인지는 예측이 가능합니다.

대기 상태가 불안정하고 강수확률이 30퍼센트일 때 '예보관이 다양한 측면에서 검토하고 고민한 끝에 이 숫자를 붙였겠구나'라는 상상이 가능해진다면, 일기예보를 어떻게 해석해야 좋을지 감이 올 것입니다. 이런 예보가 나왔다면 우산을 가지고 외출해야겠지요?

리처드슨의 꿈

지금은 수치예보모형이 발달해 일기예보의 정확도가 굉장히 향상되었습니다. 일기예보라고 했을 때 제 머릿속에 가장 먼저 떠오르는 사람은 기상학자인 루이스 프라이 리처드슨입니다.

그가 활동한 1920년경은 아직 컴퓨터가 실용화되지 못한 시대라 계산은 오로지 수동으로 할 수밖에 없었습니다. 현재는 약 13킬로미터 간격의 수평해상도(전지구모형은 지구를 일정한 간격의 격자로 나누어 각 격자점에서 미래의 날씨 상태를 계산하는 프로그램이다. 이때 격자 점 사이의 간격을 '수평해상도'라 한다–옮긴이)로 지구 전체를 계산하고 있지만, 당시에는 200킬로미터 간격으로 계산하여 추정했지요. 그런데도 여섯 시간 뒤의 날씨를 예보하기 위해 한 달 이상 죽어라 시간 미분방정식을 손으로 풀어야 했습니다. 효율성이 너무나도 떨어지지요.

하지만 리처드슨은 포기하지 않았습니다. 6만 4000명이 큰 홀에 모여 한 명의 지휘자 밑에서 질서정연하게 계산하면 실제 시간이 흐르는 것과 비슷한 속도로 예측 계산을 할 수 있을 거라 주장했지요. 이를 '리처드슨의 꿈'이라 부릅니다.

그 후 컴퓨터가 등장하면서 미국과 일본에서는 1950년대에 수치예보가 실용화되기 시작했습니다. 슈퍼컴퓨터가 발달한 지금은 연산 능력이 비약적으로 향상되었지요. 2023년 8월을 기준으로 기상청 슈퍼컴퓨터는 인간이 계산기를 두드리며 수동으로 계산한다고 했을 때, 지구상의 전체 인구에 해당하는 80억 명 전원이 약 22일간 자지도 쉬지도 않고 계산하는 것과 똑같은 양을 불과 1초 만에 계산할 수 있습니다. 이 정도면 비록 형태는 다르지만 리처드슨의 꿈이 이루어졌다고 말할 수 있지 않을까요?

5장

감동을 주는 기상학

기상학이 규명해내는 것

인간과 기상학

하늘은 왜 파랗고, 비는 왜 내릴까? 저 구름 모양은 무엇을 의미하는 걸까? 하늘에 걸린 아름다운 무지개의 정체는 무엇일까? 우리 인류는 아득히 높은 하늘을 바라보며 이런저런 상상을 하며 살아왔습니다. 하지만 항상 낭만적이지만은 않았지요. 기상은 인류의 생존을 크게 좌우하거든요. 호우, 대설, 가뭄, 용오름, 태풍 같은 기상재해와 기상이변은 생존을 위협하니까요.

특히 농경 생활을 시작하고부터 날씨, 즉 기상에 잘 적응하며 사는 것은 인류에게 매우 중요한 과제가 되었습니다. 인류는 식량을 생산할 때 날씨나 기후 변동의 영향을 매우 크게 받습니다. 기우제라는 의식이 세계 각지에 존재한다는 것만 보아도 알 수 있듯이 과거에는 기상이 신의 영역에 속해 있었지요. 그러나 인류가 진보하고 문명이 발달함에 따라 기상은 점점 과학의 영역으로 들어오게 되었습니다.

그렇다면 기상학이란 무엇일까요? 현대적 정의에 따르면 기상

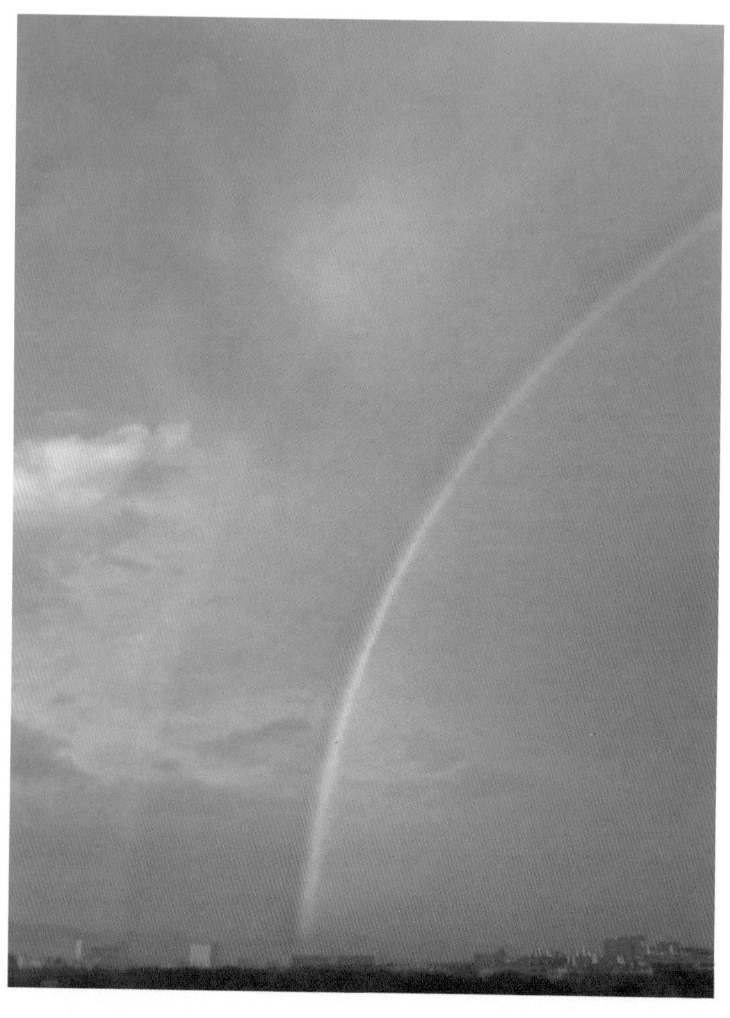

하늘에 걸린 아름다운 무지개

학은 '대기를 비롯한 기상 현상을 주로 물리학으로 규명하는 학문'입니다. 대기의 운동부터 구름을 비롯한 기상 전반을 다루는데, 계절이나 한 해에 걸쳐 일어나는 장기적 현상을 다루는 것은 기후학이라 부릅니다. 기상학과 기후학을 합쳐 대기과학이라 하지요.

기상학과 연결된 학문들

기상학에서 다루는 현상은 규모에 따라 몇 가지로 나눌 수 있습니다. 지구 규모의 현상을 다루는 것은 행성기상학, 저기압이나 고기압 같은 1000킬로미터 규모를 다루는 것은 종관기상학, 적당히 큰 크기의 구름이나 소규모 저기압 등을 다루는 것은 중기상학, 용오름을 비롯해 단시간에 국지적으로 나타나는 현상과 도시에서 부는 빌딩풍 같은 현상을 다루는 것은 국지기상학(미기상학)입니다.

대기의 물리 과정을 이해하는 접근법은 유체역학, 대기열역학, 그리고 대기의 흐름과 열에 영향을 미치는 구름, 난류, 복사 물리가 중심이 됩니다. 또 대기 중에서 일어나는 현상에는 다양한 물리 과정이 복잡하게 얽혀 있기 때문에 여러 분야의 학문을 알 필요가 있습니다. 통계학을 예로 들어볼까요? 지금 하늘에서 벌어지고 있는 현상이 앞으로 어떻게 변화할지를 논의하려면 과거의 누적 관측 데이터가 필요합니다. 수많은 데이터를 다루므로 기상학에는 통계학적인 측면도 있지요.

그리고 이런 데이터를 기반으로 미래에 대한 예측을 시뮬레이션하기 위해서는 슈퍼컴퓨터를 이용할 수밖에 없습니다. 그러니 수학뿐만 아니라 계산 과학, 고성능 컴퓨팅 기술도 필요합니다. 또 지리적 요인 때문에 생겨나는 기상 현상도 많기 때문에 지리학도 필요할 테고, 기상재해를 방지한다는 의미에서는 재해정보학도 밀접한 관련이 있습니다. 대기 환경의 영향을 고려한다면 환경학도 알아야겠지요.

대기과학은 넓은 의미에서 해양, 지진, 화산, 지질을 포함한 지구과학으로 분류됩니다. 기상학은 이 지구과학이라는 큰 틀 안에 들어가므로 필연적으로 다양한 분야와 관련이 있을 수밖에 없습니다. 대기 중에 떠다니는 미립자는 화학반응을 일으키므로 화학적 시각도 중요하고요. 또 날씨 변화는 인체와 동식물 활동에 영향을 주기 때문에 생물학과도 관련이 있으며 대기, 구름, 비를 관측하려면 계측기가 필요하므로 공학적인 측면도 있다고 할 수 있지요.

기상학은 융합 지식이다

기상위성을 사용해 관측하는 지금은 방대한 양의 데이터를 송수신해야 하므로 통신 기술도 중요합니다. 눈이 내리는 지역에서는 강설량에 대비해 가옥의 하중 설계가 이루어져야 하므로 기상은 건축 분야에서도 반드시 고려해야 할 요소이고, 댐 이수利水나 홍수를 예방하는 치수治水 등 토목 분야와도 관련이 있습니다. 방재 정책이나 교육 측면에서는 인문, 사회학과도 관련이 있으며 보험, 경제활동, 도로 교통 같은 경제학과 상업학과도 관련이 있습니다.

농업은 기상의 영향을 많이 받는 분야라 작물 관리나 삼림 자원 관리, 지구온난화의 영향을 농업학에 적용하면 미래를 예측할 수 있습니다. 대기오염 물질 확산이나 기온 변화에 따른 건강 피해가 생길

기상의 영향을 많이 받는 농업

수 있다는 점에서는 의학과도 관련이 있지요. 이처럼 수많은 학문과 관련 있는 것이 바로 기상학입니다.

다른 분야와 손을 잡다

저는 현재 지상 마이크로파 복사계라는 관측 기기를 사용해 구름의 원리를 연구하고 있는데, 관측의 정확도를 높이기 위해 천문 분야 연구자인 공학 전문가와 함께 계측기를 개발한 적이 있습니다.

천문 관측을 전문으로 하는 사람들에게 대기 중의 수증기는 일종의 노이즈입니다. 대기 중에 수증기가 있으면 우주에서 방출되는 복사에너지를 관측할 때 오차가 커지기 때문에 가능한 한 높은 산에 올라가 아주 세밀하게 관측하지요. 이 기술을 기상관측에 응용하니 기존보다 빠른 속도의 수증기 관측이 가능해졌습니다. 하나의 기초 기술은 다양한 분야에서 응용되므로 의외의 분야와도 연이 닿아 함께 연구를 진행하기도 합니다.

일기예보는 우리 생활과 밀접한 기상학이자 사회경제 활동에 도움을 주며, 방재나 지구환경 관련 정책 입안 및 시행의 기반이 되는 지식을 제공한다는 사회적 의의가 있습니다. 지구온난화 같은 장기적인 환경 문제를 해결하기 위해서는 전 지구적 노력이 필요합니다. 기상학과 기후학에서 얻은 지식을 사회에 환원하고 적용하는 것에는 지구의 미래를 위한 정책 결정을 내리는 데 필요한 지식을 제공한다는 의미도 있겠지요.

미래를 예측하는 기상학

연구를 하다 보면 기상학에는 아주 잘 만들어진 사이클이 존재한다는 생각이 들 때가 있습니다. 기상학의 기본은 관측입니다. 하늘을 관측하여 실제로 무슨 현상이 일어나는지를 일단 알아야겠지요. 그리고 현상 하나하나의 프로세스를 알아내기 위해 실내 실험을 진행합니다. 그 후 이 두 가지 과정을 거쳐 확인한 물리법칙을 정식화하여 시뮬레이션이 가능한 형태로 만듭니다.

그렇게 얻어낸 시뮬레이션 결과를 검증하고 수정하려면 또다시 관측 데이터를 수집하고 프로세스를 연구해야 합니다. 관측-프로세스 연구-시뮬레이션, 이 세 가지를 계속 순차적으로 반복하면서 현상을 보다 깊이 이해하고 예측 기법의 정확도를 높이는 것이지요.

하지만 기상학의 관측 기술 자체는 아직 완전하지 못합니다. 자연현상은 다양한 물리법칙을 내포하고 있기 때문에 모든 것을 완벽

하게 규명해내려면 아직 갈 길이 멉니다. 공학적 측면에서도 관측 기술을 향상시키고 개별 현상의 본질을 물리적으로 찾아내 시뮬레이션할 수 있는 시스템을 만들고자 노력 중입니다.

관측의 매력

기상 연구를 할 때 제가 가장 재밌다고 느끼는 것은 관측입니다. 관측 데이터로 파악할 수 있는 것은 매우 한정적이라 대개는 그 현상의 일부분밖에 알 수 없습니다. 하지만 자신이 직접 관측해서 얻은 데이터는 애착이 생길 수밖에 없고, 이 데이터를 어떻게 활용할 수 있을지 고민하게 됩니다. 강한 동기부여가 되지요.

최근 들어 제가 특히 주력하고 있는 것은 바로 상공의 수증기를 관측하는 작업입니다. 적란운은 국지적으로 발생하고 수명도 짧아 현재로서는 정확한 예측이 어렵습니다. 적란운의 발생 빈도, 발생한

적란운

눈 결정

경우 상승기류의 세기, 도달 가능한 최대 높이 등에 영향을 미치는 중요한 대기 상태는 상공의 수증기량과 기온으로 결정됩니다.

하지만 적란운이 발생하기 직전에 대기 상태가 어떻게 변화하는지는 관측 데이터가 적어 정확하게 밝혀진 바가 없습니다. 그래서 상공의 수증기량과 기온을 아주 정확히, 잦은 빈도로 관측하기 위한 기술을 개발하고 있습니다.

또 눈을 관측하는 것도 재밌습니다. 간토 지역은 눈이 일 년에 몇 번밖에 내리지 않아 눈을 측량할 관측망이 미흡합니다. 그래서 눈이 내리는 이유를 정확히 밝혀내지 못해 눈 예보가 쉽지 않지요. 이럴 때 중요한 것이 관측입니다. 관측 데이터를 모아 종합해보면 현상의 진상이 보이거든요.

관측이란 부품 모으기와 비슷합니다. 부품을 하나둘씩 모으다 보면 처음 보는 부품도 생기고 어렴풋이 전체적인 이미지가 보이기

시작하는데, 그게 또 참 재밌습니다. '다음에는 이런 현상이 일어나겠지?'라고 예측이 될 때면 얼마나 신나는지 모릅니다.

일상과 밀접하게 맞닿은 기상학

시뮬레이션 결과로 얻을 수 있는 것은 어디까지나 수치 정보인데, 이것을 현상과 결부시켜 이해하기 위해서는 체험이 중요합니다. 이는 연구자들뿐만 아니라 모두에게 해당하는 말이지요. 비가 한 시간에 몇 밀리미터 온다는 말을 들으면 제대로 감이 오지 않지만, 직접 체험해보면 바로 아는 것처럼요.

또 세상에는 아름다운 기상 현상이 아주 많습니다. 눈에 보이는 아름다운 하늘과 구름의 움직임을 물리법칙을 통해 과학적으로 이해하는 과정은 매우 즐거운 일입니다. 기상과 관련된 물리, 유체역학, 열역학은 사실 생활 속에서도 쉽게 찾아볼 수 있습니다. 기상에 대해 알면 알수록 우리의 생활과 하늘이 얼마나 깊은 관련이 있는지 알 수 있는데, 그렇게 생각하면 뭔가 신나고 두근거리지 않나요?

다시 말해 기상학은 인간의 삶과 매우 밀접한 학문입니다. 생활 속 다양한 장면들에 기상의 물리현상이 존재하고, 우리가 하는 행동 하나하나가 일기예보로 좌우되니까요. 생활에 지대한 영향을 미치고, 우리의 행동을 바꿀 판단 자료를 제공하는 학문이 바로 기상학입니다.

기상학의 발전 과정

기우제에서 자연철학으로

기상은 예나 지금이나 인류의 생활과 밀접한 관련이 있고 중요합니다. 무려 기원전 3500년경부터 기우제를 지냈다는 기록이 있을 정도니까요. 고대 그리스 철학자 아리스토텔레스가 쓴 『기상론』은 이후 기상을 바라보는 방식에 지대한 영향을 미쳤다고 생각합니다. 아리스토텔레스는 『천체론』에서 별의 움직임을 비롯해 천상계를 다루었고, 『기상론』에서 지리나 지질, 해양 같은 지상계의 자연과학을 다루었습니다. 그 토대가 된 것이 바로 '관찰'이었지요.

아리스토텔레스

관찰을 바탕으로 현상의 원인을 규명하려는 시도는 아리스토텔레스 시대 때부터 이루어졌습니다. 아리스토텔레스는 무지개, 무리, 무리해 같은 현상의 원인이 태양광인 사실을 관찰로 밝혀냈

습니다. 정말 대단하지 않나요? 심지어 물이 순환한다는 것, 증발이나 응결 등 강수의 물리현상에도 관심을 가졌다고 합니다.

인쇄 기술의 발명과 과학혁명

그렇게 조금씩 발전을 거듭한 자연철학은 기독교가 출현하면서 부정당하기 시작합니다. 당시 기독교 사회는 자연을 신의 영역으로 보았기 때문에 인간인 우리가 신이 하는 일을 밝혀내는 것은 죄가 된다고 생각했습니다. 이런 이유로 한동안 자연과학은 정체기를 겪게 되지요.

그 후 고대 그리스 철학이 이슬람권을 거쳐 유럽에 들어오면서 자연철학과 점성학을 번역하여 연구하기 위해 유럽 각지에 학교가 세워졌고, 그것이 오늘날 대학의 원형 중 하나가 되었습니다. 그중 농업을 비롯한 몇몇 분야에서는 하루하루의 날씨를 점치는 점성 기상학이 실용적으로 많이 쓰였지요.

그러다 인쇄 기술의 발명으로 전환점을 맞이하게 됩니다. 고대 그리스 철학을 기반으로 한 사상이 인쇄 기술을 통해 사람들에게 널리 퍼져나간 것이지요. 갈릴레오 갈릴레이, 아이작 뉴턴, 에드먼드 핼리, 블레즈 파스칼 등 천체 운동과 대기 운동을 연구하는 사람이 늘어나면서 세세한 물리법칙이 발견되었고 과학혁명이 일어났습니다.

천문대에서 계측기로

일본에서는 에도막부의 8대 쇼군인 도쿠가와 요시무네가 에도성 내에 천문대를 만들어 1716년에 우량을 관측했다는 기록이 남아 있습니다. 하지만 기상학이 체계화된 학문으로서 도입된 것은 아니었지요. 세계적으로 봤을 때 일본은 꽤 뒤처진 상태였습니다. 그러다 에도시대 후기에 막부가 천문 관측 보정을 목적으로 기상 관측을 실시하고 메이지 시대에 서양의 기술이 들어오면서 기상관측도 발전을 거듭하게 됩니다.

에르빈 루돌프 테오발트 크니핑

메이지 시대에 가장 먼저 도입된 것은 각종 계측기였습니다. 당시는 해난 사고가 매우 많이 발생하던 시대였습니다. 기록에 의하면 1874~1876년 사이에 2000척 이상의 선박이 난파될 정도였다고 합니다.

악천후를 초래하는 태풍이나 폭풍우 때문에 인명 피해가 발생하는 상황에서, 고용된 외국인들에게 '전보로 폭풍이 올 것을 미리 알려줄 수 있다면 인명 피해를 줄일 수 있지 않겠냐'는 말을 듣게 되었고, 그때부터 폭풍 경보의 필요성이 주창되었습니다.

예로부터 기상정보는 생활과 직결된 농업이나 어업에 필요한 지식의 하나로 주목을 받았는데, 그중 연구의 진보에 지대한 영향을 미친 것이 바로 방재입니다. 일본 정부는 1870년대에 들어서며 드디어 기상정보 전달 체계를 꾸리기 시작했지요.

일본에서 처음으로 일기도를 작성하여 일기예보의 초석을 마련했다고 알려진 인물은 독일인인 에르빈 루돌프 테오발트 크니핑입니다. 전보를 사용해 비교적 짧은 시간 내에 전국에서 관측한 기압, 기

온, 습도, 바람 등의 데이터를 수집하는 시스템을 만들었지요. 그는 데이터 분석 시스템을 마련하고 1883년 2월 16일에 최초의 일기도를 작성했습니다. 당시에는 관측 기술이 지금처럼 뛰어나지 못해 시행착오도 많이 겪었지만 그야말로 큰 의미가 있는 첫걸음이었습니다.

기상학에 공헌한 연구자들

기상학은 다양한 사람의 노력과 그들이 발견한 결과가 쌓이고 쌓이며 발전했습니다. 현재 우리가 일기예보에 사용하는 수치예보모형의 원형을 만든 사람은 노르웨이 기상학자 빌헬름 프리만 코렌 비에르크네스입니다.

러시아의 화학자이자 기상학자인 드미트리 이바노비치 멘델레예프는 원소 주기율표를 고안하고, 현재 사용되는 라디오존데 관측의 시초라 할 수 있는 기구를 사용한 고층기상관측 방법을 확립했습니다. 비에르크네스는 그렇게 관측한 데이터를 시간 미분방정식에 대입해 미래의 상태를 구하는 모형의 기초를 닦았고요.

빌헬름 프리만 코렌 비에르크네스

드미트리 이바노비치 멘델레예프

비에르크네스는 저기압이 악천후를 유발하는 주된 요인이라는 사실을 밝혀내고 기압 변화를 예측하는 방정식을 고안했습니다. 그는 날씨를 수치

적으로 예보하는 길을 닦고 점점 발전시켜나갔다는 의미에서 기상학에 엄청난 공헌을 했고, 아쉽게도 수상까지 이르지는 못했지만 그 공로를 인정받아 다섯 번이나 노벨상 후보에 올랐습니다. 다만 실제 대기는 매우 복잡합니다. 비에르크네스도 현실적으로는 대기의 미래 상태를 물리 방정식으로 풀어내기가 쉽지 않다는 것을 알고 있었기에, 지도를 사용해 예상하는 방식을 생각해낸 것이 아닐까 싶습니다.

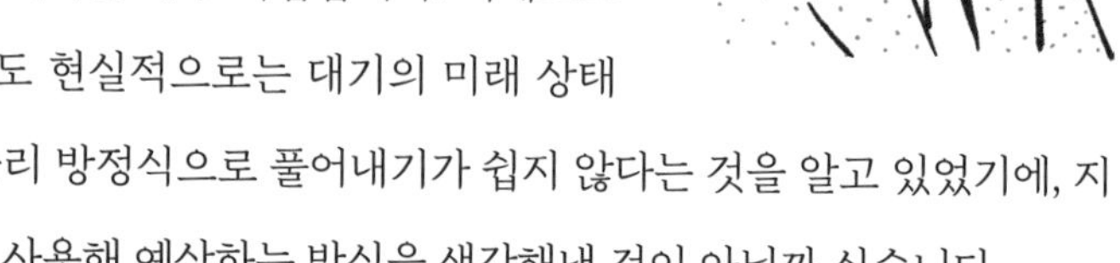

루이스 프라이 리처드슨

방정식을 풀어 정확한 예측을 시도한 사람은 영국의 수학자이자 기상학자인 루이스 프라이 리처드슨이었습니다. 리처드슨은 대학을 졸업한 후, 처음으로 댐 연구를 하면서 계차법(어떤 수열의 각 수에서 그 하나 앞의 수를 뺀 차를 계차라 하는데, 계차를 써서 방정식을 풀이하는 방법을 계차법 또는 차분법이라 한다–옮긴이)을 적용해 미분방정식을 풀어보려 한 사람입니다. 앞서 본 실시간 예보를 주장한 '리처드슨의 꿈'으로 잘 알려진 바로 그 인물이지요. 리처드슨은 제1차세계대전에 구급차 운전병으로 참전해 포탄이 오가는 프랑스 전장에서 부상자를 후송하는 와중에도 기상 예측 계산을 놓지 않을 만큼 강한 집념의 소유자였습니다. 퀘이커 교도이면서 평화주의자인 그는 평화를 수학적으로 연구하고자 노력했습니다. 이런 여러 사람의 노력과 꿈이 있었기에 지금의 일기예보가 있는 것이겠지요.

전쟁을 거치며 발전한 기상학

대부분의 과학기술이 전쟁을 계기로 발달했다는 말이 있는데, 기상 분야도 예외는 아닙니다. 제2차세계대전을 겪으며 레이더, 관측 기술, 컴퓨터 발달이 가속화되었으니까요. 기상관측 방법 중 가장 눈부시게 발달한 것은 라디오존데를 통한 고층기상관측 방법입니다. 세계대전을 계기로 상공까지 포함한 3차원 관측, 즉 지금의 일기예보에 사용되는 관측 방법이 일상적으로 가능해진 것입니다.

장기예보의 군사적 가치는 헤아릴 수 없을 정도로 큽니다. 고층관측망이 확대되면서 군대에서 기상 전문가가 양성되었고, 그 수는 급속도로 증가했습니다. 제2차세계대전 중에는 전파를 사용해 멀리 있는 항공기를 탐지하는 실험이 이루어졌고, 레이더 개발도 본격적으로 시작되었습니다. 레이더 개발은 당시에 가장 중요한 군사기밀이었지요. 전쟁에서는 공중에 날아다니는 항공기의 존재를 1초라도 빨리 탐지하는 게 굉장히 중요하기 때문입니다.

대기 중의 비나 눈 입자에 부딪혀 되돌아오는 레이더 전파는 군사적으로 보면 노이즈에 해당합니다. 하지만 그것이 훗날 수백 킬로미터 앞의 비나 눈을 탐지하기 위한 기상학 연구 도구가 되어 폭풍의 규모와 세기, 진행 속도를 조사하는 데 도움을 주게 될 줄 누가 알았을까요. 세상일은 가만 보면 참 생각지도 못한 방향으로 흘러갈 때가 있는 것 같습니다.

전쟁 중에 관측법이 발달해 대량의 데이터를 관리해야 하는 상황이 오자, 이번에는 데이터 품질을 효율적으로 관리하고 계산하는 방법이 필요했습니다. 그것을 가능케 한 것이 바로 전자계산기였지

존 폰 노이만

요. 전자계산기 개발에 온힘을 쏟은 사람은 수학자 존 폰 노이만인데, 그는 원자폭탄 제조 계획인 맨해튼 프로젝트에 참가한 인물로 알려져 있습니다. 폭발 시의 유체역학을 측정하기 위해 컴퓨터 개발에 나서게 되었고, 그 컴퓨터로 다룰 대상을 기상 수치예보로 선택했다고 하네요.

쇼노 시게카타

일본의 또 다른 대표 기상학자로는 도쿄대학교의 쇼노 시게카타를 꼽을 수 있습니다. 본인도 물론 대단하지만 제자 중에도 훌륭한 사람이 엄청 많습니다. 돌풍 피해 상황에서 풍속을 추정하는 후지타 등급을 만든 후지타 데쓰야, 2021년에 노벨물리학상을 수상한 마나베 슈쿠로 같은 쟁쟁한 학자가 모두 쇼노 시게카타의 제자거든요.

쇼노 시게카타는 전자계산기를 도입해 수치예보를 시도했습니다. 당시 대장성(현재의 재무성에 해당)의 '전자계산기를 살래, 청사를 살래'라는 물음에 그가 전자계산기를 선택했다는 일화는 유명합니다. 정말 선견지명이 대단하지 않나요? 일본에서 가장 초기에 도입된 대형 전자계산기가 기상 연구에 쓰인 것입니다. 오늘날 일본의 컴퓨터 기술의 원점 중 하나가 기상학에 있다고도 말할 수 있지요.

현재 컴퓨터의 성능은 하루가 다르게 엄청난 속도로 발전하고 있습니다. 기상청 슈퍼컴퓨터도 계산 능력이 향상되어 다양한 시뮬레이션을 실시간으로 실행하며 일기예보와 방재 정보를 작성해내고 있지요. 선조들의 위대한 업적 덕분에 현대를 살아가는 우리들의 생활은 한결 편리해졌습니다.

비와 눈의 성장 과정

머리가 뾰족한 빗방울은 존재하지 않는다

비와 눈은 구름 안에서 성장합니다. 키가 작고 물 입자로만 이루어진 구름에서 내리는 비는 '따뜻한 비', 구름 속에서 한 번이라도 얼음이 되었다가 녹으면서 내리는 비는 '찬비'라고 합니다. 다만 일기예보에서 흔히 말하는 찬비는 단순히 기온이 낮은 상태에서 내려 차갑게 느껴지는 비를 가리키므로, 기상학적 의미의 찬비와는 다릅니다.

비 입자 중 크기가 큰 입자는 타원과 비슷한 형태를 띱니다. 비 입자라고 하면 물방울 모양을 떠올릴 수도 있는데, 사실 그건 물리적으로 존재할 수 없는 형태입니다. 비 입자는 크기가 작으면 구형을 띠지만 크기가 커지면 공기저항을 받아 만두 모양이 되고, 반경 3밀리미터 정도의 크기로 분열되면 다시 구형이 되기 때문이지요. 머리 부분이 뾰족하게 솟은 예쁜 물방울 모양은 존재할 수가 없습니다.

그러면 비 입자는 구름 속에서 어떻게 성장하는 걸까요? 구름 입자는 표면에서 수증기를 흡수하는 응결성장 과정을 거치며 성장

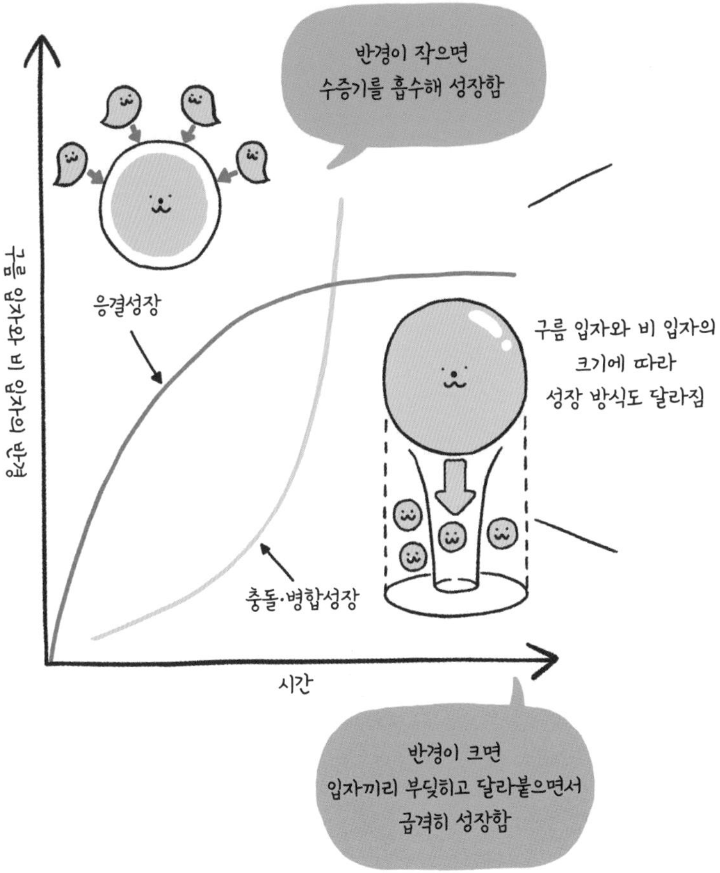

반경이 작으면
수증기를 흡수해 성장함

구름 입자와 비 입자의 반경

응결성장

구름 입자와 비 입자의
크기에 따라
성장 방식도 달라짐

충돌·병합성장

시간

반경이 크면
입자끼리 부딪히고 달라붙으면서
급격히 성장함

구름 입자와 비 입자의 성장 원리

합니다. 공 모양인 구름 입자의 반경이 늘어나면 물방울의 크기가 작았을 때보다 성장에 필요한 수증기량이 더 많아지므로, 비 입자 정도 크기가 되면 성장 속도는 떨어지고 맙니다.

다만 구름 속에는 다양한 크기의 구름 입자와 비 입자가 있어 물방울 크기에 따라 낙하 속도가 달라지기 때문에 크기가 큰 비 입자가 작은 비 입자에 부딪히는 충돌·병합성장이 일어나면 성장 속도에 점점 가속도가 붙습니다.

이러한 비 입자의 성장 과정은 인간 공동체와도 비슷합니다. 마음 맞는 사람이 하나둘씩 모이다 보면 공동체의 규모가 점점 커지는데, 너무 다양한 사람이 모여 그 규모가 지나치게 커지면 충돌이 발생하다 결국 분열하게 되지 않나요? 그래서 저는 비 입자의 성장 드라마를 보면서 '인간과 참 비슷하네'라는 생각을 한답니다.

눈과 얼음의 종류가 121가지나 된다고?

그렇다면 얼음이 있는 구름 속에서는 무슨 일이 일어날까요? 구름 속에서 물 입자가 얼면 얼음 결정인 빙정이 만들어지는데, 빙정은 수증기를 흡수하며 크기가 커집니다. 가장 처음 만들어지는 얼음 입자는 원래 육각기둥 모양입니다. 물 분자를 구성하는 산소 원자O 한 개와 수소 원자H 두 개가 안정적인 결정구조를 유지할 수 있는 최소 단위가 육각기둥이기 때문이지요.

온도에 따라 육각기둥의 결정은 세로로 늘어나 바늘 모양이 되거나, 가로로 늘어나 육각형 판 모양이 되거나, 모서리 부분에서 가지가 뻗어 나와 나뭇가지 모양이 되기도 합니다. 수증기량이 많으면

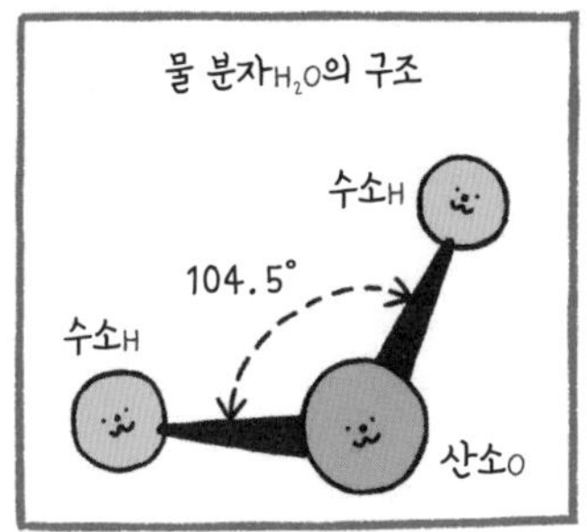

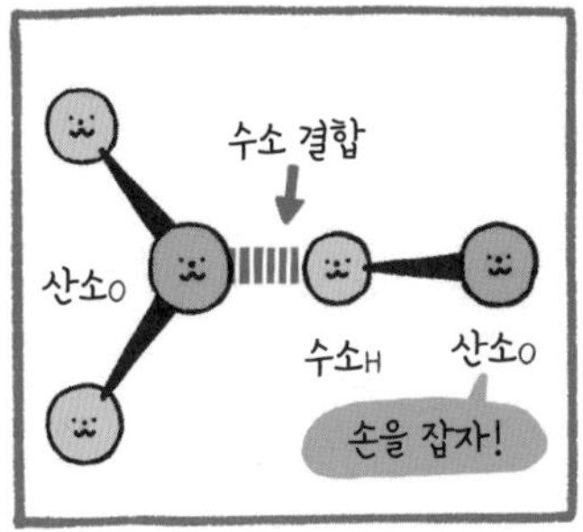

얼음 결정구조

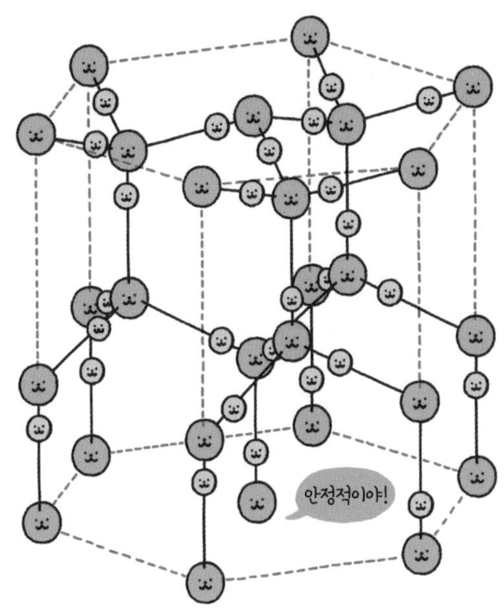

얼음 결정의 구조

구름 속에서 입자가 변하는 과정

좀 더 크고 복잡한 형태로 성장하지요(207쪽 참고). 그렇게 성장한 결정이 하늘에서 땅으로 내려오면 그것이 바로 눈입니다.

적란운처럼 상승기류가 강한 구름 속에는 과냉각된 구름 입자가 아주 많습니다. 상공에서 눈 결정이 낙하할 때 과냉각된 구름 입자가 눈 결정에 달라붙으면 그 순간 얼어붙어 구름 입자가 붙은 결정으로 성장하고, 회전하면서 낙하하여 데굴데굴 굴러가는 싸라기가 됩니다. 싸라기를 뿌리는 구름은 상승기류가 강한 구름이라고도 할 수 있지요.

우리는 하늘에서 펑펑 내리는 입자가 큰 눈을 함박눈이라 부릅니다. 이는 하나의 눈 결정이 커진 게 아니라 몇 개의 결정이 포개진 것이지요. 특히 함박눈은 서로 쉽게 얽히는 나뭇가지 모양의 결정이 만들어지는 영하 15도 전후나 과냉각 구름 입자가 접착제로 기능하기 쉬운 영하, 0도보다 살짝 낮은 정도의 온도에서 자주 관찰됩니다.

눈 결정은 종류가 굉장히 다양합니다. 일본설빙학회가 내놓은 「눈 결정·얼음 결정·고체강수의 국제적 분류雪結晶・氷晶・固体降水のグローバル分類」에서는 진눈깨비와 우박을 포함하여 121가지 종류로 분류하고 있습니다. 눈이나 싸라기는 지표 부근의 기온이 낮으면 녹지 않고 그대로 내리지만, 기온이 높으면 녹아서 비가 됩니다. 일본에서 내리는 비의 대부분은 얼음 단계를 거친 찬비이지요.

비 오는 날 우리는 밖에 나갈 때 우산을 씁니다. 그때 우산을 따라 흘러내리는 비 입자들은 기온이 영하에 해당하는 아득히 높은 하늘에서 내린 것들입니다. 그런 의미에서 제게 비 오는 날이란 구름과 비라는 대자연을 체감할 수 있는 귀중한 시간이랍니다.

장대비와 부슬비

억수같이 쏟아지는 장대비를 뿌리는 대표적인 구름은 적란운입니다. 적란운은 상승기류가 강해 구름 입자가 성장하면서 하늘 높이 올라가게 됩니다. 그 과정에서 한 번 얼음이 될 때가 있는데, 얼음 결정은 구름 입자보다 수증기를 더 잘 흡수하기 때문에 그때 급격한 성장이 일어나고 강수량이 늘어나 비가 억수같이 쏟아지는 것입니다.

한편 난층운처럼 넓은 범위에 걸쳐 형성되고 상승기류도 강하지 않은 구름은 장시간 계속해서 추적추적 부슬비를 뿌립니다. 난층운은 온난전선과 정체전선의 북쪽에서 발생하므로 장마 때 추적추적 내리는 비가 바로 난층운이 뿌리는 비인 것이지요.

비가 내리는 방식은 구름의 성질에 따라 결정되는데, 층 모양의 구름이라 하더라도 몇 가지 요인으로 인해 강수확률이 높아질 때가 있습니다. 그중 하나가 바로 '시더-피더 메커니즘'입니다.

구름이 두 층 이상 겹친 경우 상층 구름에서 내려온 비 입자가 하층 구름을 통과할 때 구름 입자와 병합해 성장하는데, 그로 인해 강수확률이 높아지고 우량이 증가하는 원리입니다. 마치 상공의 구름이 씨를 뿌리고seeder cloud, 그보다 아래에 있는 구름은 씨를 받는feeder cloud 것처럼 보여서 이런 이름이 붙었습니다.

시더-피더 메커니즘이 유독 잘 나타나는 곳은 산의 풍상측 경사면입니다. 상공에 비를 뿌리는 구름이 있다고 가정해봅시다. 습한 하층 공기가 강한 바람에 밀려 올라가 산에 부딪히게 되면 산 경사면 위에 물구름이 형성됩니다. 그때 위에서 비가 내리면 비 입자와 구름 입자 사이에 충돌과 병합이 일어나 빗줄기가 더 거세지지요.

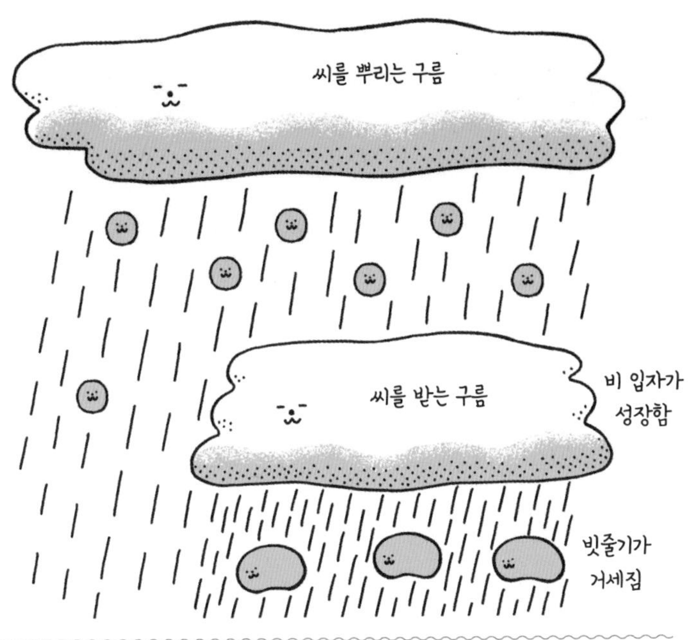

시더-피더 메커니즘

눈일 때도 똑같은 현상이 일어납니다. 눈이 낙하한 지점에 과냉각 물구름이 존재하면 구름 입자가 결착되면서 성장하므로 눈이 일정 지역에 집중적으로 내리는 국지성 강설 현상이 나타나거든요. 이 같은 원리 때문에 태풍이나 저기압이 접근할 때 산의 경사면에서 비나 눈이 거세져 재해가 발생하는 일이 생기는 것입니다.

넓게 깔린 층 모양의 구름에서 부슬부슬 내리는 비는 어느 정도 예측하기가 쉽지만, 국지적으로 내리는 비와 눈은 세기를 정확히 예측하기가 어려운 경우도 있어 실태 파악과 감시, 예측을 위한 연구가 이루어지고 있습니다.

왜 여름은 덥고 겨울은 추울까?

기온이 변화하는 원리

지구상의 기온은 복사에 의해 결정됩니다. 복사란 열을 가진 모든 물체가 방출하는 전자기파를 말합니다. 불을 피운 난로에 손을 가져다 대면 당연히 뜨겁겠지요? 그런데 약간 떨어진 곳에서도 뜨겁다고 느껴지는 경우가 있습니다. 원적외선 난로가 멀리 떨어져 있어도 따뜻한 이유는 전자기파를 방출해 열이 먼 곳까지 도달하기 때문입니다.

전자기파의 특성은 파장에 따라 크게 다릅니다. 가시광선의 보라색보다 파장이 짧은 영역은 자외선, 빨간색보다 파장이 긴 영역은 적외선입니다. 태양광은 자외선, 가시광선, 적외선 등 다양한 빛이 겹친 상태로 지구에 도달합니다. 이를 태양복사라 하지요. 반면에 지구가 하는 복사는 지구복사라 하는데, 지구복사의 대부분은 적외선입니다.

온도가 높을수록 파장이 짧은 전자기파를 강하게 방출하는데, 이를 '빈의 변위법칙(물체의 온도와 물체가 방출하는 빛의 최대 에너지 파

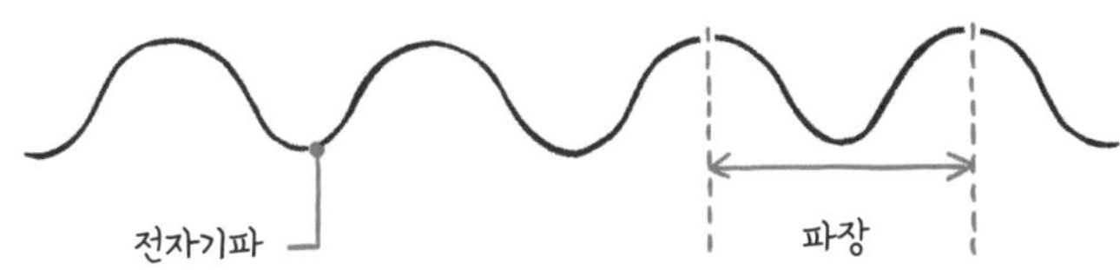

전자기파
파장

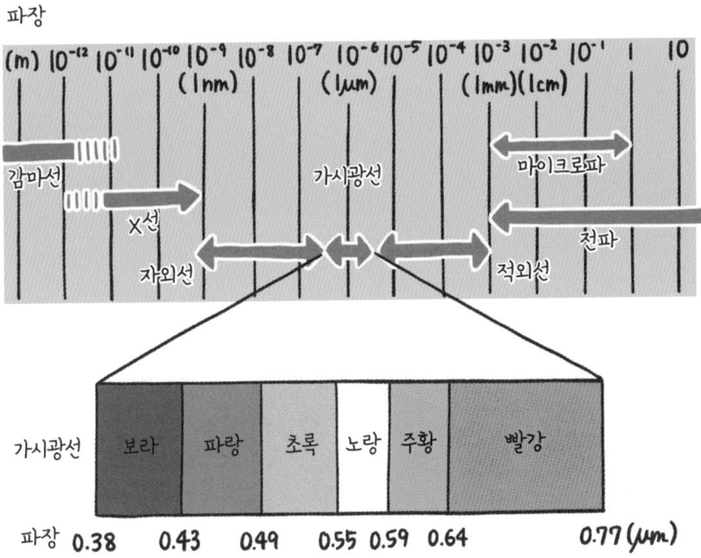

파장
(m) 10⁻¹² 10⁻¹¹ 10⁻¹⁰ 10⁻⁹ 10⁻⁸ 10⁻⁷ 10⁻⁶ 10⁻⁵ 10⁻⁴ 10⁻³ 10⁻² 10⁻¹ 1 10
(1nm)
(1μm)
(1mm)(1cm)
감마선
X선
자외선
가시광선
적외선
마이크로파
전파
가시광선
보라
파랑
초록
노랑
주황
빨강
파장 0.38 0.43 0.49 0.55 0.59 0.64 0.77(μm)

전자기파의 분류

장은 반비례하다는 법칙. 푸른 별이 붉은 별보다 온도가 높은 것도 이것으로 설명이 가능하다–옮긴이)'이라 합니다. 대장간에서 철을 고온에 달구었을 때 색이 빨간색에서 노란색으로 바뀌는 이유는 온도에 따라 파장이 변화하기 때문입니다. 하루의 기온 변화와 계절의 변화도 태양복사와 지구복사 비율로 설명할 수 있답니다.

기온이 최고로 높은 시간

태양은 지평선에서 고개를 내밀며 서서히 위로 올라가고, 태양의 고도는 남쪽에 위치할 때 가장 높습니다. 지표가 받는 복사량은 태양의 고도가 높을수록 많아지므로 정오 즈음에 가장 최고 수준이 됩니다.

오후로 넘어가면 열을 받아 따뜻해진 지표에서 우주 쪽으로 열을 내보내는 지구복사가 점점 더 커지기 시작하므로, 기온은 그즈음에 가장 높습니다. 주로 오후 2시쯤 최고기온이 관측되는 이유가 바로 이 때문입니다. 한편 지표면에서 열이 방출되어 지면의 온도가 낮아지는 방사 냉각은 해가 없는 야간에 효과가 극대화되지요. 그래서 해가 뜨는 시간대에 최저기온을 기록하는 경우가 많습니다.

계절과 위도에 따른 기온 차이

기온은 계절에 따라서도 변화합니다. 지구는 지축이 기울어진 상태로 태양 주위를 공전하고 있기 때문에, 북반구에서는 하지 때 낮이 가장 길고 태양복사의 영향을 받는 시간이 길어 복사량도 증가합니다. 반대로 겨울에는 태양복사의 양이 줄어드는 데다 밤이 길어 태양복사의 영향을 적게 받으므로 기온이 낮지요. 여름과 겨울의 기온이

하지 때 지구
(2023년 6월 21일 06:00, 지축이 약 23.4도 기울어져 있다)

큰 차이를 보이는 이유는 바로 이 때문입니다.

물론 위도에 따라서도 기온은 달라집니다. 극지방과 가까운 고위도 지역은 적도 부근에 비해 동일 면적에 받는 태양복사가 적습니다. 그래서 북반구에서는 북쪽으로 갈수록 춥고 남쪽으로 갈수록 따뜻한 것이지요.

날씨는 왜 변할까?

밀고 밀리는 압력의 세계

기압이란 공기가 무언가를 누르는 힘을 말하며, 위에 있는 공기의 무게가 곧 기압입니다. 기압은 단위로도 사용되는데, 해수면의 기압을 1기압으로 하여 1기압은 1013.25헥토파스칼이라고 정의합니다. 무게로 따지면 1헥토파스칼은 100제곱센티미터 정도 크기의 손바닥에 100그램짜리 오이 한 개가 얹혀 있는 만큼의 압력입니다. 다시 말해 오이 한 개가 1헥토파스칼인 것이지요. 지상의 기압은 약 1013헥토파스칼이므로, 손바닥에 오이 1000개 정도가 올라가 있다고 상상하면 됩니다.

오이 1000개를 올리면 너무 무거울 것 같지만, 그렇다고 인간의 몸이 찌그러지지는 않습니다. 그 이유는 신체 내부에서도 똑같은 압력으로 밀고 있기 때문입니다. 인간은 이렇게 밀고 밀리는 환경에 적응하며 살고 있습니다.

이번에는 심해어를 예로 들어볼까요? 심해의 수압은 매우 높기

때문에 그런 환경에서도 살 수 있도록 심해어의 몸 안에서는 밖으로 엄청난 압력이 가해집니다. 그런 심해어를 갑자기 수면 위로 쑥 올리면 압력의 균형이 깨져 몸이 부풀어 올라 내장이 파열되고 말지요. 마찬가지로 고산병은 지상의 기압에 익숙한 사람이 후지산처럼 높은 산에 올랐을 때 낮아진 기압으로 인해 구토 같은 증상이 발생하는 병입니다.

기압은 고도가 10미터 높아질 때마다 약 1헥토파스칼씩 낮아집니다. 도쿄 스카이트리 전망대는 높이가 450미터 정도이므로 지상에서 전망대까지 올라가면 기압이 약 45헥토파스칼 떨어지는 셈입니다. 제가 있는 이바라키현 쓰쿠바시를 상징하는 쓰쿠바산의 표고는 877미터이고 산 정상의 기압은 약 88헥토파스칼 정도이므로, 해발 0미터인 해수면과 기압 차가 있지요. 해수면의 기압이 1013헥토파스칼이면 산 정상은 그보다 88헥토파스칼 작은 약 925헥토파스칼이므로, 크게 발달한 태풍의 중심기압과 비슷한 정도라 할 수 있습니다.

바람이 부는 이유

이처럼 수직으로 높이 올라갈수록 기압은 낮아지는데, 수평으로도 기압 차이가 발생할 때는 어떤 경우일까요? 바로 고기압과 저기압이 동시에 존재하는 경우입니다. 고기압과 저기압은 주위에 비해 기압이 높거나 낮은 곳을 말합니다. 물론 어디까지나 상대적인 개념이기에 중심기압의 수치에 따라 결정되는 것은 아닙니다.

복사의 영향으로 대기에는 상대적인 온도 차가 발생합니다. 차

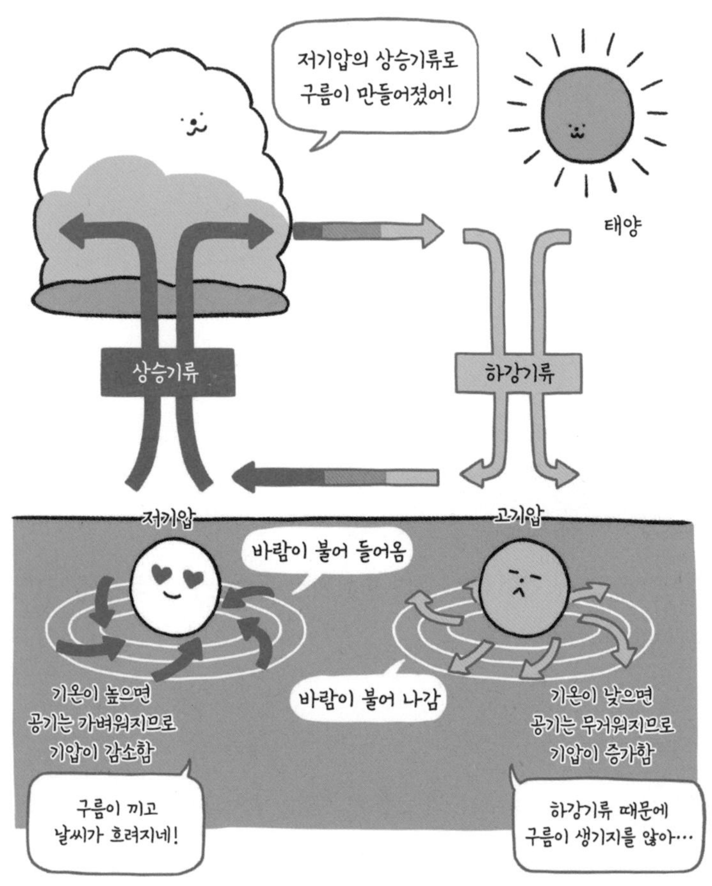
저기압의 상승기류로
구름이 만들어졌어!
태양
상승기류
하강기류
저기압
고기압
바람이 불어 들어옴
바람이 불어 나감
기온이 높으면
공기는 가벼워지므로
기압이 감소함
기온이 낮으면
공기는 무거워지므로
기압이 증가함
구름이 끼고
날씨가 흐려지네!
하강기류 때문에
구름이 생기지를 않아…

저기압과 고기압

가운 공기는 밀도가 크고 무거우며, 따뜻한 공기는 팽창하므로 밀도가 작고 가볍지요. 그래서 따뜻한 공기는 차가운 공기에 비해 기압이 낮습니다. 누르는 힘이 강한 고기압과 누르는 힘이 약한 저기압이 가까이 위치하면 기압 차이로 발생하는 힘인 기압경도력이 발생하여 고기압에서 저기압으로 공기가 이동하게 됩니다. 이것이 바로 바람이 부는 이유이지요.

지상에서는 고기압에서 저기압으로 공기가 이동하므로 저기압의 중심을 향해 바람이 붑니다. 그렇게 모인 바람이 더 이상 갈 곳이 없어지면 상승하는데, 이 상승기류에 의해 구름이 형성되지요. 그래서 저기압 근처는 날씨가 흐리거나 비가 올 확률이 높은 것입니다.

고기압의 경우에는 바람이 불어 공기가 빠져나가기 때문에 이를 메우기 위해 상공에서 하강기류가 발생합니다. 공기가 하강하면 주위의 기압이 높아지므로 주위에서 가하는 힘도 강해져 공기가 압축되지요. 그런데 그만큼 에너지가 열로 나타나기 때문에 공기의 온도는 상승합니다. 하강하는 공기의 온도가 상승하면 머금을 수 있는 수증기량이 늘어나기 때문에 이미 포화에 이르렀다 해도 미포화 상태가 됩니다. 그래서 고기압권 내에 있을 때는 구름이 없고 화창한 날이 많지요.

철학자 이름에서 온 기상 단위

기압을 표시하는 단위인 헥토파스칼hPa의 '헥토hecto'는 100을 뜻하는 그리스어 '에카톤εκατόν'에서 온 것으로 100배를 의미하며, '파스칼pascal'은 프랑스 수학자이자 철학자인 블레즈 파스칼의 이름에서 따온 것입니다.

블레즈 파스칼

공기는 눈에 보이지 않지만 과거 사람들은 공기에 무언가가 존재한다 믿었고, 그것을 '기氣'라 불렀지요. 아리스토텔레스는 '만약 기가 없는 공간인 진공을 만들어내려 한다면 자연은 그에 반발해 진공을 없애려 할 것'이라 생각하기도 했습니다.

진공을 발견한 사람은 갈릴레오 갈릴레이의 제자인 이탈리아 물리학자 에반젤리스타 토리첼리입니다. 토리첼리는 수은주 실험을 통해 진공 상태를 보여주면서 대기에 무게, 즉 압력이 있다고 생각했습니다. 파스칼 역시 그 실험을 알고 있었지만 당시에는 기압의 존재를 믿지 않았지요. 하지만 동시대 철학자인 르네 데카르트에게 산 위에서 실험해보자는 제안을 받고 산 정상, 산 중턱, 산기슭, 이렇게 세 곳에서 수은주 실험을 실시해보며 기압의 존재를 증명해냅니다. 그리고 그 공적을 인정받아 기압의 단위로 파스칼의 이름이 쓰이게 된 것이죠.

코리올리 힘

북반구에서 저기압은 반시계 방향으로 회전하고 고기압은 시계 방향으로 회전합니다. 여기서 '코리올리 힘'이 작용합니다. 지구는 북극점과 남극점을 잇는 축을 중심으로 자전하고 있으므로 북반구에서 물체를 일직선으로 던진다는 생각으로 던졌을 때 우주에서 보면

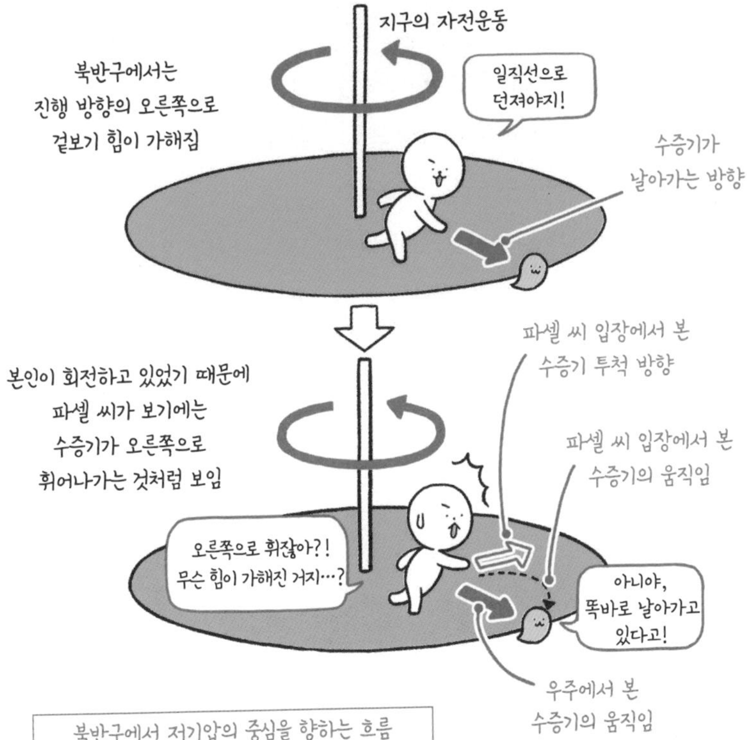

지구의 자전운동

북반구에서는
진행 방향의 오른쪽으로
겉보기 힘이 가해짐

일직선으로
던져야지!

수증기가
날아가는 방향

본인이 회전하고 있었기 때문에
파셀 씨가 보기에는
수증기가 오른쪽으로
휘어나가는 것처럼 보임

파셀 씨 입장에서 본
수증기 투척 방향

파셀 씨 입장에서 본
수증기의 움직임

오른쪽으로 휘잖아?!
무슨 힘이 가해진 거지…?

아니야,
똑바로 날아가고
있다고!

우주에서 본
수증기의 움직임

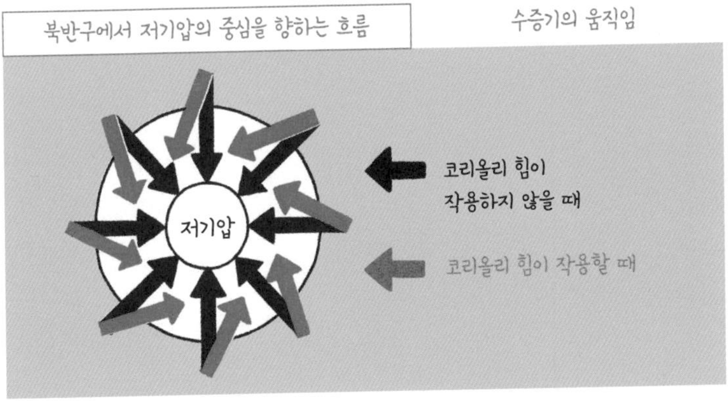

북반구에서 저기압의 중심을 향하는 흐름

저기압

코리올리 힘이
작용하지 않을 때

코리올리 힘이 작용할 때

코리올리 힘이란?

직선이지만, 자전하는 지구상에서 보면 운동 방향의 직각 오른쪽 방향으로 힘이 작용해 오른쪽으로 휘어진 듯 보입니다. 반대로 남반구에서는 운동 방향의 직각 왼쪽 방향으로 힘이 작용해 왼쪽으로 휘어진 듯 보이지요. 이때 직각 방향으로 작용하는 힘이 바로 코리올리 힘입니다.

적도상에서는 지면이 지축에 평행하므로 코리올리 힘이 작용하지 않습니다. 위도가 높은 극지방에 가까울수록 코리올리 힘이 작용해 크게 휘어지지요. 북반구에서 보면 기압경도력이 가해진 방향으로 움직이는 공기의 직각 오른쪽 방향으로 코리올리 힘이 작용하기 때문에, 공기는 고기압을 오른쪽에 두고 저기압을 왼쪽에 둔 상태로 이동합니다. 하지만 지상에서는 지면과의 마찰이 발생하기 때문에 기압이 낮은 쪽으로 바람이 휘어서 불지요. 즉 지상 부근의 바람은 기압경도력, 코리올리 힘, 지면에서의 마찰력, 이 세 가지가 균형을 이룬 상태에서 부는 것입니다.

풍향은 이 세 가지로 결정되는데, 지표와의 마찰이 심하면 저기압 중심으로 향하는 쪽에 가까워지고, 마찰이 약하면 등압선과 평행한 쪽에 가까워집니다. 이처럼 북반구에서는 바람이 저기압의 중심을 향해 반시계 방향으로 불어 들어가고, 고기압의 중심에서 시계 방향으로 불어 나갑니다. 기압 차이가 심하면 기압경도도 커져 바람도 세게 불지요. 일기도에서 등압선 간격이 좁은 건 기압 차가 크다는 뜻이므로 바람이 세게 불 것이라는 걸 예상할 수 있습니다.

편서풍과 제트기류

지구 규모로 부는 바람 중 일본 부근에 특히 많은 영향을 주는 것은 편서풍입니다. 북반구 중위도 상공에는 서풍인 편서풍이 강하게 붑니다. 일본 부근에서는 겨울로 넘어가면서 가장 많이 남하했다가 봄에서 여름에 조금씩 북상하지요. 그래서 여름철 일본 상공에서는 바람이 약하게 불지만, 가을에서 겨울로 넘어가면서 다시 편서풍이 남하하므로 상공의 바람은 겨울에 가장 거세집니다. 그중 특히 강한 편서풍을 '제트기류'라고 부릅니다.

편서풍은 찬 공기와 따뜻한 공기의 경계이기도 하므로, 말하자면 상공의 전선입니다. 편서풍이 남쪽으로 사행(뱀 모양처럼 구불구불하게 흘러가는 것-옮긴이)하는 곳에서는 찬 공기가 북쪽에서 남하하여 상공의 공기가 차가워지고, 북쪽으로 사행하는 곳에서는 따뜻한 공기가 남쪽에서 북상해 공기가 따뜻해집니다.

편서풍은 기상 상황에 지대한 영향을 미치는 바람이지요. 편서풍에서 남쪽으로 휘어진 곳을 '기압골', 북쪽으로 휘어진 곳을 '기압능'이라 부릅니다. 기압골에 해당하는 곳은 주위 동일한 높이의 하늘에 비해 기압이 낮고, 반시계 방향 회전이 일어납니다. 지상 부근에서 남북으로 온도 차가 발생하면 정체전선이 형성되는데, 기압골이 가까이 다가오면 기압골에 수반되는 회전이 지상 부근에까지 전해집니다. 그러면 지상 부근의 따뜻한 공기와 찬 공기도 회전의 영향을 받아 정체전선 위에 저기압이 형성되지요. 정체전선은 저기압을 중심으로 한랭전선과 온난전선으로 나뉘고, 그와 함께 온대저기압이 발달하게 됩니다.

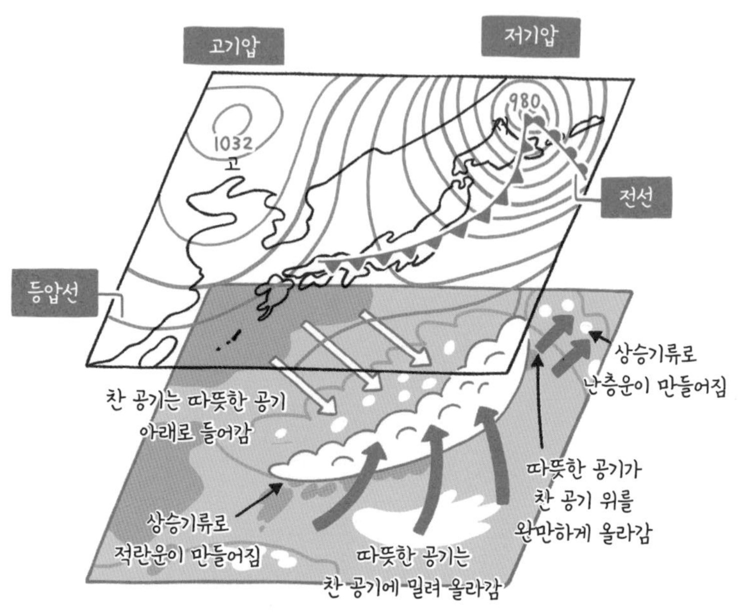

고기압
저기압
980
1032
고
전선
등압선
상승기류로
난층운이 만들어짐
찬 공기는 따뜻한 공기
아래로 들어감
따뜻한 공기가
찬 공기 위를
완만하게 올라감
상승기류로
적란운이 만들어짐
따뜻한 공기는
찬 공기에 밀려 올라감

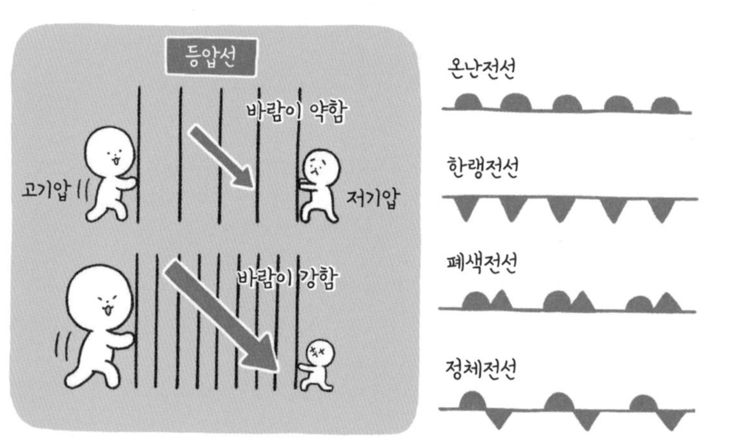

등압선
바람이 약함
고기압
저기압
바람이 강함
온난전선
한랭전선
폐색전선
정체전선

일기도 읽는 법

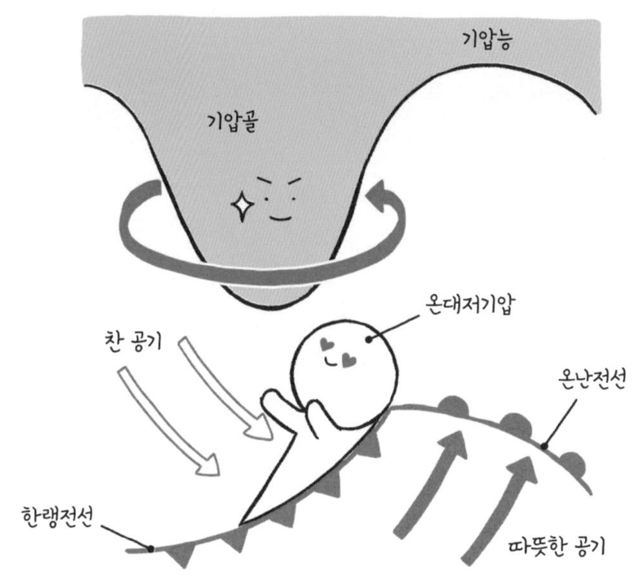

상공의 기압골과 온대저기압

쉽게 변하는 봄가을 날씨

계절에 따라서도 기압배치가 다릅니다. 계절을 대표하는 고기압도 있지요. 이 고기압은 찬 공기와 따뜻한 공기를 동반합니다. 어느 정도의 규모를 가지고 비슷한 성질을 지닌 공기 덩어리를 '기단'이라고 하는데, 기단의 경계가 '전선'입니다. 비슷한 수준의 세력을 가진 찬 공기와 따뜻한 공기가 부딪히면 정체전선이 형성되고, 따뜻한 공기보다 찬 공기 세력이 강하면 찬 공기가 따뜻한 공기 밑을 파고들어가는 한랭전선이 형성됩니다. 반면 따뜻한 공기의 세력이 강하면 따뜻한 공기가 찬 공기 위를 완만하게 타고 올라가는 온난전선이 형성되지요.

겨울에는 유라시아 대륙의 온도가 떨어져 공기가 차갑고 무거

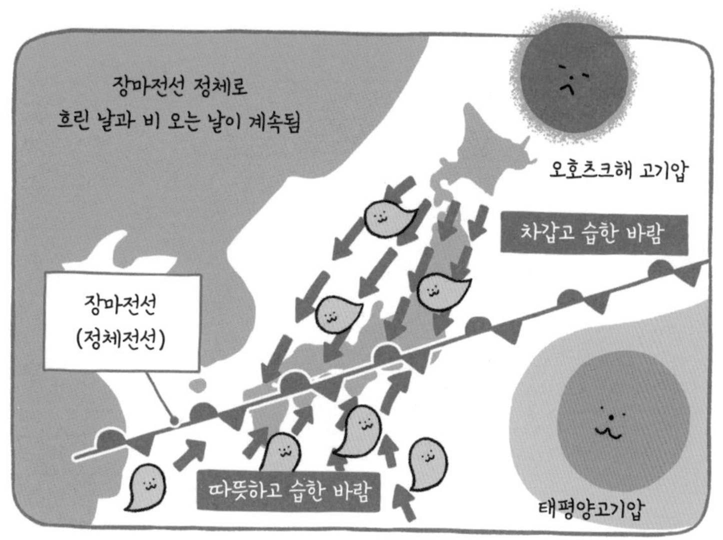

장마전선의 원리

워지므로 시베리아 고기압이 형성됩니다. 그럴 때 온대저기압이 일본 부근을 통과해 일본 동쪽에 저기압이 위치하면 서고동저의 겨울형 기압배치를 띱니다. 그 후 계절이 지나 봄이 오면 이동성고기압과 온대저기압이 며칠 간격으로 상공의 편서풍을 타고 밀려오지요. 그래서 봄과 가을 날씨가 쉽게 변하는 것입니다.

5월부터 7월경에는 오호츠크해가 주변 바다보다 차가워져 쿠릴열도 인근 해역에 차가운 고기압인 오호츠크해 고기압이 발생합니다. 차가운 해양 고기압에서는 차갑고 습한 바람이 시계 방향으로 불어 나갑니다. 그러면 홋카이도, 도호쿠의 태평양 쪽 지역, 간토 지방에서는 기온이 떨어지고 구름이 낮게 끼면서 흐린 날씨가 계속되지

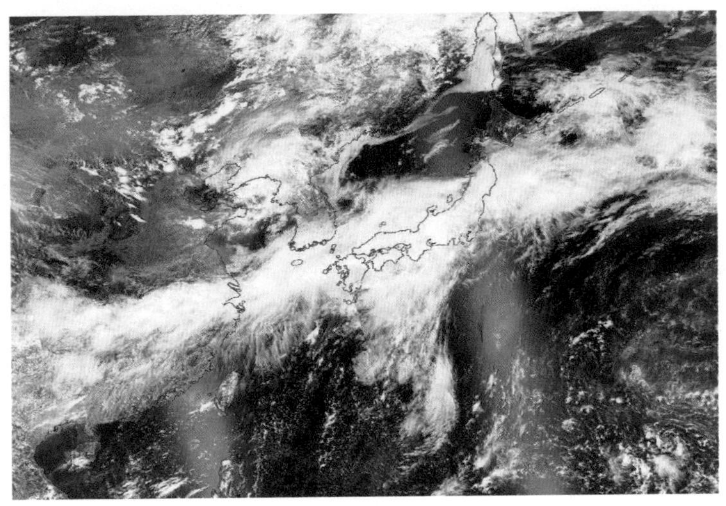

동서로 길게 형성된 장마전선 구름

요. 그 결과, 도호쿠의 태평양 쪽 지역에서는 산바람(산 중턱이 복사 때문에 차가워져 산꼭대기에서 평지로 부는 바람-옮긴이)과 동풍이 불고 일조량 부족과 저온으로 농작물 피해가 발생합니다.

6월경에는 오호츠크해 고기압과 태평양고기압 사이에서 차갑고 습한 공기와 따뜻하고 습한 공기가 서로 부딪히면서 장마전선이 형성됩니다. 장마전선이 형성되면 광범위한 지역에 비가 내리고 일조량 부족과 저온 현상이 나타나는데, 태평양고기압 세력이 점차 강해지면서 남쪽에서 북쪽으로 전선을 밀어 올립니다.

기상청 화법이 생겨난 이유

장마가 거의 끝나가는 7월 초에는 전선이 밀려 올라가 서쪽과 남쪽에서 따뜻하고 습한 공기가 합류합니다. 여름을 지나면서 기온이 상승하므로 공기 속 수증기량도 늘어나 큰비가 내리게 되지요. 그래서 장마전선이 정체할 때는 주의해야 합니다. 나아가 규슈 등지에서는 선상강수대(선 모양을 이루고 있는 강수 띠. 적란운이 띠 모양으로 생기는 현상으로, 특정 장소에 엄청난 비를 퍼붓는다-옮긴이)가 형성되어 호우가 내리는 경우도 있습니다(309쪽 참고).

미디어에서는 '장마의 시작을 알리는 선언' '장마의 끝을 알리는 선언'이라 표현하는데, 기상청에서는 관측을 기반으로 발표할 뿐 선언은 하지 않습니다. 장마가 시작되거나 끝날 것이라는 속보치를 발표하기는 하지만, 나중에 다시 분석하여 정답을 맞춰보는 듯한 느낌으로 9월 1일에 확정치를 발표하지요.

장마는 장기에 걸쳐 일어나는 기상 현상이므로 예측이 어려워 속보치와 확정치가 크게 어긋나기도 합니다. 그래서 기상청은 '간토고신 지방이 장마에 들어간 것으로 보인다' 정도로 발표하지요. 즉 그 시점에서는 '장마에 들어갔다'고 단언하지 못하고 '장마에 들어간 것으로 보인다' 정도로밖에 말할 수 없는 것입니다.

여름철 폭염의 원인

여름에는 태평양고기압 세력이 강해집니다. 태평양고기압의 영향권 내에 있으면 일본 전역이 찌는 듯이 덥지요. 이런 여름철 기압배치를 '남고북저형'이라 부릅니다. 고기압이 남쪽에 위치한 상태에서 편서풍은 북으로 올라가기 때문에 저기압이 북쪽을 통과하게 되지요.

그리고 유라시아 대륙으로부터 키가 큰 티베트고기압이 밀려와 위쪽에 자리 잡으면 하늘에서는 위에서 아래로 계속 하강기류가 발생하며, 이 하강기류의 영향으로 기온이 오릅니다. 여기에 푄 현상이

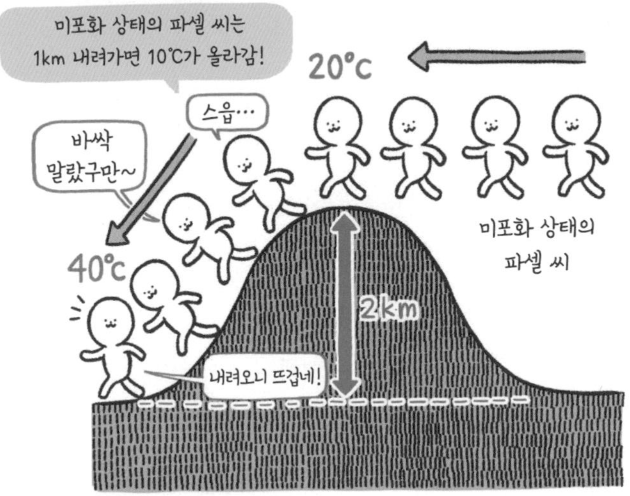
역학적 푄
미포화 상태의 파셀 씨는
1km 내려가면 10℃가 올라감!
20℃
스읍…
바싹
말랐구만~
40℃
2km
미포화 상태의
파셀 씨
내려오니 뜨겁네!

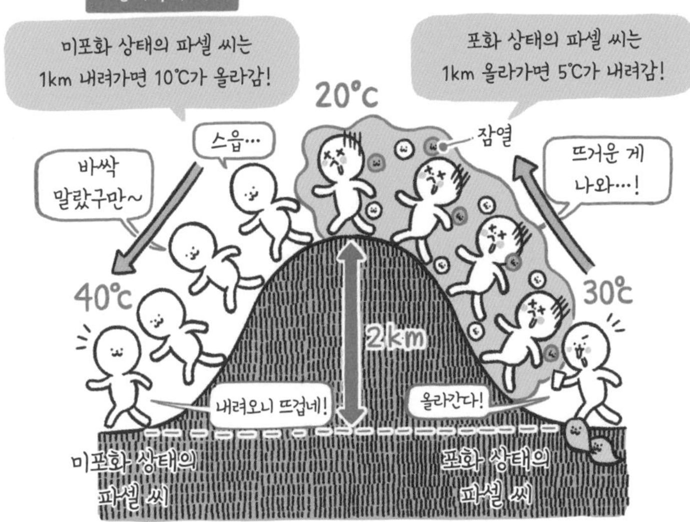
열역학적 푄
미포화 상태의 파셀 씨는
1km 내려가면 10℃가 올라감!
포화 상태의 파셀 씨는
1km 올라가면 5℃가 내려감!
20℃
잠열
스읍…
바싹
말랐구만~
뜨거운 게
나와…!
40℃
30℃
2km
내려오니 뜨겁네!
올라간다!
미포화 상태의
파셀 씨
포화 상태의
파셀 씨

푄 현상의 원리

일어나면 온도가 엄청나게 오를 수 있습니다.

푄 현상은 두 종류가 있는데, 하나는 '역학적 푄'으로, 상공의 미포화된 공기가 산의 풍하측 경사면을 타고 내려올 때 건조단열감률(95쪽 참고)이 발생해 기온이 상승하는 것입니다. 그리고 포화된 공기가 산의 풍상측 경사면을 타고 올라갈 때는 습윤단열감률이 발생해 기온이 떨어지고 산의 풍하측 경사면을 타고 내려갈 때는 건조단열감률로 기온이 올라가는 '열역학적 푄'도 있습니다. 지금껏 태풍이 접근하는 상황에서 나타나는 열역학적 푄이 전형적 푄 현상이라 알려져온 것과 달리, 최근 연구에서는 역학적 푄이 더 많이 나타난다는 지적이 나왔습니다.

또 더위에는 기온뿐만 아니라 습도, 일사, 복사도 영향을 미칩니다. 일본 기상청은 환경성과 함께 열사병 경계경보를 운용하겠다 발표하고 열사병에 대한 주의를 표했습니다. 열사병 경계경보는 위험도가 극도로 높을 때 기온과 함께 습도의 영향까지 고려한 더위 지수가 33 이상이 될 것이라 예측될 경우에만 발령합니다. 고령자나 어린아이는 실내에서도 열사병에 걸리기 쉬우므로 시원한 바람을 쐬어 더위를 피하고 틈틈이 수분을 보충해주며 주의를 기울여야 합니다.

특히 야외 활동을 할 때 억지로 더위를 견디려 하거나 견디도록 만들면 절대 안 됩니다. 2010년, 2018년, 2020년처럼 폭염이 심했던 해에 열사병으로 사망한 사람은 1500명이 넘습니다. 기후변화로 인한 기온 상승, 고령 인구 증가 때문에 사망자 수가 증가한 것입니다. 더위의 위력을 가볍게 보지 말고 미리미리 적절한 대책을 세워야겠지요.

대설이 내리기까지

일본 서해 인근 지역에 눈이 많이 내리는 이유

일본은 서쪽에 바다를 접하고 있어 겨울에 꽤 특수한 기상 상황을 보입니다. 서해에 많이 생기는 구름줄이 근처 지역에 대량의 눈을 내리게 하거든요. 겨울에 서고동저형 기압배치가 나타나면 일본 부근은 등압선이 세로줄 무늬 모양으로 형성되면서 북서쪽에서 계절풍이 붑니다. 그러면 영하 수십 도까지 내려가는 찬 공기가 기압경도력에 의해 유라시아 대륙에서 일본 서쪽 해상으로 불게 됩니다. 일본 서해 해수면 온도는 겨울에도 5~15도 정도이므로, 찬 공기에 비하면 열탕 상태나 마찬가지입니다. 평상시 체온이 36도 정도인 인간이 60~70도의 뜨거운 열탕에 들어가는 것과 비슷한 셈이지요. 차가운 공기는 뜨거운 물 위를 지나가면서 바다로부터 열과 수증기를 공급받아 따뜻하고 습한 공기로 변하는데, 이 현상을 '기단변질'이라고 합니다.

겨울철 일본 서해 해상에서는 기단변질로 따뜻하고 습한 공기

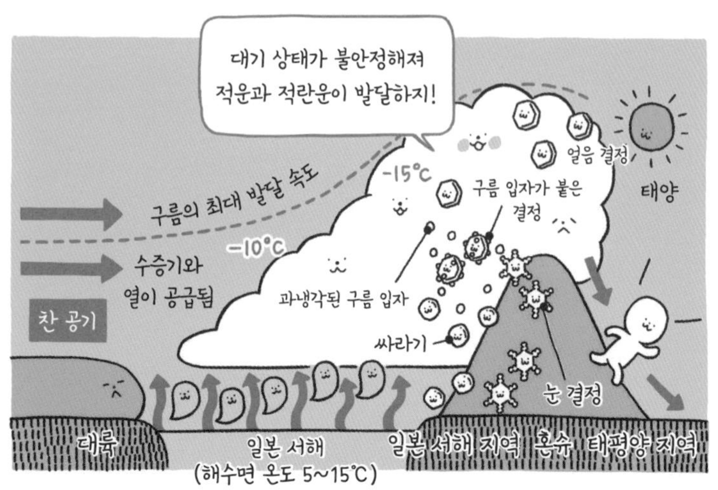

근상운이 만들어지는 원리

가 만들어지는 한편 상공은 여전히 차갑기 때문에 지상 부근과 상공의 기온 차가 커집니다. 그로 인해 대기 상태가 불안정해지면서 적운과 적란운이 발달하지요.

열대류가 일어나는 지점에 바람이 불면 '수평 롤 대류'라는 상승기류와 하강기류의 줄이 생기는데, 이 상승기류 영역에 적운이 줄을 지어 형성됩니다. 겨울철 일본 서해에서는 이 원리로 줄 모양의 구름이 곳곳에 만들어지지요. 이러한 구름줄은 '근상운'이라 불리며 서해 지역 중에서도 특히 산지를 중심으로 대설을 초래합니다.

일본 서해 쪽에서 형성된 눈구름은 일본의 척량산맥(어떤 지역에서 가장 주요한 분수계를 이루는, 여러 산맥의 원줄기가 되는 큰 산맥–옮긴이)을 넘지 못해 간토 지방을 비롯한 태평양 쪽 지역에는 거의 도달하지 못합니다. 눈구름은 산을 넘으려고 할 때 하강기류로 인해 소멸되므로, 태평양 쪽 지역은 건조한 공기가 강바람(비는 내리지 않고 심하게 부는 바람－옮긴이)이 되어 불어 겨울에 건조하면서 맑은 날씨가 이어집니다.

일본 서해 한대기단수렴대에 의한 폭설

겨울철 일본 서해 쪽 지역에서 가끔 눈이 집중적으로 내려 재해가 발생할 때가 있습니다. 서고동저형의 겨울형 기압배치를 보일 때 불어 시작한 찬 공기가 한반도와 만주를 가르는 경계인 장백산맥을 우회하듯 두 갈래로 나뉘어 돌아 들어오다, 일본 서해에서 다시 부딪히며 일본 서해 한대기단수렴대(겨울철 일본 서해상에서 눈을 내리게 하는 전형적인 구름 시스템－옮긴이)가 생기는 경우입니다.

강한 찬 공기의 영향으로 대기 상태가 불안정한 가운데 바람이 서로 충돌하면 매우 강한 상승기류가 발생하므로 적란운이 발달합니다. 일본 서해 한대기단수렴대는 발달한 눈구름이 띠 모양으로 열을 이루어, 한번 형성되면 눈이 단시간에 집중적으로 내리므로 교통마비를 초래하기도 합니다.

이 한대기단수렴대에 의한 폭설은 호쿠리쿠 지방부터 산인 지방까지 많이 발생하며, 특히 해수면 온도가 아직 높은 12월에 가끔씩 차들이 도로에서 발이 꽁꽁 묶여 오도 가도 못하는 대규모 교통마비를 초래하기도 합니다. 2020년 12월 중순에는 일본 서해 한대기단수렴대에 의한 폭설이 발생했는데, 제설 속도가 눈이 내리는 속도를 따라가지 못한 탓에 간에쓰 자동차 도로에서 차량 2100대가 정체되어 마치 주차장을 방불케 하는 사태가 벌어졌습니다. 이렇듯 일본 서해 한대기단수렴대는 산지뿐 아니라 평지에도 많은 양의 눈을 내리게 합니다.

이처럼 단시간에 대설이 내리고 그 후에도 눈이 계속해서 내려 심각한 영향이 예상되면, 일본 기상청은 현저한 대설에 관한 기상정보를 발표합니다. 일본 기상청 홈페이지에서 '이후의 눈' 정보를 보면 눈이 어디서 얼마나 내릴지, 여섯 시간 이후까지의 강설량은 어떨지를 확인할 수 있습니다. 눈이 많이 내릴 때는 기상청 눈 예보를 꼭 활용하시기 바랍니다.

폭탄저기압과 극저기압

겨울에는 대설 말고 눈보라도 조심할 필요가 있습니다. 눈을 동반하는 강풍이 불면 눈바람, 여기서 더 나아가 폭풍으로 발전하면 눈보라라 부릅니다. 이런 상황에서는 사방이 새하얘져 시야 확보가 힘들어지는 '백시현상(화이트아웃)'이 일어나 야외에서 움직이기가 힘들어집니다. 심지어 쌓인 눈이 바람 때문에 날아가 다시 쌓여 눈더미가 만들어지는 바람에 교통이 마비될 때도 있지요.

이처럼 눈보라를 초래하는 전형적인 현상이 흔히 말하는 겨울철의 '폭탄저기압bomb cyclone'입니다. 기상청에서는 급속히 발달하는 저기압이라 표현하지만 학술적으로는 'Bomb(폭탄)'이라 표기되기도 합니다. 단시간에 급격히 중심기압이 떨어지는 저기압을 말하지요. 대부분의 폭탄저기압은 온대저기압이 급격히 발달한 것으로, 봄에는 5월의 폭풍이라 불리며 광범위하게 폭풍을 일으키고 겨울에는

북일본을 중심으로 눈보라를 일으킵니다.

저기압이 발달하면 그만큼 저기압 통과 후 서고동저형의 겨울형 기압배치도 강해지기 때문에 눈보라의 영향이 장시간 지속되기도 합니다. 2013년 3월 홋카이도에서 눈보라 때문에 아홉 명이 사망하는 가슴 아픈 사고가 있었는데, 이때도 폭탄저기압이 원인이었습니다.

폭탄저기압이 발달할 때는 남북의 온도 차, 상공 기압골의 영향을 받는 일반적인 온대저기압의 메커니즘, 그리고 구름 자체가 발달하는 과정에서 잠열을 방출하고 상공의 대기를 따뜻하게 만들면서 저기압으로 성장하는 것이 중요한 요소로 작용합니다.

또 일본 서해 쪽 지역에서 나타나는 눈보라는 한대기단에서 형성되는 작지만 강한 저기압인 극저기압에 의해서도 발생합니다. 극저기압은 겨울의 태풍이라 불리기도 하는데, 찬 공기 속에서 발생하고 발달하여 바람이 거세지요. 일본 서해의 열과 구름의 잠열에 영향을 받아 발달하는 것으로 보입니다.

그런데 이 소용돌이로 벌어지는 눈보라 때문에 정전이 일어나는 경우가 있습니다. 바다에서 육지 쪽으로 매우 강한 바람이 불면, 바다 소금을 함유한 눈이 전선에 부착되어 전기가 끊기거나 눈과 얼음이 붙어 전선이 크게 흔들리는 '갤로핑 현상'이 발생해 전선끼리 부딪히며 합선이 발생하는 것입니다.

눈보라로 정전이 발생하면 복구되기까지 다소 시간이 걸리고 장기화되는 경우가 있으므로 평소에 식료품 등을 미리미리 비축해두는 것이 중요합니다. 또 눈보라가 예상될 때는 외출을 자제하고 스마트폰이나 노트북을 완충해두는 등 철저한 대비가 필요합니다.

남안저기압이 태평양 인근 지역에 미치는 영향

태평양 지역의 강설은 일본 서해 쪽 강설과는 원리가 다릅니다. 간토 지방에서는 대부분 혼슈의 남쪽 해안을 통과하는 남안저기압 때문에 눈이 내리는데, 이를 예측하기란 매우 어렵습니다. 왜냐하면 여러 가지 요소가 복잡하게 얽혀 있기 때문이지요.

간토 지방은 기본적으로 평야가 많은데, 서쪽에서 북쪽까지는 산이 있고 동쪽에서 남쪽까지는 바다로 둘러싸인 특이한 지형을 보입니다. 미국의 동해안, 즉 애팔래치아산맥의 동쪽 지형과 굉장히 비슷하며 그곳에서도 저기압이 남해상을 통과할 때 눈이 내립니다.

저기압의 발달 정도와 위치, 구름이 퍼지는 형태, 구름에서 무엇이 얼마나 내리는지, 지표면의 상태는 어떤지… 이런 요소 하나하나가 간토 지방에서 비가 내릴지 눈이 내릴지, 아니면 아예 내리지 않을지, 만약 눈이 내린다면 얼마나 내릴지 등과 관련이 있습니다. 게다가 눈구름의 물리적 특성 중 아직 밝혀지지 않은 것도 많고요.

고기압이 간토 지방 북쪽에 위치할 때 저기압이 남쪽으로 접근하면 동풍 계열의 바람이 부는데, 이것이 산에 부딪히면 남쪽을 향해 부는 북풍으로 바뀝니다. 이렇게 간토 지방에서 대기 하층의 찬바람이 거세지는 것을 '한기축적 현상'이라고 합니다.

남안저기압 자체가 반시계 방향으로 부는 바람이므로, 따뜻하고 습한 남동풍이 찬 공기가 축적된 차가운 북풍 계열 바람과 부딪히면 간토 지방 남부와 남해상에서 해안전선이 형성되는데, 이 해안전선이 비가 내릴지 눈이 내릴지를 구분 짓는 경계점의 기준이 될 수 있습니다.

2014년 2월 15일 간토 지방에 상륙한 남안저기압

한기축적이 심해지는 정도와 해안전선의 위치를 예측하는 것도 상당히 어렵습니다. 눈이랑 비가 어떻게 내리느냐에 따라서도 지상의 공기가 차가워지는 양상, 고기압이 강해지는 양상, 북풍 계열 바람의 세기가 달라지거든요.

경험칙의 한계

예전에는 남안저기압의 진로나 간토 지방에서 비가 내릴지 눈이 내릴지 여부를 예측할 때 경험칙이 많이 쓰였습니다. '저기압이 하치조섬 북쪽을 통과하면 따뜻한 공기가 유입되므로 간토 지방에는 비가 내린다'라던가 '저기압이 하치조섬 남쪽을 통과하면 따뜻한 공기가 유입되지 못하고 찬 공기 속에 있게 되므로 눈이 내린다'처럼 말이지요.

하지만 2014년 2월, 간토 고신 지역에 역사적인 대설을 초래한 저기압은 하치조섬 북쪽을 통과하여 간토 지방에 상륙했는데, 그때 대설이 계속 내렸던 지역이 있었습니다. 경험칙이 들어맞지 않은 것이지요.

그래서 과거 약 60년 치의 자료를 조사한 결과, 저기압의 진로만으로는 간토 지방에 눈이 내릴지 비가 내릴지 판단하기가 힘들다는 사실을 알 수 있었습니다. 이 경험칙이 널리 쓰였을 당시에 이루어졌던 조사와 연구는 사례 수도 적고 기간도 한정적이었기 때문입니다. 좀 더 자세히 조사해보니 애초에 일본 전역, 즉 넓은 범위에 한기가 강할 때 눈이 내렸더군요. 북쪽으로부터 찬 공기의 유입이 강하면 당연히 눈이 내릴 수밖에 없습니다.

매우 강한 찬 공기가 유입되면 진로와 관계없이 눈이 내립니다. 하지만 문제는 기온이 애매할 때입니다. 그런 경우는 앞서 설명했듯이 한기축적이나 해안전선 같은 요소도 복잡하게 얽혀 있기 때문에 구름이 퍼져가는 양상과 구름 속에서 무엇이 성장하는지를 예측하기가 쉽지 않습니다.

2023년 1월에도 비가 올 것이라는 예보가 있었지만 실제로는 눈이 내린 적이 있었지요. 현재 기술로도 정확한 예측이 힘든 것이 남안저기압에 의한 수도권 강설 현상입니다. 대설이 어떤 식으로 발생하는지와 같이 기상 현상에는 아직 정확히 밝혀지지 않은 부분이 있습니다. 어떻게 하면 예보의 정확도를 높일 수 있을지, 앞으로도 기상 연구자들의 분투는 계속될 것입니다.

게릴라성 호우와 용오름

‘게릴라성 호우’라는 표현의 유래

소나기와 게릴라성 호우는 거의 동일한 현상으로, 웅대적운이나 적란운에 의해 국지적으로 세차게 내리는 비를 말합니다. 게릴라성 호우라는 명칭은 2000년대 이후 민간 기상 회사와 미디어를 거치며 일반화되었는데, 사실 원래부터 있던 현상입니다.

이 표현은 1969년에 기상청 직원이 최초로 사용했습니다. 레이더 관측이 미흡해 호우 실태를 정확히 파악하지 못하던 시절이었지요. 그때는 ‘관측’이 힘든 국지성 호우라는 의미로 사용되었는데, 레이더 관측 기술이 발달한 지금은 ‘예측’이 힘든 국지성 호우를 뜻하는 말로 바뀌었습니다. 최근에는 예측이 힘든지 아닌지와 상관없이 갑작스럽게 큰비가 내리는 현상을 이야기할 때 많이들 쓰는 것 같습니다.

게릴라성 호우는 정식 기상 용어가 아니기 때문에 기상청에서는 ‘국지성 호우’라는 표현을 씁니다. 도심에서는 침수 피해가 발생하기도 하니 지나가는 비라고 생각하며 방심해서는 안 됩니다.

적란운과 항공기 사고

적란운은 돌풍을 일으킵니다. 돌풍 현상에도 몇 가지 종류가 있는데 크게 다운버스트, 돌풍전선, 용오름으로 나눌 수 있습니다.

성숙기의 적란운 속에서는 강수 입자의 로딩 현상(54쪽 참고)을 비롯한 여러 이유로 인해 하강기류가 강해지면서 폭발적으로 쏟아지듯 내려오는 다운버스트 때문에 돌풍이 이는 경우가 있습니다. 예전에는 돌풍 때문에 비행기 추락 사고가 많이 발생했지요.

그런데 미국에서 적란운을 연구하던 후지타 데쓰야가 다운버스트 때문에 항공기 사고가 일어난다는 사실을 밝혀냈습니다. 그리고 기상 도플러 레이더가 도입되면서 적란운 속 소용돌이와 돌풍을 감시할 수 있게 된 덕분에 항공기 사고는 극적으로 줄어들었습니다.

다운버스트는 수평 방향의 확장 범위에 따라 분류됩니다. 직경이 4킬로미터 미만이면 마이크로버스트, 4킬로미터 이상이면 매크로버스트라고 하지요. 혹시 마이크로버스트가 작아서 약할 거라 생각한다면 큰 오산입니다. 오히려 평소에는 매크로버스트보다 마이크로버스트의 풍속이 더 빠르고 강하거든요.

또 적란운에서 불어나온 찬 공기에 의한 돌풍전선도 돌풍을 일으킵니다. 갑자기 찬바람이 불면 날씨가 급변할 수 있으니 주의해야 한다는 말을 흔히들 하는데, 이는 그 뒤로 찬바람의 근원인 적란운 본체가 다가오고 있다는 의미입니다.

후지타 데쓰야

다만 돌풍은 돌풍전선이 통과할 때 일

다운버스트
돌풍전선
용오름
적란운 바로 밑에서
폭발적으로 쏟아지듯
하강함
적란운과
조금 떨어진 위치에서
돌풍을 유발함
적란운 바로 밑
좁은 범위에서 일어나는데,
대부분 깔때기구름을 동반함

다운버스트, 돌풍전선, 용오름

어나는 것이므로, 돌풍이 불 때는 이미 늦었을 수도 있습니다. 그러니 하늘의 상태나 레이더 정보를 토대로 적란운의 위치와 움직임을 미리 확인하여 일찌감치 안전한 장소로 대피하는 것이 좋겠지요?

멀티셀과 슈퍼셀

용오름은 조금 특수한 적란운 하부에서 발생합니다. 적란운 속의 상승기류와 하강기류 한 쌍은 '셀'이라 부르지요. 바람이 원래 약하거나 위아래 대기층의 풍향과 풍속 차가 아주 작을 때 발달하는 것은 상승기류 하나와 하강기류 하나로 이루어진 '단일셀' 적란운입니다. 위쪽 바람과 아래쪽 바람이 어긋나면 여러 세대의 셀이 혼재하는 '멀티셀'과 거대 적란운인 '슈퍼셀'로 발달하는 경우가 있는데, 이때 용오름이 발생합니다.

상공에 부는 편서풍의 세력이 강해지는 봄과 가을에는 위쪽 바람과 아래쪽 바람이 어긋나기 쉬우므로, 멀티셀이나 슈퍼셀이 발달해 호우와 우박, 용오름이 나타납니다. 수명이 30분에서 1시간 남짓인 단일셀 적란운에 비해 하나의 적란운 속에 발달기 셀, 성숙기 셀, 쇠퇴기 셀이 혼재한 상태로 세대교체가 이루어지는 멀티셀은 몇 시간 동안 지속되면서 우박을 뿌리거나 침수를 일으킬 만큼의 큰비를 내립니다. 단일셀을 일인 가구라 본다면 멀티셀은 여러 세대가 함께 사는 대가족인 셈이지요. 세대가 다른 가족 구성원들이 함께 살기 때문에 전체적인 수명이 긴 것입니다.

멀티셀 때보다 바람이 위아래로 더 크게 어긋나면 슈퍼셀이 만들어지기도 합니다. 이때 상승기류와 하강기류의 위치가 분명히 나

멀티셀의 구조

뉘기 때문에 자멸하지 않고 장시간 지속될 수 있는 것이지요. 슈퍼셀은 거대한 일인 가구 같은 느낌입니다. 전방과 후방에 하강기류가 발생해 각각 돌풍전선을 만들어내고, 그 중심에서 강한 용오름이 일어나기도 하지요.

멀티셀과 슈퍼셀은 상공의 바람을 타고 이동합니다. 멀티셀은 이동 속도가 느려 벼락, 우박, 국지성 호우로 인한 도시형 수해를 초래하는데, 슈퍼셀은 꽤 빠르게 이동하므로 호우보다는 강한 용오름이나 큰 우박으로 인한 피해를 초래합니다.

간토 지방에서 많이 발생하는 용오름

슈퍼셀인지 아닌지는 직경이 몇 킬로미터 정도인 작은 중규모 저기압 메조사이클론의 구조가 구름 속에서 어느 정도 유지되고 있느냐에 따라 판단할 수 있습니다. 메조사이클론은 슈퍼셀 속에서도 중층부와 하층부에 나타납니다. 중층 메조사이클론은 위아래로 바람이 어긋나면서 수평 방향을 축으로 하여 발생하는 수평 소용돌이가 나타나는데, 그것이 슈퍼셀의 상승기류를 타고 올라가는 과정에서 반시계 방향으로 도는 소용돌이가 되며 작은 저기압이 형성된다고 알려져 있습니다.

강한 용오름은 하층 메조사이클론 아래에서 발생하며, 그 원리는 아직 정확히 밝혀지지 않아 현재도 연구가 이루어지고 있습니다. 슈퍼셀은 미국 중서부 지역에서 많이 발생하는데, 사실 일본에서도 가끔 발생합니다. 2012년 5월 6일 이바라키현 쓰쿠바시에서 발생한 국내 최대급 용오름은 전형적인 슈퍼셀 때문에 발생한 것이었습니다.

미국 중서부 지역은 지상에 남풍이 불고 서쪽에 로키산맥이 있기 때문에 용오름이 자주 발생합니다. 한편 간토 지방에서도 규모는

슈퍼셀

슈퍼셀

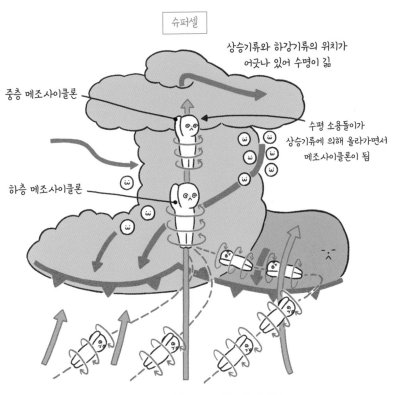

상승기류와 하강기류의 위치가
어긋나 있어 수명이 길

중층 메조사이클론

수평 소용돌이가
상승기류에 의해 올라가면서
메조사이클론이 됨

하층 메조사이클론

바람이 위아래로 어긋나 있어
수평 방향을 축으로 하는
수평 소용돌이가 나타남

슈퍼셀 속 메조사이클론의 원리

다르지만 낮은 하늘에서 남풍이 불고 서쪽 산을 넘어오는 남서풍과 상공에서 불어오는 편서풍으로 인해 바람이 상하로 어긋나게 됩니다. 간토 지방은 용오름 발생 건수도 많고 지리적으로 슈퍼셀이 쉽게 발생하는 지역이지요.

호우와 태풍은 왜 발생하는 걸까?

거센 비를 퍼붓는 선상강수대

호우 원인에는 몇 가지가 있습니다. 하나는 선상강수대입니다. 서일본 중에서도 태평양 쪽 지역과 규슈 지역에서 많이 발생하며, 특히 장마 끝 무렵에 수해를 일으키는 현상이지요. 풍상측에서는 적란운이 계속 생성되고 발달하여 바람을 타고 흘러가고, 다시 또 새로운 적란운이 연이어 생성됩니다.

선상강수대는 발달한 적란운이 열을 이루면서 조직화된 적란운 덩어리가 몇 시간에 걸쳐 거의 같은 장소에 머물거나 통과하며 만들어집니다. 띠 모양으로 길게 뻗은, 호우를 동반하는 강우 지역을 뜻하지요. 일반적인 적란운이 퍼붓는 우량은 수십 밀리미터 정도지만, 선상강수대에서는 좁은 범위에서 거센 비가 몇 시간이나 계속해서 내립니다. 그 결과, 총 우량이 많게는 수백 밀리미터에 달하는 집중호우가 발생하게 됩니다. 일본에서 나타나는 집중호우 중 약 70퍼센트가 선상강수대에 의해 발생하여 심각한 수해를 초래하는데, 그 원리는 정확히 밝혀지지 않은 상태라 감시와 예측을 위한 연구 개발이 활발히 진행되는 중입니다.

기상청은 2021년부터 레이더 관측 등을 통해 선상강수대를 실시간으로 감시하기 시작했습니다. 그리고 선상강수대 때문에 발생한 큰비로 재해 발생 위험도가 급격히 증가하는 경우에는 현저히 큰비에 관한 기상정보를 발표해 경계를 촉구하고 있습니다.

호우의 핵심은 다량의 수증기

선상강수대는 좁은 범위에서 호우를 퍼붓는데, 2018년 7월에 태풍 프라피룬 때문에 발생한 서일본 집중호우처럼 넓은 범위에 큰비가 계속 내려 호우 수준에 이르는 경우도 있습니다. 이는 장마전선에 다량의 수증기가 지속적으로 유입되어 비가 넓은 범위에서 계속 내렸기 때문입니다.

또 태풍이 접근하면서 호우가 발생하기도 합니다. 2019년 10월에 태풍 하기비스가 왔을 때는 접근 전부터 동일본 지역에 다량의 수증기가 유입되면서 큰비가 내렸습니다. 이때 태풍이 온대저기압으로 변하는 과정에서 태풍 북쪽에 일기도상으로는 표현되지 않는 전선 같은 구조가 존재했습니다. 태풍 주변에 있던 매우 습한 공기가 이 숨은 전선에 계속 유입되면서 태풍이 접근하기 전부터 비가 거세게 내린 것입니다.

태풍 하기비스 때는 지형도 강수량에 큰 영향을 미쳤습니다. 습한 공기가 산지에 유입되자 경사면에서 밀려 올라가 구름이 형성되었고, 높이 떠 있는 구름이 아래층 구름에 비를 뿌려 강수량이 증가

하는 시더-피더 메커니즘이 작동한 것입니다.

일반적으로 태풍이 접근할 때는 산지 경사면을 따라 밀려 올라가는데, 기이반도(일본에서 가장 큰 섬인 혼슈 중앙부에서 남쪽의 태평양 쪽으로 돌출되어 있다-옮긴이) 같은 태평양 지역의 남동 경사면에서 총 우량이 크게 증가할 때가 있습니다. 이는 태풍 본체인 비구름이 드리웠을 때 작동하는 시더-피더 메커니즘 외에, 태풍 접근 전부터 산지 경사면에서 밀려 올라가 발달한 적란운의 영향도 있습니다.

장마전선 같은 정체전선과 태풍은 동시에 발달하면 위험합니다. 2000년 9월에 있었던 도카이 집중호우는 정체전선인 가을비전선이 일본 부근에 위치하고 태풍이 멀리 있는 상황에서 발생했습니다. 태풍에서 오는 매우 습한 공기가 태평양고기압의 가장자리를 따라 북상해 정체전선으로 유입되면서 호우가 발생한 것이지요.

이러한 호우는 주된 원인인 전선이나 태풍의 규모 자체가 크기 때문에 현재의 기술로도 어느 정도는 예측이 가능합니다. 하지만 단일 적란운이나 선상강수대처럼 규모가 작은 현상을 예측하기란 현재로서 매우 어렵습니다. 일단 실태를 규명한 뒤, 어떻게 하면 예측할 수 있을지 그 방법을 검토하고 있는 중입니다.

태풍이 발생하는 원리

우리가 태풍이라 부르는 저기압은 발생 장소에 따라 이름이 다릅니다. 북서태평양과 남중국해에서는 '태풍typhoon', 인도양에서는 '사이클론cyclone', 북대서양에서는 '허리케인hurricane'이라 부릅니다.

아시아에는 태풍위원회라는 열네 개 국가와 지역으로 구성된 정부 간 조직이 있는데, 아시아와 극동 지역에서 일어나는 태풍 피해에 대한 대책을 논의하고 서로 협력하고 있습니다. 2000년 이후에는 태풍의 국제적 명칭으로 아시아명을 채택했는데, 발생 순서에 따라 각국에서 미리 제안받은 140개의 이름을 차례대로 붙이고 있습니다. 일본에서 제안한 이름은 열 개로, '우사기(토끼)'와 '곤파스(컴퍼스)' 등 별자리에서 이름을 따왔습니다.

그렇다면 태풍은 어떻게 발생하는 것일까요? 적도보다 약간 북쪽에는 바람이 모이는 열대수렴대가 있습니다. 여기서는 태평양고기압에서 나온 북동풍과 적도를 넘어 남쪽에서 불어오는 남동풍이 부딪힙니다. 이런 열대수렴대 위에서 발생한 적란운이 떼를 짓듯이 모이면 구름무리가 만들어지지요.

그런데 적란운은 발달할 때 내부에서 응결이 일어나 잠열을 방출하므로 공기가 따뜻해집니다. 그래서 구름무리가 있는 곳에서는 지상기압이 떨어지고 소용돌이가 발달해 열대저기압이 되기도 하지요. 열대저기압 중심 부근의 최대풍속(10분간 평균 풍속의 최대치)이 초속 17.2미터 이상이 되면 태풍이라 부릅니다.

태풍이 발생할 때 중요한 것은 바로 해수 온도입니다. 수심 60미터까지의 해수 온도가 26도 이상이어야 태풍이 발생하기 때문입니다. 태풍은 바다에서 공급되는 열과 태풍을 만들어내는 적란운에서 방출되는 잠열을 에너지원 삼아 발달합니다.

태풍의 바람이 거세지면 해수를 뒤섞기 때문에 태풍이 통과한 해역의 해수면 부근은 수온이 떨어집니다. 그런데 해수 온도가 떨어지면 태풍의 세력이 약해지지요. 이처럼 태풍이 발달하고 쇠퇴하는

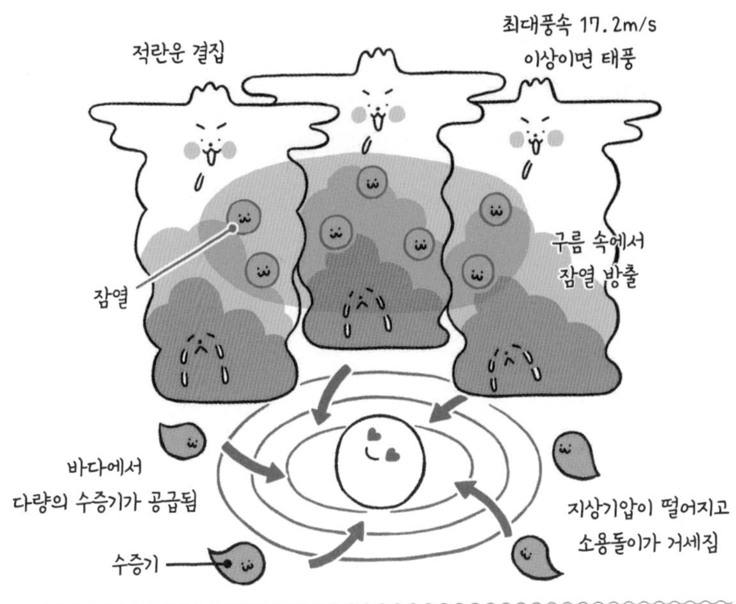
적란운 결집
최대풍속 17.2m/s
이상이면 태풍
구름 속에서
잠열 방출
잠열
바다에서
다량의 수증기가 공급됨
지상기압이 떨어지고
소용돌이가 거세짐
수증기

태풍 발생

과정에 해수 온도는 매우 중요하게 작용합니다.

또 태풍이 발달하면 중심에 '눈'이 생깁니다. 내부로 들어가면 안쪽으로는 기압경도력이, 바깥쪽으로는 원심력이 가해져 중심 부근에서는 그 둘이 거의 균형을 이룹니다. 그래서 그보다 안쪽으로는 바람이 들어갈 수 없는 상태가 되어 바람이 거의 없고 구름이 잘 형성되지 않는 '태풍의 눈'이 되는 것입니다.

일본에 태풍이 부는 이유

태풍은 사실 일 년 내내 발생합니다. 일본에 접근하고 상륙하는 대부분의 태풍은 여름에서 가을 사이에 태평양고기압 때문에 발생합니니다. 봄이나 겨울에도 발생은 하지만 남쪽 해상에서 부는 동풍에 휩쓸려 가기 때문에 일본까지는 오지 못하는 것이지요.

한편 여름에는 태평양고기압 세력이 강해져 시계 방향의 흐름이 생겨나는데, 태풍은 그 흐름을 타고 북상합니다. 가을에는 북상한 태풍이 일본 부근 상공을 지나가는 편서풍을 타고 휘어져 일본 국토 모양을 따라 북동쪽으로 이동하지요. 이것이 태풍이 일본에 접근하는 이유랍니다.

또 상공에 찬 공기를 동반한 저기압이 있으면 원래 서쪽에서 접근해오던 태풍이 동쪽에서 접근해올 때가 있습니다. 이런 경우에는 기존의 태풍이었다면 그러지 않았을 지역에서도 큰비가 발생하기 때문에 조심할 필요가 있습니다.

태풍 발생 시 경계해야 할 것

태풍 때문에 입는 재해는 호우로 발생하는 수해 외에도 다양합니다. 일단 높은 파도가 있지요. 태풍은 파도로 시작해 파도로 끝난다는 말이 있을 정도로요. 주로 강풍이 불면 파도가 높아지는 풍랑과 풍랑이 멀리까지 전해져서 생기는 너울, 이 두 가지가 태풍 때문에 생기는 현상입니다. 너울은 태풍이 접근하기 며칠 전부터 일기 시작하며, 높은 파도의 영향은 태풍이 통과한 후에도 남습니다.

용오름은 특히 태풍의 진행 방향 우측 전방에서 잘 발생한다는 사실이 밝혀졌습니다. 2019년에 태풍 하기비스가 불었을 때는 지바현 이치하라시에서 큰비가 내리기 전에 키가 작은 미니 슈퍼셀에 의한 용오름이 발생했지요.

태풍의 중심과 가까운 오른쪽 진로에서는 바람이 특히 강합니다. 또 태풍은 반시계 방향으로 회전하며, 중심에 가까울수록 바람이 강하다는 특징이 있습니다. 기본적으로 주위 바람에 휩쓸려 밀려가지요. 그래서 진행 방향의 오른쪽에는 반시계 방향으로 도는 태풍 자체의 바람과 태풍을 미는 바람이 겹치기 때문에 유독 강한 바람이 부는 것입니다. 실제로 2019년 9월 태풍 파사이가 불었을 때 강한 세력의 태풍이 도쿄만 북동쪽으로 지나가자, 태풍의 중심과 가깝고 진행 방향 우측에 위치한 보소반도가 폭풍으로 심각한 피해를 입었습니다.

태풍이 불 때 경계해야 하는 것은 바로 해일입니다. 2018년에 태풍 제비가 불었을 때 기압이 떨어지면서 빨려 올라가는 효과와 폭풍에 의해 밀리는 효과, 이 두 가지가 겹쳐 오사카만 연안에서 해일이 발생했지요. 마침 간사이 국제 공항이 태풍의 중심 바로 옆, 진행 방향의 우측에 위치해 있었고 해일과 높은 파도까지 더해진 결과, 공항은 심각한 피해를 입었습니다. 그러므로 태풍이 온다는 소식을 접했다면 진행 방향을 기준으로 했을 때 내가 어느 쪽에 있는지를 확인한 후 대책을 세우는 것이 중요하겠습니다.

온대저기압이 되어도 방심은 금물

태풍이 일본 부근까지 북상하면 북쪽에 있는 찬 공기와 가까워집니다. 그러면 찬 공기와 태풍의 따뜻한 공기가 부딪히면서 전선의 구조를 가지게 되는데, 이것이 흔히 말하는 태풍의 온대저기압화입니다. 태풍이 온대저기압으로 바뀌면 이제 안심해도 된다는 오해를 많이 하는데, 태풍은 온대저기압이 되었다고 해서 약해지는 것이 아니므

온대저기압
· 넓은 범위에서 바람이 강함
· 빠르게 이동
· 찬 공기와 따뜻한 공기 사이에 존재함

태풍과 온대저기압의 차이

로 절대 방심해서는 안 됩니다.

온대저기압은 남북으로 온도 차가 나고, 서쪽 상공에서 기압골이 다가올 때 발달합니다. 한편 태풍은 바다에서 공급받는 수증기를 에너지원으로 삼아 발달합니다. 그래서 상륙하면 에너지원을 잃고 약해지지요. 태풍과 온대저기압은 어디까지나 그 구조만 다를 뿐 정해진 기준이 있는 것은 아닙니다. 온대저기압은 강한 바람이 광범위하게 불고 발달에 필요한 에너지원도 태풍과는 다르므로, 실제로 태풍이 온대저기압으로 변질된 후 저기압 세력이 다시 크게 발달한 경우도 있습니다. 그래서 태풍이 온대저기압으로 변질된 후에도 폭풍과 해일로 인한 피해가 발생하는 경우가 있는 것이지요.

기상청은 현재 온대저기압화된 경우에는 태풍 정보를 갱신하지 않고 있으며, 온대저기압이라도 주의하고 경계해야 하는 사항은 기상정보로 전달하고 있습니다. 폭풍이 완전히 지나갈 때까지는 최신 기상정보를 확인하면서 안전에 유의하는 것이 좋겠지요.

기후변화와 기상이변

태양 빛에서 시작되는 기상과 기후

기상과 기후는 엄밀히 말해 다릅니다. 단기적인 현상을 포함한 것이 기상이고, 장기간에 걸친 지구 규모의 평균적인 상태를 말할 때 기후라는 표현을 씁니다. 기상이든 기후든 모든 현상의 근원은 태양에서 오는 빛입니다. 태양광이 지구로 들어오기 때문에 기온이 변화하고, 기온이 변화하기 때문에 기압이 변화하고, 기압이 변화하기 때문에 바람이 불고 구름이 만들어지는 것이거든요.

태양광은 지표에 100퍼센트 도달하지 않습니다. 구름이나 지면에 부딪히면서 반사되어 밖으로 나가는 것도 있기 때문입니다. 지구에 도달하는 태양에너지를 100퍼센트라고 했을 때, 그중 30퍼센트가 구름이나 눈에 반사되어 우주로 되돌아갑니다. 지구는 남은 70퍼센트를 흡수해 적외선을 하늘로 방출하는데, 이때 중요한 것이 온실가스입니다.

이산화탄소, 메탄, 수증기 같은 온실가스가 있으면 지구의 복사

지구의 온도가 유지되는 원리

열이 흡수되었다가 재방출되어 지상으로 돌아옵니다. 지구 표면에서 방출되는 복사열과 온실가스가 흡수하여 재방출하는 열을 합하면 태양으로부터 받은 열과 같아지지요. 즉 우주에서 들어오는 에너지와 지구에서 내보내는 에너지가 균형을 이루는 상태가 되는 것입니다. 그렇기에 지구 전체의 표면 온도는 평균 약 14도로 유지됩니다. 온실가스가 전혀 없으면 영하 18도 정도까지 떨어진다고 하니, 지구에 사는 수많은 생물에게는 온실가스가 필수 불가결한 존재이지요.

기후변화를 일으키는 요인들

지구의 대기는 일시적으로 균형이 깨질 때가 있습니다. 화산 분화에 의한 미립자 증가, 해양 변화, 태양 활동의 변화, 인간의 활동 때문에 일어나는 변동이 바로 기후변화입니다.

대규모 화산 분화가 일어났을 때 화산재와 이산화황이 너무 강하게 분출되어 대류권보다 높은 성층권까지 도달하는 경우가 있습니다. 성층권의 대기는 안정된 상태라 공기가 위아래로 움직이지 않아 미립자가 아래로 잘 떨어지지 않기 때문에, 이산화황은 상공에 머무르면서 물과 화학반응을 일으켜 황산염이 된 뒤 몇 년 동안 성층권에 남기도 합니다. 그런데 에어로졸은 태양광을 산란시키므로 결국 지상에 도달하는 태양복사는 줄어들고 지구의 평균 온도는 일시적으로 떨어지게 되지요.

1991년 6월 필리핀 피나투보화산 대분화가 일어났을 때는 지구 전체의 평균 온도가 약 0.5도 떨어지는 바람에 일본에서도 냉해가 발생해 쌀 부족 사태가 벌어진 적이 있습니다. 참고로 화산 대분화로 기온이 떨어지는 기간은 1~2년 정도입니다. 대분화가 일어났다고 해서 지구온난화가 멈추는 것은 아니지요.

먼바다도 기후를 바꾼다

해양의 변화도 전 세계 기후에 영향을 주는데, 그 대표적인 예가 엘니뇨와 라니냐입니다. 엘니뇨란 태평양 적도 지역의 날짜변경선 부근에서 남미 연안에 걸쳐 해수면 온도가 평년보다 높은 상태가 일년 정도 지속되는 현상입니다. 페루와 에콰도르에서 예수의 탄신일인 크리스마스 즈음에 해수면 온도가 상승해 멸치가 잡히지 않자 어부가 슬퍼했다고 하여, 예수 그리스도를 뜻하는 '엘니뇨'라 부르게 되었다고 합니다. 엘니뇨는 스페인어로 남자아이라는 뜻도 있습니

다. 반대로 해수면 온도가 평년보다 낮아지는 '라니냐'는 여자아이라는 뜻입니다.

그렇다면 엘니뇨와 라니냐는 왜 일어날까요? 적도 부근의 남미 연안에서는 보통 동풍인 무역풍이 불기 때문에 심해의 차가운 물이 상승합니다. 하지만 무역풍이 약할 때는 찬물이 위로 올라오지 않아 해수가 따뜻한 상태로 유지되어 엘니뇨 현상이 일어나지요. 반대로 동풍이 강한 상태에서는 찬물이 상승하면서 라니냐 현상이 일어납니다. 바람이 바다를 변화시키고, 바다가 대기를 변화시키는 것이지요.

엘니뇨가 나타나면 일본 부근에 추운 여름이 찾아오는 경향이 있습니다. 인도네시아 주변을 비롯한 서부 열대 지역의 따뜻한 해수가 동쪽으로 이동하면 해수면 온도가 내려가고 적란운도 형성되지 않습니다. 적란운의 활동이 약해지면 태평양고기압이 북쪽으로까지 세력을 확장할 수가 없으므로 여름철 일본 부근의 기온이 상승하지 않는 것이지요.

반면에 라니냐가 나타나면 서부 열대 지역의 해수면 온도가 높아지므로 적란운의 생성과 발달이 활발해지고 태평양고기압이 북쪽까지 세력을 확장해 여름철 일본 기온이 상승하는 경향이 있습니다. 또 엘니뇨가 나타날 때는 따뜻한 겨울이 찾아옵니다. 저기압의 활동이 활발하여 간토 지방에서는 강설량이 증가한다는 통계 연구도 있습니다. 서고동저형의 겨울형 기압배치 자체는 약해지는 경향이 있지요. 반대로 라니냐가 나타날 때는 겨울에 일본 부근의 서고동저형 기압배치가 강해져 찬 공기가 쉽게 유입되므로 추운 겨울을 맞게 됩니다.

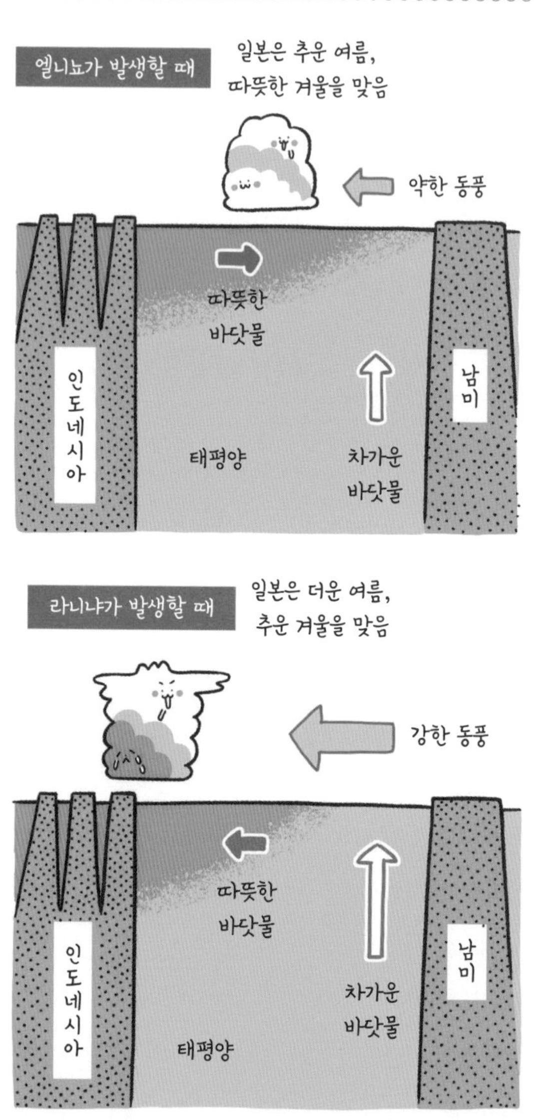
엘니뇨가 발생할 때
일본은 추운 여름,
따뜻한 겨울을 맞음
약한 동풍
따뜻한
바닷물
인도네시아
남미
태평양
차가운
바닷물
라니냐가 발생할 때
일본은 더운 여름,
추운 겨울을 맞음
강한 동풍
따뜻한
바닷물
인도네시아
남미
차가운
바닷물
태평양

(위) 엘니뇨
(아래) 라니냐

기상이변 현상의 증가

기상이변은 엘니뇨와 라니냐에 비해 지속 기간이 짧은 현상입니다. 과거에 경험한 현상에서 크게 벗어난 매우 드물고 극단적인 현상으로, 호우나 폭풍같이 몇 시간 정도에 그치는 단기 현상부터 몇 개월간 지속되는 가뭄, 추운 여름, 따뜻한 겨울, 재해까지를 포함하는 개념입니다. 즉 기상이변이란 어느 지역에서 30년에 1회 이하의 빈도로 평상시 기후 수준을 크게 벗어난 기상 현상이 발생하는 것을 말합니다.

최근 전 세계에서 열파, 고온, 호우, 홍수 등 다양한 기상이변이 나타나고 있는데, 그 배경에는 지구온난화가 있습니다. 과거 1400년을 돌아보았을 때 지구의 온도가 가장 뜨거운 시기는 현재입니다. 온실가스가 지구에 꼭 필요한 것은 맞지만, 산업혁명이 일어난 18세기 이후 공장에서 배출되는 배기가스와 인간의 활동으로 인해 배출되는 이산화탄소 양이 증가한 결과, 태양복사와 지구복사의 균형이 깨져 밖으로 나가야 할 에너지가 지구로 다시 돌아오고 있기 때문이지요.

그 영향으로 기온과 해수의 온도가 상승했습니다. 특히 기온은 19세기 후반부터 크게 상승하여 100년 전보다 이미 약 1도가 상승했고요. 고작 1도 가지고 왜 이렇게 호들갑이냐 생각할 수도 있지만, 이것 때문에 엄청난 문제가 하나둘씩 나타나기 시작했습니다. 가장 많이 언급되는 것이 바로 폭염일 증가이지요. 폭염일은 그날의 최고 기온이 35도를 넘는 날을 말하며, 일본에서는 100년 전과 최근 30년을 비교했을 때 3.5배 정도 증가했습니다.

호우도 시간당 80밀리미터 이상의 세찬 비가 관측되는 횟수가 40년 전과 최근 10년을 비교했을 때 약 1.8배 증가했습니다. 도시화

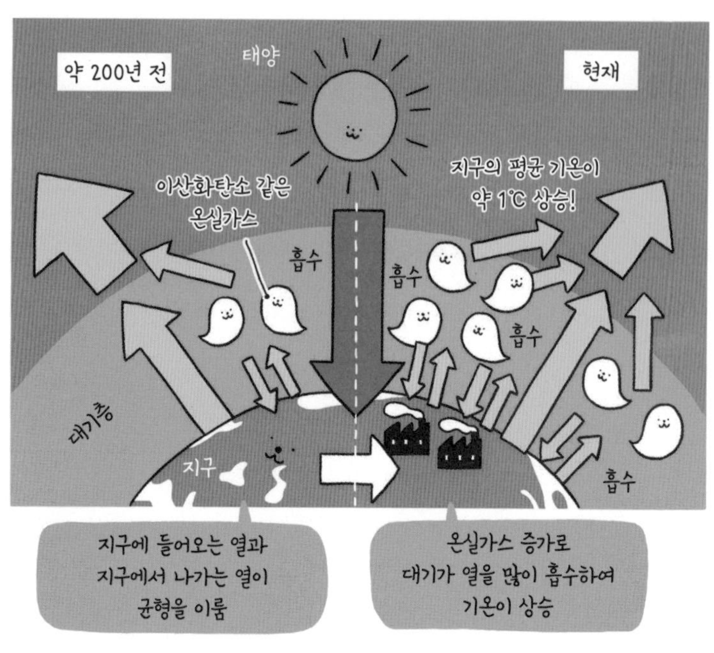
약 200년 전
태양
현재
이산화탄소 같은
온실가스
지구의 평균 기온이
약 1℃ 상승!
흡수
흡수
흡수
흡수
대기층
지구
지구에 들어오는 열과
지구에서 나가는 열이
균형을 이룸
온실가스 증가로
대기가 열을 많이 흡수하여
기온이 상승

지구온난화의 원리

의 영향도 있지만 가장 큰 원인으로는 지구온난화가 꼽히고 있습니다. 집중호우 발생 빈도도 45년 동안 약 두 배, 장마 시기로 국한하면 약 네 배나 증가했고요.

지구온난화 때문에 초밥이 사라진다고?

시뮬레이션을 돌렸을 때 21세기 말 지구의 평균 기온이 산업혁명 전에 비해 4도가 상승하면 다양한 분야에서 심각한 문제가 나타날 것이라고 합니다. 일단 슈퍼태풍이라 불리며 엄청난 세력을 떨치는 태풍의 비율이 늘고, 일본 가까이 접근하는 태풍의 세력도 강해질 것이

라 예상됩니다. 태풍의 이동 속도 또한 느려져 영향이 장기화될 것으로 보이고요.

기온이 상승하면 평균적으로는 강설량이 감소하겠지만, 단기적으로 강한 찬 공기가 유입되면서 발생하는 일본 서해 한대기단수렴대의 영향으로 폭설이 증가하리라는 예측도 나옵니다. 평소 내리는 눈의 양이 적기 때문에 대비가 느슨해져 있을 때 폭설이 온다면 피해가 더욱 심각해질 우려가 있지요. 2100년에는 전국적으로 여름 최고기온이 40도를 넘는 날이 증가하고, 열사병으로 인한 사망자가 연간 1만 5000명에 달할 것이라는 시뮬레이션 결과도 있습니다.

지구온난화는 동식물에도 영향을 미칩니다. 이미 벚꽃의 개화시기는 전국적으로 앞당겨졌는데, 2100년이 되면 2월이 벚꽃 시즌이 될 것이라 예측됩니다. 귤이나 배를 재배할 수 있는 지역이 점점 사라지고, 따뜻한 지역에서 모기 같은 생물의 서식 범위가 확대되면서 감염증에 걸릴 위험성이 높아질 것으로 보입니다.

이산화탄소 증가는 해수의 산성화를 촉진하므로 해양 생태계에도 큰 영향을 미칩니다. 2100년에는 참치, 오징어, 게 등 초밥에 많이 들어가는 식재료가 사라질지도 모릅니다. 최악의 경우에는 2100년에 해수면이 1미터나 상승할 수도 있다고 합니다. 그렇게 되면 일본의 모래사장 중 90퍼센트가 소실되고 도쿄의 대부분 지역이 침수되어 3400만 명이나 되는 사람이 피해를 볼 것입니다.

6장

일기예보가 원래 이렇게 재밌었나?

일기예보는
왜 자꾸 틀리는 걸까?

예측이 힘든 이유

인간이 살아가는 데 절대 빼놓을 수 없는 것 중 하나가 바로 일기예보입니다. 우산을 들고 나갈지, 옷을 어떻게 입을지, 외출을 할지 말지 같은 일상적인 판단을 내릴 때 유용하게 쓰이기 때문이지요.

하지만 '이렇게 과학이 발달했는데 왜 일기예보는 자꾸 틀리는 거지?'라는 의문을 가지는 사람도 있을 겁니다. 일기예보의 바탕이 되는 수치예보는 관측 데이터를 가지고 가상의 삼차원 대기를 만든 뒤, 그것을 출발점으로 삼아 운동방정식으로 미래의 상태를 예측합니다. 이 시뮬레이션 해상도에 비해 규모가 너무 작은 현상이면 예측이 힘들지요. 예를 들어 수평해상도가 5킬로미터인 수치예보모형의 경우, 일기도에 나오는 저기압 같은 것들은 내부 구조까지 전부 표현이 되지만, 개개의 적란운이나 용오름은 너무 작아서 표현이 되지 않습니다.

또 계산에 쓰이는 초기 수치에는 오차가 있기 마련입니다. 대기

적란운

운동에는 시간이 지날수록 초기 수치의 미세한 차이가 점점 커진다는 예측 불가능한 카오스적 성질이 있습니다. 아주 작은 오차라 해도 시간이 지나면 무시할 수 없을 만큼 커지는 것이지요.

작은 움직임이 시간이 경과함에 따라 멀리 전달되면서 증폭된다는 이 개념은 미국의 기상학자 에드워드 로렌츠가 1972년에 발표한 것입니다. 로렌츠가 '브라질에서 한 나비의 날갯짓이 텍사스에서 용오름을 일으키는가?'라는 제목으로 발표하여 이 개념을 '나비효과'라고 부르지요. 정확히 계산한다 해도 출발점이 조금이라도 어긋나면 점진적으로 조금씩 큰 파장을 일으켜 결국에는 전혀 예상치 못한 결과를 가져온다는 것입니다.

주간 예보를 포함한 중기 예보, 계절 예보를 포함한 장기 예보, 태풍 예보 모두 카오스 문제를 피해갈 수 없습니다. 그래서 카오스적 성질을 역으로 이용해 오차를 미리 주고 여러 시뮬레이션을 돌려본

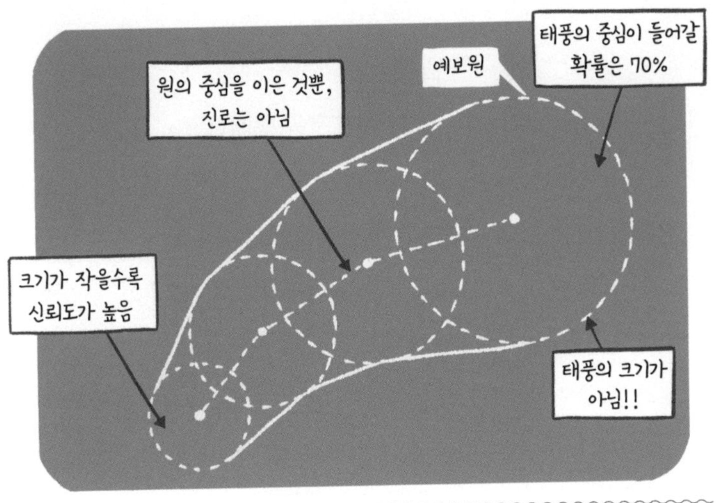

태풍 정보 예보원의 예상 경로

후 도출되는 결과들을 평균하여 날씨 변화 가능성을 예측하는 '앙상블예보'가 사용됩니다.

태풍 정보에 사용되는 예보원도 앙상블예보를 통해 나온 것입니다. 예보원은 예보하는 시간에 태풍의 중심이 위치할 확률이 70퍼센트인 원입니다. 앞으로 나아갈수록 원이 커지는데, 태풍의 규모 자체가 커진다는 의미는 아닙니다. 많이들 오해하는 듯하지만 이는 시간이 지나면서 예측 불확실성이 점점 커짐을 보여주는 것입니다.

일본 기상청 홈페이지에 가서 주간 예보를 보면 A부터 C까지 신뢰도가 표시되어 있습니다. 이것도 앙상블예보 결과를 이용한 것입니다. 비가 내릴지 여부에 관한 적중률이 내일 날씨를 예보하는 수준으로 높은 것이 A이며 B, C 순으로 확률이 떨어집니다.

미립자가 구름을 바꾼다

우리가 아직 기상에 대해 완전히 파악하지 못한 것도 일기예보가 틀리는 이유 중 하나입니다. 그중 특히 구름에 대한 연구는 현재진행형입니다. 대부분의 구름은 대기 중의 미립자인 에어로졸을 핵으로 하여 발생합니다. 공기가 습한 날에는 굴뚝에서 나온 연기가 그대로 구름이 되는 경우가 있습니다. 이는 굴뚝에서 나온 연기가 핵 역할을 하여 구름을 만들어내는 것이지요.

에어로졸이 구름과 강수에 미치는 영향 중에서도, 특히 물방울만으로 이루어진 키가 작은 물구름에 미치는 영향은 어느 정도 밝혀냈습니다. 에어로졸이 적으면 발생하는 구름 입자 수가 감소하기 때문에 입자 하나당 성장에 쓸 수 있는 수증기량이 증가합니다. 그러면 구름 입자가 금세 성장하여 비가 되므로 우량은 늘어나고 구름의 수명은 짧아지지요.

반대로 에어로졸이 많으면 구름 입자 수가 증가하기 때문에 입자 하나당 소비할 수 있는 수증기량이 감소하므로 구름 입자는 성장하기가 힘들어집니다. 그 결과 우량은 감소하고 구름의 수명은 길어지지요.

이는 지구온난화를 예측하는 데 굉장히 중요합니다. 구름은 태양복사를 반사하여 지구의 온도를 낮추는 역할을 하거든요. 구름의 수명과 양이 변하면 그만큼 태양복사를 반사하는 정도도 달라지므로 지구의 온도에도 영향을 주게 됩니다.

한편 얼음을 포함한 키가 큰 구름, 예를 들어 적란운에 미치는 에어로졸의 영향은 아직 명확히 밝혀지지 않았습니다. 에어로졸이

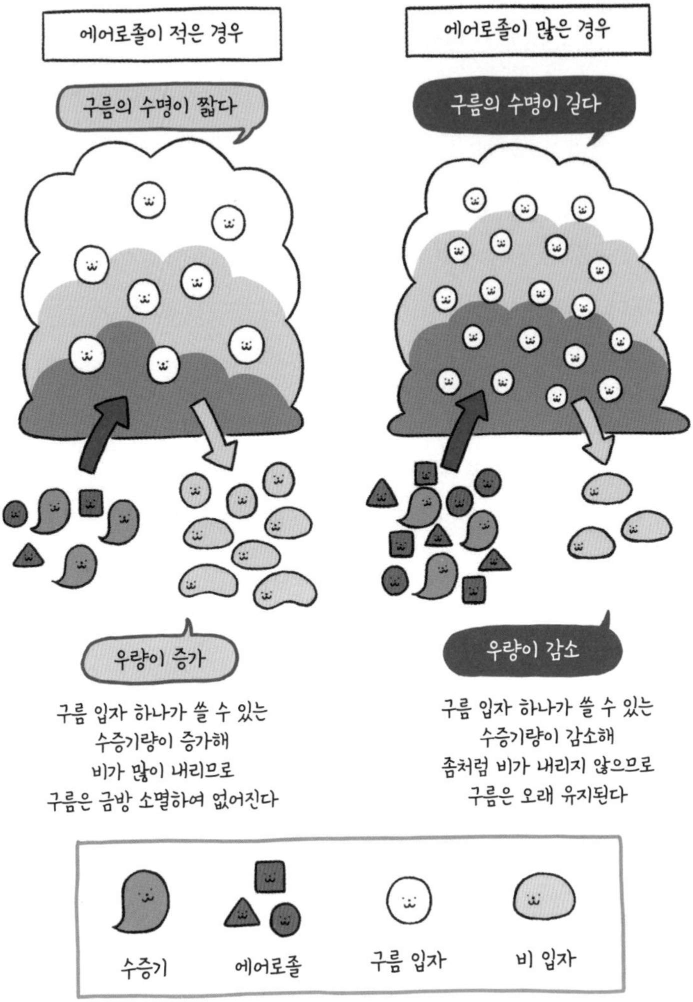

에어로졸이 적은 경우

구름의 수명이 짧다

우량이 증가

구름 입자 하나가 쓸 수 있는
수증기량이 증가해
비가 많이 내리므로
구름은 금방 소멸하여 없어진다

에어로졸이 많은 경우

구름의 수명이 길다

우량이 감소

구름 입자 하나가 쓸 수 있는
수증기량이 감소해
좀처럼 비가 내리지 않으므로
구름은 오래 유지된다

수증기 에어로졸 구름 입자 비 입자

에어로졸이 키가 작은 물구름에 미치는 영향

증가하면 구름이 더 잘 발달하고 그만큼 구름에 공급되는 수증기량이 많아질 테니 우량이 증가할 것이라는 설이 있지요. 에어로졸의 수는 인간의 활동에 영향을 받아 변화하는데, 대형 트럭이 배출하는 배기가스 때문에 화요일부터 목요일까지 그 수가 가장 많습니다. 이 영향으로 적란운은 수요일에 잘 발달한다는 연구가 있을 정도입니다.

이처럼 에어로졸이 증가하면 우량도 증가한다는 설을 실증하는 관측 연구가 있는가 하면, 반대로 이를 반증하는 관측 연구도 있습니다. 게다가 대기의 상태, 위아래로 바람이 어긋나는 것, 적란운의 형태와 집합체에 의해서도 구름과 강수에 미치는 영향이 달라지므로 현재까지도 논의가 계속되는 중입니다.

자, 여기까지가 물로 된 구름 입자를 만드는 에어로졸에 대한 설명이었습니다. 얼음 결정의 핵이 되는 에어로졸에 대해서는 그것이 원래 어떤 것이고, 어디에 얼마나 존재하며, 어떻게 변동하는지조차 정확히 알지 못합니다.

이런 이유로 지구온난화를 예측할 때 에어로졸과 구름, 강수의 관계는 불확실성이 크고, 나아가 일기예보 같은 단기 예보에도 영향을 준다고 볼 수 있습니다. 실제로 현재 기상청에서 운용 중인 수치예보모형은 에어로졸의 영향을 제대로 다루고 있지 않습니다. 앞으로는 에어로졸과 구름, 강수의 관계를 좀 더 깊이 있게 이해하고, 에어로졸의 조성과 분포를 다루는 화학 모형을 접목하여 보다 상세한 시뮬레이션을 돌릴 필요가 있어 보입니다.

기상정보의 미래

현재 일기예보는 관측 데이터를 바탕으로 가장 정확도 높은 초기 수치를 사용하는 결정론적 예측 방법을 사용하므로 시나리오를 작성합니다. 대부분은 가장 최근 초기 수치의 정확도가 높기 때문에 그 결과를 가지고 작성한 일기예보를 발표합니다.

단, 결정론적 예측이지만 예측이 현실과 완전히 어긋나는 경우가 있습니다. 적란운과 선상강수대, 남안저기압 때문에 간토 지방에 눈이 내리고 태풍이 부는 것이 전형적인 예지요. 지금의 기술로는 이런 현상을 정확히 예측하기 어렵기 때문에 처음부터 결정론적 예측이 불확실하다는 것을 전제로 인간이 예보 시나리오를 작성해야 합니다.

한편 기상 캐스터로 일하는 친구의 말에 따르면, 대중매체 중에는 시청자가 만족할 것 같은 정보에 사실을 과장하거나 왜곡한 내용을 보태 예보를 제공하려는 곳도 있다고 합니다. 불확실하다는 걸 알면서도 특정 시나리오를 꼽아 정확한 사실인 것처럼 단호하게 전달하고 싶은 것이지요. 시청자 입장에서도 그렇게 단호하게 말해주면 심리적으로 안심이 되니, 미디어는 특정 시나리오를 꼽아 전달합니다. 하지만 과연 그래도 괜찮은 것일까요?

최근에는 기상청에서 단기 예보용 중규모 앙상블 데이터를 제공하고 있습니다. 이 데이터를 잘 활용하면 예보가 어렵고 사회적 영향이 큰 남안저기압에 의한 강설 같은 현상에 대해서도 좀 더 과학적이고 올바른 정보를 제공할 수 있지 않을까요? 예를 들어 남안저기압 때문에 간토 지방에 눈이 내릴지 여부를 '내일은 도쿄 날씨가 흐릴

확률이 30퍼센트, 비가 올 확률이 10퍼센트, 눈이 내릴 확률이 60퍼센트'라고 표현할 수 있습니다. 물론 이렇게 예보하면 오히려 헷갈린다고 말하는 사람이 있을지도 모르겠습니다만, 예측이 힘들다는 사실을 솔직하게 전달하는 것이 과학적으로는 더 올바르지 않을까요?

물론 대중매체의 목표 중 하나가 시청자를 만족시키는 것이라는 점을 생각하면 하나를 꼽아 단정적으로 전하고 싶은 마음도 이해가 갑니다. 다만 그런 행동은 결과적으로 시청자의 과학 문해력을 무시하는 꼴이 될 수도 있으니 한편으로는 우려스러운 마음도 듭니다.

일반인들도 기상정보를 이해하는 힘을 기를 수 있도록 정보를 반복해서 계속 제공한다면 미디어도 더욱 과학적이고 올바른 해설을 할 수 있게 되겠지요. 우선 이 책을 읽고 계신 여러분처럼 기본적인 기상 지식을 익히면 사회 전체가 좀 더 나은 방향으로 변화하지 않을까 생각합니다.

기상학과 경제활동

아이스크림 판매량을 좌우하는 날씨

현재 다양한 경제 분야가 기상학을 주목하고 있습니다. 기상청이 공개한 다종다양한 기상 데이터를 활용하여 비즈니스의 효율화와 생산성 향상을 추구하는 조직인 '일본 기상 비즈니스 추진 컨소시엄'이 설립되어 이미 수많은 분야에서 기상 데이터가 활용되고 있기도 하답니다.

제조업과 판매업에서는 기온과 날씨에 따라 제품 판매 양상이 달라집니다. 최고기온이 높은 날에는 아이스크림이 잘 팔리는 것처럼 음료, 계절 식품, 의류는 기상의 영향을 특히 많이 받습니다. 기상 데이터를 활용해 사업을 예측하여 판매 기회 상실과 식품 로스를 줄이려는 노력은 이미 널리 이루어지고 있습니다. 에너지 분야도 태양광발전으로 얻는 발전량이 기상의 영향을 직접적으로 받고, 전력 수요와 거래 가격도 기온의 영향을 크게 받지요.

재생에너지 이용에 필요한 기상 예측

태양광발전이나 풍력발전 같은 재생에너지도 기상의 영향을 크게 받습니다. 일본에서도 2011년에 동일본대지진이 발생한 후 재생에너지에 대한 관심이 높아지면서 기상학과 연계하여 운용 개선을 도모하려는 움직임이 활발해졌습니다.

구름을 비롯한 날씨 자체가 일사량에 영향을 주기 때문에 태양광발전에는 기상 예측이 필수입니다. 태양광 패널에 눈이 쌓였는지, 쌓인 눈이 언제 녹을지는 발전량에 영향을 주는 데다 대량의 눈이 쌓이면 태양광 패널이 고장 날 수 있기 때문에 강설량 예측이 굉장히 중요하지요.

한편 풍력발전을 이용하려면 항상 바람이 있는 곳이나 바람이 강하게 부는 곳에 풍차를 설치해야 합니다. 그 지역만의 특유한 바람을 잘 포착해 안정적으로 운영해야 하지요. 지형 때문에 발생하는 산곡풍이나 해륙풍을 활용하는 것도 가능한데, 국지적 현상을 예측하기 위해 필요한 이 세밀한 시뮬레이션 기술은 현재 연구 개발 중입니다.

오픈 데이터로 날씨 예측하기

일본은 기상업무법에 의거해 태풍예보와 태풍주의보 같은 방재 관련 정보를 불특정 다수에게 발표할 수 있는 권한을 기상청에게만 부여했습니다. 방재 관련 정보는 인명과 직결되는데, 기술적 근거가 없는 엉터리 정보가 마구 나돌면 사회에 혼란을 초래할 우려가 있기 때문입니다.

하지만 최근 수요가 높아진 홍수 및 토사 재해 예보와 관련해서

는 기상청 내에 고도로 전문적인 연구를 하는 사람이 적어, 외부 연구 기관의 정보도 활용해야 한다는 목소리가 나오고 있습니다. 또 최근에는 대학에서 실시한 최신 연구를 가지고 연구 기관과 민간 기업이 홍수나 토사 재해 예보를 평가하여 일반인을 대상으로 정보를 제공하는 환경이 정비되고 있기도 합니다. 최신 시뮬레이션 기술을 활용할 수 있다는 의미에서 민간 사업자가 참여하는 길이 열린 것은 큰 진전이라 할 수 있지요.

미국 등지에서는 오픈 데이터의 취지에 따라 연구용 데이터를 공개하고 있습니다. 앞으로는 민관의 구별을 두지 않고 기술 개발을 추진해 성과를 사회 전체에 환원하는 노력이 더욱 필요할 것입니다.

지진운을 보면 불안한가요?

구름이 지진의 전조가 될 수 있을까?

결론부터 미리 말하자면 구름은 지진의 전조가 될 수 없습니다. 지진운이라 불리는 구름은 어디에나 존재하는 지극히 흔한 구름입니다. 우리가 흔히 지진운이라 말하는 구름은 대부분 비행운입니다. 비행운 중에는 수직으로 떨어지는 듯 보이는 것, 수직으로 올라가는 듯 보이는 것, 습한 하늘에서 성장하여 용오름과 비슷한 형태를 띠는 것이 있습니다. 대기중력파를 가시화하는 파도구름도 지진의 전조로 오해받기 쉬운 구름이지요.

새빨갛게 타는 듯한 붉은 하늘, 붉은 달, 붉은 태양을 보고 두려움을 느끼는 사람들도 있습니다. 이런 구름과 하늘의 모습은 대기에서 일어나는 현상이므로 모두 기상학으로 설명이 가능합니다. 땅속에서 일어나는 현상이 상공에 떠 있는 구름에 영향을 주는지에 대한 여부는 아직 밝혀지지 않았지만 말입니다.

일본 기상청과 지진학회는 지진운이라는 존재가 증명된 것은

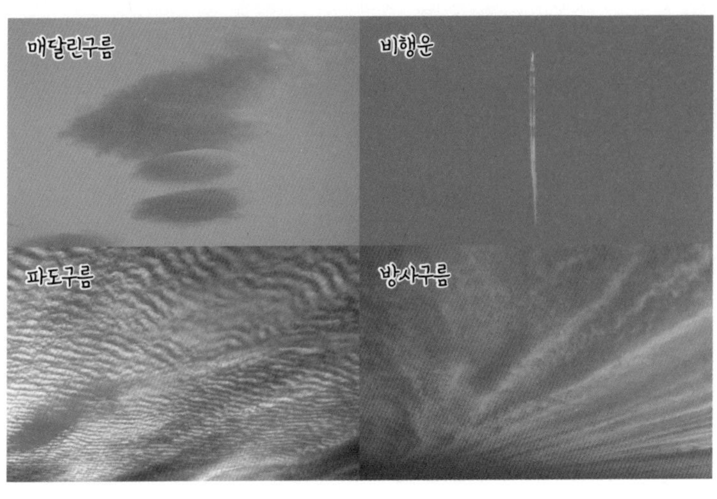

아니라고 말합니다. 과학적으로 중립적인 입장에서 말한다면 이것은 정확한 표현입니다. 다만 존재하지 않는 것을 과학적으로 증명하기란 악마의 증명이라 표현할 만큼 매우 어려운 일이지요. 만약 기상학적으로 설명이 끝난 현상에 지표면의 변화가 영향을 주었다 하더라도, 인간이 구름의 형태만 보고 그것을 구별하여 인식하기란 불가능합니다. 그러므로 구름은 결코 지진의 전조 현상이 될 수 없지요.

지진운일까 불안하다면

"이게 지진운인가요?"라며 사진을 보낸 사람에게 구름에 대한 설명을 해주면 크게 두 가지 반응을 보입니다. 하나는 안심하는 반응인데, 이 반응을 보이는 사람은 주위 사람들에게 지진운 이야기를 들었을 때 본인이 잘 모르기 때문에 괜히 더 불안함을 느낀 경우입니다.

또 하나는 구름의 이름과 원리를 알지만 불안이 해소되지 않는 경우입니다. 예전에 이런 분에게 "왜 불안하신 건가요?"라고 물어본 적이 있습니다. 그러자 사회정세를 비롯한 이런저런 걱정거리 때문에 심란하니까 그 불안한 감정을 낯선 구름에 투영시키는 게 아니겠냐며 스스로 분석을 하시더군요. 대화를 통해 지진운이 무엇인지 조금씩 알게 되신 듯했습니다.

인간이라면 누구나 익숙하지 않거나 모르는 대상에게 두려운 감정을 느끼기 마련이지요. 그러니 지진이 걱정된다면 평소에 미리 대비를 해두는 것이 좋습니다. 구름의 변화가 무엇을 의미하는지를 알게 되면 방재 의식이 한층 높아지겠지요. 구름은 날씨의 변화를 알 수 있는 기준이 되니까요.

구름에 대해 잘 알게 되면 언젠가는 구름을 보는 것이 즐거워지리라 생각합니다. 그리고 구름을 감상하고 즐길 수 있게 되면 불안한 감정을 구름에 투영시키는 일도 없어지겠지요. 구름의 매력이 널리 알려져 많은 사람이 함께 구름을 즐기는 날이 오면 좋겠습니다.

유사 과학과 음모론

대규모 자연재해가 발생하면 어김없이 등장하는 것이 바로 음모론입니다. 어떤 음모 때문에 인위적으로 일어난 사고가 아니냐는 소문이 흘러나오는 것이지요. 세상에는 어딜 가나 이렇게 사실과는 동떨어진 비과학적 논리로 불안과 대립을 조장하는 사람들이 꼭 있습니다. 연구에 따르면 SNS에 그런 글을 올리는 사람은 극히 일부로 전체의 1퍼센트 정도에 불과하다지만, 그것이 확산되어 수많은 대중에게 퍼져나가기 때문에 골치가 아픈 것입니다.

현재 기술로는 일시와 장소, 크기를 특정할 수 있을 만큼 정확도 높은 지진 예측이 불가능합니다. 그런데 '이날 이 시간에 이 장소에서 지진이 일어날 것이다'라고 헛소문을 흘려 사람들의 불안감을 조장하며 온라인 회원제 사이트에서 돈을 버는 사람도 있다고 하네요.

일기예보를 내보낼 때 기상청은 예측의 정확도를 확인하기 위해 강수맞힘률이 아닌 강수예보적중률을 사용합니다. 강수맞힘률은 실제로 비가 내린 경우만을 추출한 뒤 예보가 맞은 비율을 계산합니다. 비가 내리든 날씨가 맑든 매일 비 예보를 낸다면 맞힘률은 100퍼센트가 되겠지요. 일단은 숫자가 크니 언뜻 보기에는 정확도가 높아 보입니다.

그에 반해 적중률은 비가 내린다 하고 실제로 내렸을 때와, 내리지 않는다 하고 실제로 내리지 않았을 경우를 모두 다루고 있기 때문에 예보가 맞았는지 틀렸는지가 명확합니다. 그래서 강수예보적중률이 일기예보를 평가하는 방식으로 더 적합한 것이지요.

일본 기상청의 긴급 지진 속보 적중률은 2019년도에 90퍼센트를 넘었습니다. 한편 일본에서는 규모 4 이하의 지진이 매일같이 일어나고 있으니, 내일 지진이 일어날 것이라고 예보하면 거의 들어맞습니다. 온라인상에 떠도는 지진 예측은 전부 근거 없는 주장들이니 진지하게 받아들이지 말고 평소에 지진에 대한 대비를 하는 것이 좋겠지요.

유사 과학과 음모론을 구분하는 포인트는 두 가지입니다. 첫째는 공공기관에서 발표한 정보인지 확인하는 것이고, 둘째는 근거가 될 만한 과학적 데이터가 있는지 확인하는 것입니다. 특정 단어만 넣

비가 내렸을 때와 내리지 않았을 때를 모두 다루기 때문에
일기예보가 적중했는지 평가할 수 있다

비가 내린 경우만을 다루기 때문에
날씨랑 상관없이 비 예보를 계속 내면
맞힘률은 100%가 된다

강수예보적중률과 강수맞힘률

고 검색하면 잘못된 논설을 긍정적으로 쓴 기사가 많이 나오기 때문에, 조금 이상하다 싶으면 '유사 과학'이나 '음모론'이라는 말을 같이 넣어 검색해보세요. 그런 과정을 거치면서 과학적으로 올바른 정보를 찾아야 합니다.

레이더에 포착되는 수상한 흔적

기상 레이더 정보는 이미 많은 사람이 생활 속에서 활용하고 있는데, 가끔 이상하게 나타나는 경우가 있습니다. 그중 하나는 넓은 지역에 비나 눈이 내리고 있을 때 강수 분포에 끊어진 부분이 보이는 경우입니다. 2022년 10월, 북한이 탄도미사일을 발사했을 때 홋카이도에서 이런 에코가 보여 미사일이 비구름을 없애버렸거나 레이더 전파를 차단한 게 아니냐는 우려의 목소리가 많았지요. 그런데 이건 실제로 레이더 전파가 산이나 고층 건물 때문에 차단된 음영입니다.

레이더는 근처에 장애물이 있으면 그 너머를 볼 수 없습니다. 그래서 뚝 끊긴 듯 보이는 공백의 띠가 생기는 것이지요. 유명한 사례는 지바현 가시와시에 있는 도쿄 레이더로, 인근 고층 건물 때문에 레이더 설치 장소에서 동북동쪽을 향해 두 줄의 공백 띠가 생길 때가 있습니다.

또 추운 시기에 넓은 지역에서 비가 내리면 도넛 모양으로 에코가 강조되어 보이는 경우가 있습니다. 이것을 '밝은 띠'라고 부르는데, 기온이 0도인 높이(융해층)에서 녹기 시작한 눈이 전파를 강하게 반사시켜, 레이더 설치 장소를 중심으로 원형의 에코가 생기는 것입니다. 그렇다고 원형을 따라 빗줄기가 거세지는 것은 아닙니다.

레이더는 수평 방향으로 360도 회전하면서 레이더에 잡히는 하늘 전체의 비와 눈을 관측합니다. 강수 분포는 거의 같은 높이의 에코를 합성한 것이므로 원형의 밝은 띠가 작으면 융해층이 지상 가까이 위치한다는 뜻입니다. 그래서 지상에서 비가 눈으로 바뀔지에 대한 여부를 판단하는 기준으로 이용되기도 하고요. 에코의 특징도 음모론처럼 다루어질 때가 있는데, 왜 그렇게 보이는지를 알면 안심이 되겠지요?

날씨 예측의 시초,
관천망기

하늘을 보고 날씨를 예상하다

'관천망기觀天望氣'란 하늘과 구름을 관찰하여 날씨의 변화를 예상하는 것입니다. 지금 같은 일기예보가 없었던 시대부터 농업이나 어업 등 기상 상황의 영향을 직접적으로 받는 사람들 사이에서 축적되어 온 지혜이지요. 넓게는 생물의 행동을 관찰하는 것까지를 포함하지만, 과학적 근거는 거의 없고 원인과 결과가 뒤바뀌어 있거나 틀린 경우가 많습니다.

반면 대기 상태가 직접적으로 반영되는 구름이나 하늘을 관측하는 관천망기는 꽤 믿을 만합니다. 관천망기의 대표적인 예가 바로 '무리'입니다. 예로부터 태양이나 달 주변에 빛의 고리가 생기면 비가 온다는 말이 있는데, 여기에는 근거가 있습니다. 전선이나 저기압이 서쪽에 있을 경우, 상공에 편서풍이 부는 일본 부근은 서쪽부터 날씨가 바뀌기 때문입니다.

상공의 공기가 먼저 습해지기 시작하면서 권운과 권층운이 넓

무리

게 깔리면, 권층운과 함께 태양 주위에 빛의 고리인 햇무리가 생깁니다. 그 후 점점 구름이 두터워지면서 햇무리가 사라지고 비가 오지요. 무리가 나타났다고 반드시 날씨가 흐려지는 것은 아니지만, 무리가 관측된 뒤 구름이 두꺼워졌다면 서쪽에서부터 날씨가 흐려질 가능성이 높다고 할 수 있습니다. 일기예보에서 서쪽부터 흐려진다는 말이 나오면 하늘을 한번 올려다보세요. 권층운이 떠 있는 하늘에서 무리를 만날 가능성이 높으니까요.

후지산의 삿갓구름과 매달린구름도 기상 악화를 가늠하는 기준이 됩니다(118쪽 참고). 후지산 외 지역에서도 렌즈 모양 구름이 나타날 때는 상공이 습하고 바람이 강하게 불며 서쪽에서부터 날씨가 나빠지기도 합니다. 비행운도 상공이 습할 때 오래 남으므로 기상 악화를 가늠하는 기준이 될 때가 있고요.

한편 '아침노을은 비, 저녁노을은 맑음'이라는 말도 있는데, 반드

시 그런 것은 아닙니다. 일본은 저기압이 서쪽에서부터 이동해오는 경우가 많아, 아침노을이 보인다는 것은 동쪽 하늘이 맑다는 의미이므로 서쪽에서부터 비가 내린다는 논리인 듯합니다. 하지만 서쪽 하늘이 맑을 때도 있기에 아침노을이 졌다고 반드시 서쪽부터 날씨가 흐려질 것이라 단정할 수는 없습니다.

저녁노을이 맑다는 것도 저녁노을이 지면 서쪽 하늘이 맑다는 의미이기 때문에 다음 날도 맑을 것이라는 논리입니다. 하지만 높은 하늘에 구름이 떠 있고 저녁노을이 졌는데, 그 후 구름이 두꺼워지면서 비가 내리는 경우도 있답니다.

관천망기에 제격인 구름

그래도 적란운 관천망기는 꼭 해보셨으면 합니다. 적란운은 정확하게 예측하기가 어렵기 때문에 날씨가 급변하는 모습을 직접 보고 판단하는 관천망기가 효과적이기 때문이지요. 일단 매끈한 모자처럼 생긴 두건구름은 웅대적운 꼭대기에 나타납니다. 두건구름은 발달 중인 웅대적운의 상승기류가 상공의 습한 공기층을 밀어 올려 층 전체가 응결하면서 만들어집니다. 이 구름은 대기 상태가 불안정함을 보여주지요.

또 적란운 상층부에서 옆으로 퍼진 모루구름만 봐도 대기 상태가 불안정해 날씨가 급변할 가능성이 있다는 걸 알 수 있습니다. 모루구름은 상공의 바람을 타고 흘러가 윗부분이 짙은 권운이 되기도 합니다. 푸른 하늘 한쪽에서 짙은 권운이 확산되며 다가오면 그 끝에는 한계 지점까지 발달한 적란운이 존재할 가능성이 있는 것이지요.

두건구름

확산된 구름 밑면에 울룩불룩한 혹 모양의 유방구름이 나타나는 경우도 있습니다. 적란운의 진행 방향에 나타날 때가 있으니 유방구름이 머리 위에 나타나면 벼락이나 돌풍이 칠 전조라 생각하고 주의하시기 바랍니다. 이런 특징 있는 구름을 발견하거든 핸드폰으로 레이더 정보를 확인해보세요. 어디서 강한 비가 내리고, 어떻게 비구름이 움직이는지 확인하는 습관을 들이면 안심이 될 테니까요.

적란운이 접근해오면 천둥이 칠테고, 천둥소리가 들리는 곳은 벼락이 떨어질 위험이 있습니다. 적란운과 함께 마치 벽처럼 보이는 선반구름이 다가오는 경우도 있는데, 이 구름 바로 뒤에는 적란운이 있습니다. 또 적란운 아래에서 내리는 비가 기둥처럼 보이는 비기둥이 관측될 때도 있습니다. 이런 현상은 모두 바로 근처에 적란운이 있어 날씨가 곧 급변할 것이라는 증거이므로 얼른 안전한 건물 내로 대피하는 것이 좋습니다.

유방구름

(위) 선반구름
(아래) 비기둥

기상정보를 알차게 활용하자

비구름의 현재 위치를 살펴보자

지금 어디에 비가 내리고 있고, 비구름이 어느 방향으로 이동하고 있는지를 보여주는 비 정보는 기상청 홈페이지나 여러 기상 회사의 웹사이트와 애플리케이션으로 손쉽게 확인할 수 있습니다.

레이더 정보의 장점은 실시간 확인이 가능하다는 것입니다. 불과 몇 분 전의 데이터가 반영된 것이니 비구름이 현재 어디에 있는지를 한눈에 확인할 수 있지요. 비구름뿐만 아니라 천둥, 번개나 용오름 발생 확률 같은 정보도 파악할 수 있습니다.

적란운이 어디서 어떻게 움직이는지를 알면 자신이 있는 장소에 언제쯤 적란운이 다가올지를 대충이나마 파악할 수 있으니, 갑작스레 쏟아지는 비 때문에 곤란할 일이 줄어들겠지요. 또 레이더 정보를 보고 머리 위로 소나기가 지나가는 타이밍을 계산한 뒤 태양 반대편 하늘을 보면 무지개를 만날 가능성이 높습니다. 위험도 피하고 아름다운 기상 현상도 만날 수 있는 것이지요!

적란운과 무지개

비 예측에 사용되는 두 가지 정보

일본 기상청 홈페이지에서 '비구름의 움직임' 탭에 들어가보면 순간적인 강수의 세기를 확인할 수 있으므로, 현재 내리고 있는 비가 한 시간 동안 계속된다면 강수량이 몇 밀리리터가 될지 예상할 수 있습니다. 그에 반해 '강수 단시간 예보'는 한 시간 동안 몇 밀리리터의 비가 내렸는지 혹은 내릴 것인지에 대한 누계 강수량을 해석하고 예측한 결과를 보여줍니다.

'비구름의 움직임'은 당시 비가 내리는 세기를 나타내지만, '강수 단시간 예보'를 보면 가령 10분처럼 짧은 시간 동안 비가 세차게 내려도 한 시간 동안 내린 총 강수량은 많지 않은 경우가 종종 있습니다. 예를 들어 이동하는 적란운에서 순간적으로 억수 같은 비가 쏟아질 때 기상청에 접속해 '비구름의 움직임'을 보았더니 강수 강도가 매우 컸는데, 총 합계를 나타내는 '강수 단시간 예보'를 보면 강수

량이 그다지 많지 않은 상황인 것이지요. 이런 특성을 알고 데이터를 보면 어떤 비가 내릴지 예상할 수 있습니다.

또 '강수 단시간 예보'에서는 15시간 뒤의 예측 강수량까지 볼 수 있기 때문에 아침 외출 전 오늘 가는 곳에 언제쯤 비가 내릴지 확인하기가 편합니다. 야외에서 활동 중일 때는 하늘 모양을 주의 깊게 보면서 '비구름의 움직임' 레이더 정보를 확인하고, 지금 비가 어디서 내리고 있는지를 참고하면 좀 더 확실하게 비를 피할 수 있겠지요.

기상예보사와 기상대학교

전문 날씨 전달자, 기상예보사

기상예보사라고 하면 그냥 TV나 라디오에서 날씨를 해설해주는 사람 정도로 생각할 수 있는데, 기상예보사 자격은 기상 업무 지원 센터가 실시하는 기상예보사 시험에 합격하여 기상청 장관의 등록을 받은 사람만이 가질 수 있는 엄연한 국가 자격입니다.

일본 기상예보사 제도는 기상청 업무와 민간에서 실시하는 일기예보에 대해 규정한 기상업무법에 의거해 1994년에 도입되었으며, 2023년 4월을 기준으로 1만 1690명이 기상예보사로 등록되어 있습니다. 이 제도는 사람들의 생명과 관련된 방재 정보와 밀접한 관계를 가진 기상정보가 부적절하게 새어나가 사회에 혼란을 야기하지 않도록, 기상청에서 제공되는 수치예보 자료를 비롯한 고도의 예측 데이터를 적절히 이용할 수 있는 전문가를 양성하기 위해 만들어졌습니다. 즉 1994년까지만 해도 일반인들을 상대로 일기예보를 하는 사람은 기상청 직원뿐이었는데, 기상예보사라는 직업을 새로 만

들어 민간 회사도 일기예보를 할 수 있게 한 것이지요.

1994년은 인터넷이 일반 대중에게 보급되기 시작한 시기입니다. 그 후 인터넷을 통한 정보 공개가 이루어졌고, 현재는 누구나 수치예보 데이터를 확인할 수 있게 되었지요. 하지만 그러면서 수치예보 데이터 해석 방법을 모르는 사람이 SNS에서 불확실한 정보를 확산시킬 위험성도 제기되었습니다.

X(트위터) 같은 SNS를 통해 순식간에 정보가 확산되는 요즘 같은 시대에는 과학적 근거를 가지고 기상 데이터를 해설할 수 있는 전문가로서도 기상예보사 자격은 꽤 유용합니다. 기상예보사 중에도 화제성을 높이기 위해 의도적으로 과장된 표현을 하거나 수치예보 모형 결과를 비롯한 기상정보의 신뢰성과 불확실성을 고려하지 않고 미디어나 SNS에서 과감한 표현을 쓰는 사람이 있기는 하지만, 대부분은 과연 이 정보가 대중들이 보기에 알기 쉽고 정확한지를 고민하고 또 고민하며 정보를 전하고 있습니다.

기상 전문가라고 하면 사람들은 보통 기상예보사를 떠올리지요. 저만 해도 구름 연구자로 활동 중인데, 왜인지 저를 기상예보사로 알고 있는 사람도 많더라고요. 또 기상예보사는 예보만 하는 것이 아니라, 연구자가 다루는 전문적인 내용을 알기 쉽게 번역하여 전달하는 역할도 할 수 있습니다. 한마디로 기상예보사는 사이언스 커뮤니케이터로도 활약할 수 있는 것이지요.

초등학생도 기상예보사가 될 수 있다

기상예보사의 역할은 결코 그냥 예보만 하면 그만인 것이 아닙니다.

대중들은 과학적 근거와 함께 해설을 듣고 싶어 하기 때문입니다. 기상예보사 시험은 연령 제한이 없기 때문에 간혹 합격자 중에 초등학생이 있기도 합니다. 합격률은 약 5퍼센트이며, 시험은 과학과 실기 분야로 나누어 치릅니다. 시험에는 기상학의 기초, 기상청이 발표하는 정보에 관한 것, 기상업무법에 관련된 문제가 나오며 실기에서는 일기도 해석 같은 서술형 문제도 있습니다.

예보 업무란 과학적 근거를 바탕으로 지정된 지역과 장소의 날씨를 예상해 발표하는 것입니다. 자격증이 있는 기상예보사를 둔 민간 기업은 기상청 장관에게 예보 업무 허가 신청을 하고, 기준에 적합하다는 인증을 받아야 일기예보를 내보낼 수 있습니다. 참고로 TV나 라디오에서 일기예보 원고를 읽기만 하는 일이라면 꼭 기상예보사일 필요는 없습니다. 단, 그 일기예보의 원고는 전문 지식을 가진 기상예보사가 작성해야 합니다.

기상을 업으로 삼다

TV와 라디오에서 날씨 해설을 하는 것 외에도 기상예보사로서 할 수 있는 일은 많습니다. 기상 회사에서 일기예보를 작성하는 것 말고도 지자체에서 일하며 방재 현장을 지휘하는 사람, 출판사에서 기상 전문 서적을 출간하는 편집자, 야외 스포츠 활동 지도사, 등산객을 위해 산의 기상정보를 제공하는 전문가, 파일럿, 애플리케이션 개발자, 과학 교사 등 굉장히 다양한 분야에서 기상예보사가 활약하고 있습니다.

기상은 다양한 방면에 영향을 주기 때문에 기상 전문가의 지식

을 관련 분야 업무에 활용하기도 합니다. 최근에는 일본의 한 대형 보험 회사가 사내 기상예보사를 2025년도까지 대폭 증원할 것이라는 뉴스도 있었습니다. 기상 데이터 분석 능력을 강화하여 기후변화에 수반되는 위험을 정확히 분석하고 대규모 재해 대비, 화재보험의 보상 범위와 보험료를 설정하는 데 활용할 수 있기 때문이겠지요.

일단 자격증 자체가 목적이거나 기상 관련 지식을 배우고 싶어서 자격증을 따기는 했지만 서랍 속에 묵혀둔 채로 지내온 사람도 많을 겁니다. 실제로 자격증이 있는 기상예보사를 대상으로 설문 조사를 진행했더니, 기상 회사에서 예보 업무를 하는 사람은 12퍼센트에 불과하고 나머지 88퍼센트는 다른 분야에서 활동하고 있었습니다. 제게도 자격증은 땄지만 어떻게 활용하면 좋을지 모르겠다며 상담을 요청하는 경우가 종종 있고요.

앞으로는 자격증이 있으면 지역 내 방재 활동이나 온라인 강좌의 강사 등록도 가능하겠지요. SNS에서 정보를 제공하며 지식을 활용할 기회를 얻을 수도 있을 거고요. 나아가 현재 만들어져 있는 틀에서 벗어나 기상 데이터 분석 능력을 활용할 수 있는 다양한 업무를 새로 만들어낼 수도 있으리라 생각합니다.

까마귀와 싸우는 구름 연구자

관측, 개, 그리고 까마귀

구름을 연구한다고 하면 '하얀 가운을 걸치고 아름다운 하늘을 바라보는 일이라니, 너무 멋진데?'라고 생각할지도 모르겠습니다만, 실제 구름 연구자의 일상은 그런 고상함과 거리가 멉니다. 예를 들어 얼마 전까지 제 골치를 썩인 것은 바로 까마귀였습니다.

기상재해가 빈발하는 오늘날은 호우, 대설, 용오름 같은 재해를 유발하는 구름의 구조를 밝혀내고 발생을 예측하는 것이 급선무가 되었습니다. 이런 구름은 국지적으로 발생해서 단시간에 변하기 때문에 고도로 정확한 예측을 필요로 하지만, 사실 아직까지는 힘든 일입니다. 고도로 정확한 예측이 가능하려면 대기 상태와 구름의 물리량을 아주 촘촘한 간격으로 관측해야만 하거든요. 그래서 저는 지상에 설치한 마이크로파 복사계를 이용해 대기와 구름을 관측하기 시작했습니다.

대기 중의 기체 분자, 수증기, 구름을 포함한 모든 물체는 전자

지상 마이크로파 복사계

기파를 방출합니다. 복사는 물질에 따라 감도가 높은 주파수가 다르므로 복사의 세기를 조사하면 그 물질이 대기 중에 얼마큼 존재하는지를 측정할 수 있습니다. 그 복사의 세기를 수신해 관측하는 것이 복사계이며, 마이크로파라 불리는 영역의 복사 세기를 관측하는 것이 마이크로파 복사계입니다.

마이크로파 복사계는 기상위성에도 탑재되어 있으며 대기와 구름을 조사하는 역할을 합니다. 제가 주목한 지상 설치형 마이크로파 복사계는 수치예보모형으로 측정하기 어려운 대기 하층부의 수증기와 기온을 촘촘한 간격으로 정확히 분석할 수 있습니다.

그런데 이 마이크로파 복사계, 어쩐지 개의 옆모습같이 생기지 않았나요? 아마 이 말을 듣고 보면 점점 더 개처럼 보일 것입니다. 이런 것을 '파레이돌리아 현상'이라고 합니다. 파레이돌리아 현상이란 어떠한 대상이 동물을 비롯해 우리가 잘 아는 대상의 형태로 보이는 심리 현상인데, 한번 무언가로 인식이 되면 그렇게밖에 보이지 않는 것이지요. 한때 마이크로파 복사계가 개의 모습을 닮았다는 이야기가 돌면서, 어느 순간부터는 관계자들도 그 복사계를 개로 부르기 시작했답니다.

다시 본론으로 돌아와, 문제는 기상 연구소 옥상에 마이크로파 복사계를 설치하고 기존의 계측기와의 비교 관측을 시작하려 할 때 발생했습니다. 마이크로파를 수신하는 부분을 덮는 레이돔이라는 덮개에 자꾸 구멍이 뚫리는 게 아니겠습니까! 레이돔은 미약한 마이크로파를 투과시키는 부드러운 특수 소재로 이루어져 있는데, 알고 보니 그걸 까마귀가 쪼아서 구멍을 낸 것이지요.

이렇게 된 이상, 전쟁입니다. 예민하고 섬세하며 매우 고가인 이 복사계를 덮은 레이돔에 구멍이 나면 내부로 빗물이 들어가 고장이 날 수 있으니까요. 게다가 쓰쿠바 지역의 까마귀는 난폭하기로 유명하거든요. 여러 시행착오를 반복한 끝에 결국 복사계 주위에 낚싯줄로 망을 쳐 까마귀가 물리적으로 접근하지 못하도록 아이디어를 냈습니다. 이 방법을 쓴 뒤로는 현재 까마귀로 인한 피해는 더 이상 발생하지 않고 있지요.

까마귀 때문에 발생한 피해는 마이크로파 복사계 말고 다른 관측기기에서도 나타나고 있는데, 기상청 내에서는 다들 '쓰쿠바가 무사하면 전국 어디든 괜찮을 것이다'라고 생각한다 합니다.

관측 업무는 육체노동이다

기상 연구는 체력전이기도 합니다. 특히 야외 관측 현장은 하얀 연구

복을 입은 지적인 연구자의 이미지와는 거리가 아주 멉니다. 예전에 야외 관측을 준비하는 과정에서 마이크로파 복사계에 스포이트로 물을 떨어뜨려 실제로 야외에서 얼마나 에러가 날 수 있는지를 실험한 적이 있었습니다.

구름에 의한 복사의 영향을 받지 않도록 화창한 여름날에 동료와 둘이서 야외에 있는 복사계에 붙어 스포이트로 물을 한 방울 두 방울 떨어뜨리며 이론적 계산 결과와 얼마나 차이가 나는지 평가하는 작업을 했습니다. 그러다 결국 둘 다 몸살이 나버렸고, 그때 체력의 중요성을 새삼 깨달았지요.

눈 관측도 체력이 필수입니다. 저는 주로 내리는 눈을 샘플링하여 결정체를 관측하는 연구를 합니다만, 쌓인 눈을 연구하는 사람은 쌓인 눈의 단면을 관측하기 때문에 또 다른 어려움이 있습니다. 눈을 수직으로 깊이 파내 눈 층을 관찰하고, 언제 어떤 눈이 내렸는지를 거슬러 올라가며 조사해야 하거든요. 눈사태의 원인이 되는 약층을 찾아내는 데 효과적인 관측 방법이지만, 무거운 눈을 파내야 하니 체력적으로 상당히 힘든 작업입니다.

저와 함께 공동 연구 중인 니가타현 나카오카시 설빙방재연구센터 연구자들은 눈이 오는 계절이면 거의 매일같이 눈을 파내 단면을 관찰하는데, 그들이 쓴 연구 소개 도입부에는 항상 '눈 연구는 육체노동입니다!'라는 표현이 빠지지 않고 들어갑니다. 마치 솜뭉치처럼 내리기 때문에 폭신폭신할 것처럼 보이지만 쌓인 눈은 생각보다 훨씬 무겁거든요.

이렇게 관측 연구는 육체노동이라 할 만큼 힘들지만 그걸 뛰어

넘는 매력이 있습니다. 바로 자신이 관측한 데이터로 현상의 본질을 조금이나마 알 수 있다는 것이지요. 단순히 기상청에서 제공하는 데이터를 일방적으로 받아 쓸 때는 결코 느낄 수 없는 애착도 생깁니다. 그런 데이터를 사용해 연구할 수 있으니 관측은 참 즐거운 작업입니다.

고대 언어로 구름을 해석하다

요즘은 초등학교에서도 프로그래밍 수업을 해서 프로그래밍 언어가 많이 친숙해진 것 같습니다만, 혹시 '포트란Fortran'이라는 언어를 아시나요? 포트란은 1954년 IBM사의 존 배커스가 고안한 세계 최초 고급 프로그래밍 언어입니다. 과학기술 계산에 편리해서 과거에는 널리 사용되었지요.

현재는 파이썬 같은 스크립트 계열 언어가 주류를 이루고 포트란은 고대 언어로 취급되지만, 기상 분야에서는 지금도 포트란이 활발히 쓰이고 있습니다. 대규모 지구과학 시뮬레이션에서 사용되는 것도 대개 포트란이고, 기상청이 일기예보에 사용하는 수치예보모형도 포트란으로 작성한 것입니다.

그 이유는 포트란이 병렬처리를 굉장히 효율적으로 할 수 있어 슈퍼컴퓨터를 사용한 대규모 계산에 적합하기 때문입니다. 포트란으로 병렬화하지 않으면 대량의 수치 시뮬레이션 계산은 불가능합니다. 그렇기에 유체 관계 연구와 기상예보에는 예나 지금이나 고대 언어가 반드시 필요합니다.

한편 기상 시뮬레이션 중 가장 시간이 많이 걸리는 것은 구름입

니다. 구름은 물리현상이 아주 많고, 다양한 종류의 입자를 계산해야 하기 때문이지요. 계산 비용이 많이 들기 때문에 현재 일기예보에서는 정확도를 최대한 유지한 채 간략화하여 구름 입자, 얼음 결정, 비, 눈, 싸라기로 범주를 나누어 표현하고 있습니다.

경험칙을 과학적으로 분석해내다

'저녁 무렵 남서쪽에서 층운이 다가오면 짙은 안개가 낀다.' 제가 조시 지방 기상대에서 근무했을 때, 예보 현장에 이런 경험칙이 있었습니다. 당시 여름날 저녁에 관측을 하면 높은 확률로 동틀 녘이나 오전에 짙은 안개가 끼었지요. 그래서인지 현장에서 거의 매뉴얼처럼 쓰이던 말이었는데, 아무리 과거 문헌을 뒤져보아도 왜 이런 경험칙이 생겼는지 과학적 근거를 찾을 수 없었습니다. 게다가 이런 유형의 짙은 안개는 수치예보모형에 잘 나타나지 않아 어쩔 수 없이 연구 주제로 삼고 직접 조사해보기로 했습니다.

일단 이 유형의 안개 발생 상황을 조사했는데, 조시 지역뿐만 아니라 지바현 남부에 위치한 가쓰우라시에도 동시에 짙은 안개가 낀 사례가 많았습니다. 게다가 조시 지역에서 관측된 층운이 상당히 빠른 속도로 이동하고 있길래 연직바람관측장비를 이용해 가쓰우라 상공의 바람을 조사해보니, 야간에 낮은 하늘에서 바람이 강해졌다는 사실을 알 수 있었습니다.

좀 더 자세히 조사해보니 이는 '야행성 하층제트'라는 현상이었습니다. 층운은 낮은 하늘의 일정 높이에서 바람이 강해지는 하층제트를 타고 남서쪽에서부터 이동해 조시 지역 상공에 도달하고, 이 하층

제트가 덮개 역할을 하면서 그 아래에 짙은 안개가 발달한 것이지요.

하지만 이것만으로는 짙은 안개가 발생하는 요인을 알 수 없었습니다. 그런데 마침 가쓰우라에 계측기 점검을 하러 갈 기회가 있어 겸사겸사 현지 이곳저곳을 둘러보았고, 그때 우연히 지바현 수산종합연구센터를 발견했습니다. 예고 없이 불쑥 센터를 방문했는데, 감사하게도 해양 연구자분께 직접 관련 이야기를 들을 수 있었습니다.

연구자분 이야기에 의하면 사실 가쓰우라 앞바다는 여름에 해수면 온도가 국지적으로 낮아지는 특성이 있는데, 그것이 짙은 안개와 깊은 연관이 있을 거라 추측된다고 합니다. 다만 그 원리를 알 수가 없고 관련 문헌도 찾지 못한 탓에 더 깊이 파고들어 연구하지 못하고 있는 상황이었지요. 그런데 그 연구자분이 여름에 강한 남서풍이 지속적으로 불어 차가운 해수가 솟아올라 냉수역이 형성되는 것이라 하더군요. 라니냐와 동일한 원리지요.

그 말을 듣자 모든 퍼즐이 맞춰졌습니다! 간토 지방이 태평양고기압 북동쪽에 위치하고 남서풍이 부는 기압배치가 형성된 상태에서 가쓰우라 앞바다에는 냉수역이 발생합니다. 그리고 따뜻하고 습한 공기가 고기압의 흐름을 타고 밀려오다 이 냉수역에 도달하면 기온이 떨어지면서 안개가 발생합니다. 이런 기압배치가 나타날 때 야간에 발생하는 하층제트의 영향을 받아 안개가 짙은 안개(농무)로 발달하는데, 이 모든 과정의 초기 단계에 층운이 남서쪽에서부터 조시 지역으로 이동하는 것입니다. 저녁 무렵 남서쪽에서 관측된 층운이 점점 다가오면 짙은 안개가 형성된다는 경험칙에 과학적 근거가 생긴 것이지요.

여름날 조시 지역에 낀 안개

가쓰우라 앞바다의 냉수역은 국지적인 현상이라 당시 수치예보 모형 초기에는 반영되지 않았습니다. 그래서 해수면 온도를 현실적으로 세밀하게 편집한 시뮬레이션을 돌려보니 성공적으로 농무를 재현할 수 있었지요. 이 연구 결과는 기상대 현장으로 환원되었고, 농무주의보를 발표할 때 지표로 사용되고 있습니다. 경험칙에 의문이 들었을 때 느낀 설렘, 그리고 그 과학적 근거를 확인했을 때 느낀 희열은 예보 현장직에서 연구직으로 변경한 지금까지도 잊을 수가 없습니다.

구름을 제대로 파악하는 법

여전히 미지의 대상인 구름을 이해하고 파악하려면 어떻게 해야 할까요? 지방 기상대에 있었던 시절에는 환경성 데이터까지 가져와 해석해 연구에 사용했습니다. 기상청 아메다스의 관측 데이터만으로는 적란운의 실태를 파악하지 못할 것 같아 좀 더 자세한 데이터가 없는지 찾다가, 환경성의 대기오염 물질 광역 감시 시스템 '소라마메군'이 도심에서 고밀도의 기온, 습도, 바람을 관측하고 있고, 그 데이터가 국지적인 적란운의 실태를 파악하는 데 효과적이라는 사실을 알게 되었거든요.

소라마메군의 데이터를 초기 수치로 넣어 시뮬레이션을 돌렸더니 호우 재현성이 현격히 높아지는 결과를 얻었고, 그 후 아메다스에도 습도계가 도입되었습니다. 새로운 관측 방법 덕분에 현상을 예측해내는 정확도가 올라갔고, 이로 인해 기상청 전체의 업무 시스템이 개선되었지요.

지상 마이크로파 복사계 활용과 관련해서도 연구 개발을 진행 중입니다. 적란운의 메커니즘을 규명하기 위해 촘촘한 간격으로 정확하게 대기를 조사하는 방법이 개발되면서 마이크로파 복사계의 효과성이 입증되기도 했지요.

기상청에서는 선상강수대의 예측 정확도를 높이기 위한 연구 개발에도 주력하고 있는데, 저도 그 일환으로 2022년에 서일본을 중심으로 한 열일곱 지점의 마이크로파 복사계를 정비했습니다. 관측 데이터는 이미 기상청 내 예보 현장에서 실황 감시를 위해 쓰이고 있으며 수치예보도 한층 향상된 결과를 보이고 있습니다. 새로운 관측법 덕분에 구름의 실태를 알게 되고 예보의 정확도도 향상되었지요. 구름을 파악하기 위한 연구는 지금껏 끊임없이 이루어져 왔고, 앞으로도 계속될 것입니다.

구름을 찍으며 하늘을 느끼다

구름 연구자의 아침은 남들보다 일찍 찾아옵니다. 다들 "대체 언제 자는지를 모르겠다"고들 하는데, 나름 충분히 자고 있습니다. 다만 전화나 메일, 회의가 적은 심야나 이른 새벽이 분석이나 집필 작업을 하기에 집중도 잘 되고 좋으니 어두컴컴한 시간에 활동하는 경우가 많은 것뿐입니다.

그런 생활 속에서도 구름만큼은 하루도 거르지 않고 열심히 찍고 있습니다. 단순히 구름이 좋아서 찍는 것도 있지만 그밖에도 몇 가지 이유가 있습니다. 기상 상황에 따라 구름은 모습을 시시각각 바꾸는데, 10종 운형상의 분류는 동일하더라도 구체적인 분류명은 다른 경우가 있지요. 그래서 구름 관련 책을 쓸 때 자료로 활용할 생각으로 열심히 구름 사진을 찍고 있습니다. 또 연구에 너무 집중하다 보면 하늘 한 번 보지 못하고 하루를 끝낼 때가 많기 때문에 정신 건강을 위한 휴식 차원에서 구름을 찍기도 합니다.

그러다 보기 드문 신기한 구름을 만나면 구름 이름 앞에 태그를 붙여 SNS에 올립니다. 기상과 구름이 얼마나 매력적이고 흥미로운지를 사람들에게 알려주고 싶기도 하고, 많은 사람이 기상에 대해 알게 되면 방재 의식도 높아질 것 같다는 생각에서입니다.

한편으로는 조금 실용적인 이유도 있습니다. 제가 지금까지 촬영한 구름 사진만 해도 거의 45만 장이 넘는데, 이 방대한 사진 속에서 특정 구름 사진을 찾아내기란 거의 불가능합니다. 그런데 SNS에서는 제 아이디와 구름 이름을 검색하면 찾고자 하는 사진과 촬영일이 단번에 나오거든요.

메조사이클론을 동반한 구름

구름 사진을 찍는 것은 연구에 도움이 되기도 합니다. 2015년 여름, 레이더를 보고 있다가 쓰쿠바 지역으로 몰려올 것 같은 적란운이 보여 연구소 옥상에서 대기하고 있던 적이 있습니다. 그런데 실제로 몰려온 적란운은 슈퍼셀이었고, 메조사이클론을 동반한 특징적인 구름이 제 눈앞에 나타났습니다! 구름이 생성되어 소멸되기까지의 전 과정을 상세하게 포착한 영상은 국내에서 전무했기에 저는 제가 찍은 영상을 얼른 레이더로 분석했고 논문에 실어 발표했습니다.

실제로 구름 영상은 실태를 조사하는 데 굉장히 효과적인 관측 데이터 중 하나입니다. 사람들이 SNS를 통해 보내준 사진과 영상 중에는 엄청 희귀한 현상이나 과학적으로 흥미로운 현상이 많습니다. 이것도 일종의 시민 과학이지요. 사실 이 책에 실은 멋진 하늘과 구름 사진도 수많은 분께 제공받은 것들입니다. 이 사진들을 보고 있자면 새삼 자연이 아름답고 얼마나 다채로운지 실감하게 됩니다. 그러

힐링을 선사하는 채운

니 신기한 구름을 발견하거든 꼭 사진이나 영상을 찍어 제게 보내주세요!

나가며

하늘은 왜 파랄까? 구름은 왜 하늘에 떠 있을까? 호우는 왜 내릴까? 미래 날씨는 어떻게 예측할까? 평소에 별로 관심이 없으면 이런 의문도 들지 않을 테지요. 그런데 핸드폰으로 하늘 사진을 찍고 '하늘 참 예쁘네' '신기한 구름 발견!'이라며 SNS에 올리는 분이 생각보다 꽤 많은 듯합니다. 이 책은 그런 분들이 기상학을 좀 더 재밌게 느끼고 하늘과 구름을 좀 더 사랑하게 되는 계기가 되면 좋겠다는 마음으로 썼습니다.

하늘과 구름은 우리에게 친숙하지만, 그것을 과학적으로 설명하는 기상학은 수식을 이용해 물리현상을 이론적으로 기술하니 어렵다는 이미지가 있습니다. 그래서 이 책은 생활 속에서 흔히 볼 수 있는 익숙한 현상들을 예로 들어 하늘과 구름의 원리를 설명하고자 노력했습니다.

이 책의 6쪽과 7쪽에 실린 아름다운 사진을 다시 한번 볼까요? 비가 갠 저녁 하늘에 걸린 선명한 무지개다리, 진홍빛으로 물든 웅장한 아침노을, 새파란 여름 하늘에 뭉게뭉게 피어오른 새하얀 구름, 뭔가 좋은 일이 생길 것 같은 무지갯빛 구름…. 이 책을 읽은 분들의 눈에는 아마 읽기 전과는 다른 풍경이 보이리라 생각합니다.

우선 무지개부터! 1차무지개 안쪽에는 과잉 무지개가 보일 테고, 반원에 가까우니 해가 질 무렵 소나기로 인해 생긴 무지개라는 걸 알 수 있지요. 또 무지개 끝자락 부근에 그림자 줄기가 대일점을 향해 뻗어 있는 반부챗살빛이 보이니, 서쪽 하늘에는 구름이 발달해 부챗살빛이 보일 것이라는 사실을 알 수 있습니다.

진한 아침노을 빛깔에 물드는 것은 상층운인 권운입니다. 배경이 되는 하늘의 색이 군청색이니, 태양이 아직 지평선 아래에 있는 박명 시간대에 레일리산란이 일어난 붉은 빛이 구름에 닿은 것임을 알 수 있지요.

푸른 하늘에 뭉게뭉게 피어오르는 구름은 웅대적운인데, 구름 밑면이 상승응결고도를 가시화해 보여줍니다. 푸른 하늘에 권운 말고도 성장한 비행운이 있는 것을 보면 상공이 습한 상태라는 것도 알 수 있지요.

마지막으로 무지갯빛 구름인 채운 사진을 보면, 대기중력파의 영향을 받은 파도 모양의 권적운이 태양 가까이에서 영롱하게 빛나고 있습니다. 그 사이사이로 보이는 푸른 하늘에 연기처럼 구름이 끼어 있는 걸 보면 얼음 결정이 성장하고 있고, 이후 과냉각 구름 입자로 만들어진 권적운은 사라질 것이라는 사실을 예상할 수 있지요.

거의 10년 전까지만 해도 기상학 책이라 하면 수식이 가득하거나 간단한 설명이 전부인 사진집 정도가 대부분이었습니다. '기상학은 숭고한 학문이니 수학을 못하면 포기하라'고 말하는 듯한 왠지 모를 벽이 느껴졌기에 어떻게든 그 벽을 때려 부수고 싶다는 생각이 들더군요.

그런 마음에서 일반서를 몇 권이나 냈지만 어렵다는 평은 피할 수 없었습니다. 그 후로는 알기 쉬운 설명에 초점을 맞추었고 '신비롭고 재미있는 날씨 도감' 시리즈로 초등학생까지 독자층을 넓혔습니다. 물론 전문성도 포기하지 않았지만 도감으로 이해를 돕는 것을 우선시했기 때문에 제가 가장 원했던 기상학에 대한 체계적 이해와는 방향성이 조금 달랐지요.

그래서 쓴 것이 바로 이 책입니다. 아름다운 하늘을 보는 법, 기상학의 역사, 기상학자들의 피나는 노력과 재밌는 일화, 기상학의 발전 과정, 그리고 최신 연구가 어디까지 진행되었는지를 알려주어 기상학을 좀 더 깊이 즐길 수 있게 도와주는 책을 만들고 싶었습니다.

기상학은 누구에게나 열려 있는 학문입니다. 일상은 늘 날씨에 좌우되니, 날씨를 다루는 기상학을 배우면 우리 생활도 한층 풍성해지지 않을까요? 아름다운 하늘과 구름을 만나고, 재해로부터 몸을 보호하고, 약간의 지식이 더해졌을 뿐인데 무심코 올려다본 하늘이 좀 더 선명하게 눈에 들어올 것입니다. 기상학에는 그런 매력이 있으니까요.

하늘에서 벌어지는 다양한 현상을 다루는 기상학의 발전은 지금 이 순간에도 진행 중이고, 앞으로도 새로운 발견이 계속 이루어지리라 생각합니다. 하늘에서 뭉게뭉게 피어오르는 적란운도 여전히 미지의 대상이며 현재까지도 연구가 진행되고 있으니까요. 이런 걸 보면 뭔가 모험이라도 하고 있는 것처럼 심장이 두근두근 뛰지 않나요?

컴퓨터 공학이 발전하며 기상학은 급속도로 진화했습니다. 기상학의 이론을 구축하고 계산 결과를 검증하려면 새로운 관측 기술이 계속 나와야 하고요. 다루게 될 데이터가 앞으로 더욱 방대해질 테니 정보과학과의 연계도 점점 필요해지겠지요. 기상학은 재해로부터 몸을 지키기 위한 방재 정보를 고도화하고, 지구온난화와 기상이변 등의 영향을 받는 지구의 날씨를 올바르게 이해하여 정책을 결정할 수 있도록 앞으로도 계속해서 발전해나갈 것입니다.

이 책이 기상학의 매력을 깨닫는 시작점이 될 수 있다면 저는 더 바랄 것이 없습니다.

2023년 9월

아라키 켄타로

참고 문헌 · 웹 사이트

도서

· Cotton, W. R. et al., 『Storm and Cloud Dynamics 2nd Ed.』, Academic Press, 2010.

· Tape and Moilanen, 『Atmospheric Halos and the Search for Angle x(Special Publications)』, American Geophysical Union, 2006.

· 가토 데루유키, 『도해 해설 중소 규모 기상학図解説 中小規模気象学』, 기상청, 2017.

· 고텐바시 교육위원회, 『아베 마사나오 박사 사망 50주년 구름 백작安部正直博士没後50年記念 雲の博爵 伯は博を志す』, 고텐바시 교육위원회 사회교육과, 2016.

· 기타바타케 나오코, 『종관기상학 기초편·응용편·이론편総観気象学 基礎編·応用編·理論編』, 기상청, 2019. (이론편은 2022년 출간)

· 시라키 마사노리, 『신 백만 명의 날씨 교실(제2판)新 百万人の天気教室(2訂版)』, 세이잔도쇼텐, 2022.

· 시바타 기요타카, 기무라 류지 엮음, 『응용기상학 시리즈 빛의 기상학応用気象学シリーズ 光の気象学』, 아사쿠라쇼텐, 1999.

· 쓰쓰미 유키토모, 『기상학과 기상예보의 발달사気象学と気象予報の発達史』, 마루젠출판, 2018.

· 아라키 켄타로, 『구름 속에서는 무슨 일이 일어나고 있을까?雲の中では何が起っているのか』, 베레출판, 2014.

· 아라키 켄타로, 『구름을 사랑하는 기술』, 김정환 옮김, 쌤앤파커스, 2019.

· 아라키 켄타로, 『세계에서 가장 멋진 구름 교실世界でいちばん素敵な雲の教室』, 산사이북스, 2018.

· 아라키 켄타로, 『신비롭고 재미있는 날씨 도감』, 서사원주니어, 2023.

· 아라키 켄타로, 『지나치게 신비하고 재미있는 날씨 도감すごすぎる天気の図鑑 雲の超図鑑』, KADOKAWA, 2023.

· 아라키 켄타로, 『훨씬 더 신비롭고 재미있는 날씨 도감!もっとすごすぎる天気の図鑑 空のふしぎがすべてわかる！』, KADOKAWA, 2022.

· 아라키 켄타로·나카이 센토 엮음, 『기상 연구 노트 남안저기압에 의한 대설 I:개관 II:멀티스케일의 요인 III:설빙 재해와 예측 가능성気象研究ノート 南岸低気圧による大雪 I:概観 II:マルチスケールの要因 III:雪氷災害と予測可能性』, 일본기상학회, 2019.

· 오구라 요시미쓰, 『일반기상학(제2판 수정판)一般気象学(第2版補訂版)』, 도쿄대학교출판부, 2016.

· 후루카와 다케히코, 오기 하야토, 『도해 기상학입문 원리로 이해하는 구름·비·기온·바람·기상도図解 気象学入門 原理からわかる雲·雨·気温·風·天気図』, 고단샤블루백스, 2011.

문헌

· Araki, K., T. Kato, Y. Hirockawa, and W. Mashiko., 「Characteristics of atmospheric environments of quasi-stationary convective bands in Kyushu, Japan during the July 2020 heavy rainfall event」, SOLA, (2021): 8-15.

· Araki, K., H. Seko, T. Kawabata, and K. Saito, 「The impact of 3-dimensional data assimilation using dense surface observations on a local heavy rainfall event」, CAS/JSC WGNE Research Activities in Atmospheric and Oceanic Modelling, (2015): 1.07-1.08.

· Bell, T. L. et al., 「Midweek increase in U.S. summer rain and storm heights suggests air pollution invigorates rainstorms」, J. Geophys. Res., (2008): doi:10.1029/2007JD0008623.

· Nagasaki, T., K. Araki, H. Ishimoto, K. Kominami, and O. Tajima, 「Monitoring system for atmospheric water vapor with a ground-based multiband radiometer: meteorological application of radio astronomy technologies」, J. Low Temp. Phys., (2016): 674-679.

· 「Radar estimation of water content in cumulonimbus clouds」, Abshaev, M. T., A. M. Abshaev, A. M. Malkarova, and Zh. Yu. Mizieva. Izv. Atmos. Ocean. Phys, (2009): 731-736.

· 아라키 켄타로, 「남안저기압에 동반하는 간토 평야의 눈과 비의 종관 스케일 환경장南岸低気圧に伴う関東平野の雪と雨の総観スケール環境場」, 기상연구노트, (2019): 163-173.

· 아라키 켄타로, 「시민 과학에 의한 초고밀도 눈 결정 관측 #간토 눈 결정 프로젝트シチズンサイエンスによる超高密度雪結晶観測 #関東雪結晶プロジェクト」, 설빙, (2018): 115-129.

· 아라키 켄타로, 「저기압에 따른 나스 대설 시 표층 눈사태 발생에 관한 강설 특성低気圧に伴う那須大雪時の表層雪崩発生に関わる降雪特性」, 설빙, (2018): 131-147.

· 아라키 켄타로, 사토 유스케, 「에어로졸·구름·강수 상호작용 수치 시뮬레이션エアロゾル·雲·降水相互作用の数値シミュレーション」, 에어로졸 연구, (2018): 152-161.

· 아라키 켄타로, 「지상 마이크로파 복사계에 의한 대기열역학장 관측과 그 응용地上マイクロ波放射計による大気熱力学場観測とその応用」, 2022년도 예보기술연수자료(기상청), (2023): 1-85.

· 아라키 켄타로, 「2011년 4월 25일에 지바현 북서부 지역에서 발생한 용오름의 사례 해석2011年4月25日に千葉県北西部で発生した竜巻の事例解析」, 2011년도 도쿄관

구조사연구회지, (2012): 44.

· 아라키 켄타로, 기쿠치 가쓰토시, 데즈카 다카오, 노구라 신이치, 고시바 아쓰시, 「지바현 태평양측 남남서풍장의 여름철 야간 해무에 대하여千葉県太平洋側での南南西風場における夏季夜間の海霧について」, 2010년도 도쿄관구조사연구회지, (2011): 43.

· 아라키 켄타로, 마시코 와타루, 가토 데루유키, 나구모 노부히로, 「2015년 8월 12일에 쓰쿠바시에서 관측된 메조사이클론에 동반된 Wall Cloud2015年8月12日につくば市で観測されたメソサイクロンに伴うWall Cloud」, 덴키, (2015): 953-957.

· 아베 마사나오, 「후지산의 운형 분류富士山の雲形分類」, 기상집지, (1939): 163-181.

· 아부라카와 히데아키, 「흔히 말하는 '물의 결정'의 검증에 대하여いわゆる「水の結晶」の検証について」, 설빙, (2012): 345-351.

· 아야쓰카 유지, 「가에이 원년(1848년)에 쇼나이 지방에서 관측된 대기광상 기록嘉永元年(1848年)に庄内地方で見られた大気光象の記録」, 덴키, (2018): 255-258.

· 유야마 야도루, 「후지산에 걸린 삿갓구름과 매달린구름의 통계적 조사富士山にかかる笠雲と吊し雲の統計的調査」, 기상청연구시보, (1972): 415-420.

웹 사이트

· FUKKO DESIGN note '방재액션가이드': https://bit.ly/3oH06Om

· 기상청 기상 연구소 '#간토 눈 결정 프로젝트': https://www.mri-jma.go.jp/Dep/typ/araki/snowcrystals.html

· 기상청 기상 연구소 기자회견 '집중호우 발생 빈도가 최근 45년간 증가하고 있다~특히 장마 시기에 증가 경향이 뚜렷함~' : https://www.mri-jma.go.jp/Topics/R04/040520/press_040520.html

· 기상청 기자회견 '태풍 하기비스에 동반된 호우의 요인에 대하여': https://www.jma.go.jp/jma/kishou/know/yohokaisetu/T1919/mechanism.pdf

· 문부과학성·기상청 '일본의 기후변동 2020': https//www.data.jma.go.jp/cpdinfo/ccj/

· 미국 항공우주국NASA 'Worldview': https//worldview.earthdata.nasa.gov/

· 세계기상기구WMO 'International Cloud Atlas Manual on the Observation of

Clouds and Other Meteors (WMO-No.407)': https://cloudatlas.wmo.int/en/home.html
· 쓰쿠바대학교 기자회견 '태평양 쪽 지역에 눈을 뿌리는 남안저기압은 엘니뇨 시에 증가~열대 태평양 해수 온도 변화의 영향을 규명~': https://www.tsukuba.ac.jp/journal/images/pdf/170601ueda-1.pdf
· 쓰쿠바대학교 기자회견 '푄 현상은 통설과 다른 메커니즘으로 나타난다': https://www.tsukuba.ac.jp/journal/pdf/p202105171024.pdf
· 일본 기상청 '기상 전문가용 자료집': https//www.jma.go.jp/jma/kishou/know/expert/
· 일본 기상청 '비구름의 움직임': https//www.jma.go.jp/bosai/nowc/
· 일본 기상청 '이후의 비': https//www.jma.go.jp/bosai/kaikotan/
· 일본 기상청 '이후의 눈': https//www.jma.go.jp/bosai/snow/
· 일본 기상청 '기후변동 시리포트 2022': https//www.data.jma.go.jp/cpdinfo/monitor/
· 정보통신연구기구NICT '히마와리-8 실시간 웹': https://himawari8.nict.go.jp/ja/himawari8-image.htm

사진 출처

· Adobe stock(93쪽: 로켓운, 106쪽: 용의 둥지와 비슷한 거대 적란운, 219쪽: 우박, 306쪽: 슈퍼셀) · Ikumi Suzuki(41쪽: 브로켄 현상) · 가와무라 냐코(포스터 자료 뒷면: 무지개·광환·천정호·상부접선호·수평호·하부접선호, 38쪽: 대기중력파를 가시화하는 파도구름, 115쪽: 해기둥, 117쪽: 말굽구름, 123쪽: 비행운(아래), 155쪽: 빨간 무지개·흰 무지개, 195쪽: 달무리·무리달, 201쪽: 아스페리타스, 341쪽: 매달린구름, 354쪽: 적란운과 무지개) · 나가미네 사토시(231쪽: 증발안개) · 다마이즈미 유키히사(70쪽: 이세만에서 관측된 신기루) · 데라다 사키(42쪽: 흰 무지개, 341쪽: 파도구름) · 데라모토 야스히코(49쪽: 오버슛이 일어난 적란운과 모루구름, 256쪽: 적란운) · 데라자와 쓰토무(165쪽: 무리halo와 호arc) · 마리모(137쪽: 하트 모양으로 보이는 매달린구름) · 마에사키 구미코(169쪽: 채운처럼 보이는 수평호) · 미국국립해양대기청NOAA(146쪽: 무지개, 151쪽: 태양의 고도가 낮을 때 뜬 반원에 가까운 무지개, 299쪽: 2014년 2월 15일 간토 지방에 상륙한 남안저기압) · 미국항공우주국NASA(52쪽: 카

르만 소용돌이, 140쪽:황사의 모습, 289쪽: 동서로 길게 형성된 장마전선 구름) • 사노 아리사(42쪽: 무리·무리해·무리해고리, 193쪽: 달의 주요 지명) • 사사키 교코(37쪽: 공원에서 만난 야곱의 사다리) • 사카이 기요마사(243쪽: 대기 상태가 불안정한 하늘에서 치는 번개, 330쪽:적란운) • 사쿠마 유키·도모오·요시오(177쪽: 블루모멘트) • 세키구치 나미(129쪽: 폭포운) • 소케이 야스시(351쪽: 유방구름), 호즈미(352쪽: 선반구름) • 아라키 켄타로(그 외 모든 사진) • 에비사와 사치코(167쪽: 천정호·수평호) • 와타나베 목판미술화포/아플로(173쪽: 『명소에도백경』 중 42경 〈핫케이 언덕의 철갑을 두른 소나무〉) • 이노쿠마 다카유키(포스터 자료 앞면: 브로켄 현상·하단접호, 116쪽: 플룩투스) • 일본 기상청(235쪽:기상위성 히마와리가 촬영한 사진) • 정보통신연구기구NICT(139쪽: #인간성의 회복, 277쪽: 하지 때 지구) • 하쓰가이 게이코(119쪽: 후지산의 매달린구름과 삿갓구름) • 호시노리조트 토마무(233쪽: 운해 테라스에서 바라보는 구름바다) • 호시이 사키(포스터 자료 앞면: 채운, 포스터 자료 뒷면: 적란운) • 후와하네(151쪽: 태양의 고도가 높을 때 낮은 하늘에 뜬 무지개)

찾아보기

ㅇ

ㅈ

옮긴이 김현정

이화여자대학교에서 법학을 전공하고 동 대학교 통번역대학원에서 한일통역학 석사 학위를 받았다. 그 후 동북아연합NEAR에서 일본전문위원으로 근무하다가 과감히 사표를 던지고 현재 바른번역 소속 번역가로 활동 중이다. 좋은 책을 한 권이라도 더 소개하고 싶다는 마음으로 출판 기획과 번역을 진행하고 있다. 역서로는 『정의 중독』『선생님, 저 우울증인가요?』『구마겐고 건축 산책』『불멸의 과학책』『이토록 재밌는 화학 이야기』『100년 무릎』 등이 있다.

다 읽은 순간 하늘이 아름답게 보이는 구름 이야기

펴낸날 초판 1쇄 2024년 10월 4일

지은이 아라키 켄타로

옮긴이 김현정

펴낸이 이주애, 홍영완

편집장 최혜리

편집1팀 김혜원, 양혜영, 김하영

편집 박효주, 한수정, 홍은비, 강민우, 이소연

디자인 박소현, 김주연, 기조숙, 윤소정, 박정원

마케팅 김민준, 김태윤, 정혜인

홍보 김준영, 백지혜

해외기획 정미현, 정수림

경영지원 박소현

펴낸곳 (주)윌북 **출판등록** 제2006-000017호

주소 10881 경기도 파주시 광인사길 217

홈페이지 willbookspub.com **전화** 031-955-3777 **팩스** 031-955-3778

블로그 blog.naver.com/willbooks **포스트** post.naver.com/willbooks

트위터 @onwillbooks **인스타그램** @willbooks_pub

ISBN 979-11-5581-756-8 (03450)